Physikalische und mathematische Grundlagen	11...48	**1**
Formeln der Mechanik	49...70	**2**
Formeln der Elektrotechnik	71...122	**3**
Formeln der Elektronik	123...154	**4**
Sachwortregister	155...160	**5**

Die Abbildungen des Taschenrechners wurden uns freundlicherweise von der Firma Casio zur Verfügung gestellt.

2., überarbeitete Auflage 2009

© Holland + Josenhans GmbH & Co., Postfach 10 23 52, 70019 Stuttgart
  Telefon 07 11 / 6 14 39 20, Fax 07 11 / 6 14 39 22
  E-Mail: verlag@holland-josenhans.de
  Internet: www.holland-josenhans.de

Zeichnungen: Wolfgang Bieneck, 70567 Stuttgart
Herstellung: LFC print+medien GmbH, 72770 Reutlingen
ISBN 978-3-7782-4550-7

Elektro *TAB*

**Formeln und Tabellen
für Elektronik- und
Mechatronikberufe**

Wolfgang Bieneck

unter Mitarbeit von **Stefan Kötzschke**
und Schülern der
Werner-Siemens-Schule
Stuttgart

Holland + Josenhans Verlag Stuttgart Best.-Nr. 4550

Vorwort zur 1. Auflage

Elektro*TAB* ist ein Formel- und Tabellenbuch für Elektronik- und Mechatronikberufe, insbesondere auch für Techniker und Meister. Das Werk beschränkt sich bewusst auf die wichtigsten Daten und Zusammenhänge. Es gliedert sich in fünf Kapitel:

- **Physikalische und mathematische Grundlagen**
  Dieses Kapitel liefert das kompakte Grundwissen über physikalische Größen und alle technisch wichtigen Rechenarten von den Grundrechnungsarten über die komplexe Rechnung bis zur Differenzialrechnung. Viele Hinweise zur Arbeit mit einem wissenschaftlichen Taschenrechner runden das Kapitel ab.
- **Formeln der Mechanik**
- **Formeln der Elektrotechnik**
- **Formeln der Elektronik**
  Diese Kapitel enthalten die wichtigsten Fakten, Zusammenhänge und Formeln der Mechanik, der klassischen Elektrotechnik und der Elektronik.
  Besonderer Wert wurde auf klare Gliederung und übersichtliche, farbliche Darstellung gelegt. Auf die Umstellung der Formeln wurde bewusst verzichtet, weil das Umstellen von Formeln und Gleichungen zu den Grundfertigkeiten des Fachmanns gehört.
- **Sachwortregister**
  Ein umfangreiches Sachregister mit etwa 400 Einträgen erleichtert das schnelle Auffinden der gesuchten Information.

Elektro*TAB* ist sorgfältig strukturiert und übersichtlich dargestellt. Viele Zeichnungen und Bilder sowie farbliche Unterlegungen erleichtern das Verständnis, ein umfangreiches Sachwortverzeichnis ermöglicht den schnellen Zugriff. Elektro TAB ist somit ein übersichtliches und zuverlässiges Nachschlagewerk für Auszubildene und Fachleute der Elektronik- und Mechatronikberufe.

Stuttgart, im Sommer 2005   Wolfgang Bieneck

Vorwort zur 2. Auflage

Elektro*TAB* hat sich seit der Einführung im Sommer 2005 bewährt und hat bei Lehrern und Schülern eine freundliche Aufnahme erfahren. In der 2. Auflage wurden viele Anregungen aufgenommen und umgesetzt, das Sachwortregister wurde auf etwa 600 Einträge erweitert. Verlag und Autor freuen sich über das Interesse von Lehrern und Schülern und weitere konstruktive Anregungen.

Stuttgart, im Sommer 2009   Wolfgang Bieneck

In **Kapitel 1** finden Sie
physikalische und mathematische Grundlagen, insbesondere:

Formelzeichen, Einheiten, wissenschaftliche Konstanten

Formel-zeichen	Physikalische Konstante	Zahlenwert und Einheit
c_0	Lichtgeschwindig-keit im Vakuum	$299{,}792 \cdot 10^6$ m/s
ε_0	elektrische Feld-konstante	$8{,}854 \cdot 10^{-12}$ As/Vm
μ_0	magnetische Feldkonstante	$1{,}257 \cdot 10^{-6}$ Vs/Am
Z_0	Wellenwiderstand	$Z_0 = \sqrt{\mu_0 / \varepsilon_0} = 376{,}7\ \Omega$

Grundrechenarten, Rechnen mit Klammern und Brüchen, Umformen von Gleichungen

$$18 : 12 = 1{,}5 \qquad \text{allgemein: } a : b = c$$

Quotientenwert
Divisor
Rechenzeichen
Dividend

Höhere Rechenarten wie komplexe Rechnung, Winkelfunktionen, Differenzieren und Integrieren

$$u = \hat{u} \cdot \sin \omega t$$
$$u = U_0 (1 - e^{-\frac{t}{\tau}})$$
$$U = \sqrt{U_R^2 + U_C^2}$$

$$\underline{I} = \frac{U}{\underline{Z}}$$
$$y = \int x^2 \, dx$$

Funktionen und ihre graphische Darstellung in rechtwinkligen Koordinaten und Polarkoordinaten

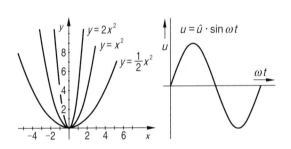

Hinweise und Anleitungen für die Benutzung eines wissen-schaftlichen Taschenrechners

Inhaltsverzeichnis

1.1	Physikalische Größen	12
1.2	Konstanten, Einheiten, Größen	14
1.3	Zahlenbereiche	16
1.4	Grundrechnungsarten	17
1.5	Klammern und Brüche	18
1.6	Potenzen und Wurzeln	20
1.7	Logarithmen	22
1.8	Funktionen, Einführung	23
1.9	Funktionen 1. Grades	24
1.10	Funktionen 2. Grades	26
1.11	Potenz-, Wurzel-, Hyperbelfunktionen	28
1.12	Exponential-, Logarithmusfunktionen	30
1.13	Winkel und Winkelfunktionen	32
1.14	Geometrische Sätze	34
1.15	Differenzial- und Integralrechnung	36
1.16	Fourierreihen	38
1.17	Komplexe Rechnung	40
1.18	Zahlensysteme	42
1.19	Umformen von Gleichungen	44
1.20	Funktionen des Taschenrechners	46

In **Kapitel 2** finden Sie
Fakten, Zusammenhänge und Formeln der Mechanik,
insbesondere:

Formeln zur Berechnung von
Flächen und Körpern

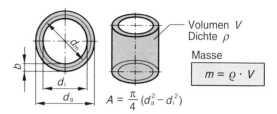

Formeln zur Berechnung von
Arbeit, Leistung, Wirkungsgrad

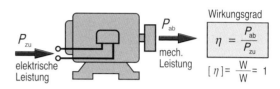

Formeln zur Berechnung von
Elementen der Antriebstechnik

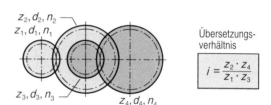

Formeln der Hydraulik
und Pneumatik

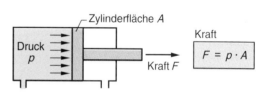

Formeln zur Berechnung von
Temperatureinflüssen

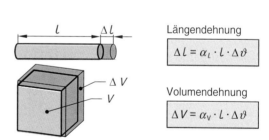

Inhaltsverzeichnis

2.1	Flächen, Körper, Massen	50
2.2	Kraft, Arbeit, Drehmoment	52
2.3	Arbeit, Leistung, Wirkungsgrad	54
2.4	Bewegungslehre I	56
2.5	Bewegungslehre II	58
2.6	Einfache Maschinen	60
2.7	Temperatur und Wärme	62
2.8	Reibung	64
2.9	Druck in Flüssigkeiten und Gasen	65
2.10	Hydraulik und Pneumatik	66
2.11	Beanspruchung und Festigkeit	68

In **Kapitel 3** finden Sie
Fakten, Zusammenhänge und Formeln der Elektrotechnik insbesondere:

Grundgesetze zur Berechnung elektrischer Stromkreise und zusammengesetzter Netzwerke

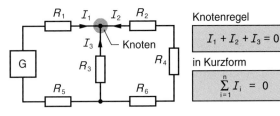

Knotenregel

$$I_1 + I_2 + I_3 = 0$$

in Kurzform

$$\sum_{i=1}^{n} I_i = 0$$

Gesetze zur Bestimmung von Arbeit, Leistung und Wirkungsgrad

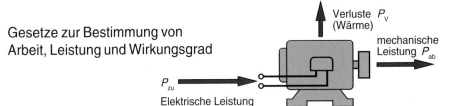

Verluste P_V (Wärme)

mechanische Leistung P_{ab}

Elektrische Leistung

P_{zu}

$$\eta = \frac{P_{ab}}{P_{zu}}$$

$$\eta = \frac{P_{ab}}{P_{zu} + P_V}$$

$$[\eta] = \frac{W}{W} = 1$$

Grundlagen zu Kapazität und Induktivität,
Kondensator an Gleich- und Wechselspannung,
Induktion und induzierte Spannung,
Transformatoren und Motoren,
Licht- und Antennentechnik

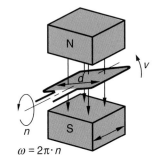

$\omega = 2\pi \cdot n$

bei 1 Windung

$$u = B \cdot 2\,l \cdot v \cdot \sin \alpha$$

bei N Windungen

$$u = B \cdot 2\,l \cdot v \cdot N \cdot \sin \alpha$$

$$[u] = \frac{Vs}{m^2} \cdot m \cdot \frac{m}{s} = V$$

mit $v = d \cdot \pi \cdot n$
(Umfangsgeschwindigkeit)

Gesetze zur Berechnung von einphasigem und dreiphasigem Wechselstrom,
komplexe Rechnung,
Blindleistung und Kompensation

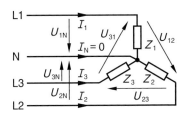

Ströme

$$I_{Leiter} = I_{Strang}$$

Spannungen

$$U_{Leiter} = \sqrt{3} \cdot U_{Strang}$$

Inhaltsverzeichnis

3.1	Strom, Spannung, Widerstand	72
3.2	Grundschaltungen mit Widerständen	74
3.3	Widerstandsnetzwerke I	76
3.4	Widerstandsnetzwerke II	78
3.5	Veränderliche Widerstände	80
3.6	Elektrische Arbeit und Leistung	82
3.7	Gewinnung elektrischer Energie	84
3.8	Elektrisches Feld und Kondensator I	86
3.9	Elektrisches Feld und Kondensator II	88
3.10	Schaltvorgänge am Kondensator	90
3.11	Magnetisches Feld und Spule	92
3.12	Magnetischer Kreis	94
3.13	Magnetwerkstoffe	95
3.14	Induktion und Induktivität	96
3.15	Schaltvorgänge an der Spule	98
3.16	Kräfte im Magnetfeld	100
3.17	Wechsel- und Drehstrom	101
3.18	R, C, L im Wechselstromkreis	102
3.19	Pässe, Filter, Schwingkreise	104
3.20	Leistung bei Wechselstrom	106
3.21	Drehstrom	108
3.22	Transformatoren	110
3.23	Drehstromtransformatoren	112
3.24	Drehstromantriebe	113
3.25	Leitungsberechnung I	114
3.26	Leitungsberechnung II	116
3.27	Leitungsschutzorgane	118
3.28	Licht und Beleuchtung	120
3.29	Antennentechnik	121
3.30	Wachstumsgesetze	122

In Kapitel 4 finden Sie
Fakten, Zusammenhänge und Formeln der Elektronik insbesondere:

Basiswissen zu elektronischen Bauteilen wie Transistoren, Thyristoren, optoelektronische Bauteilen und IC

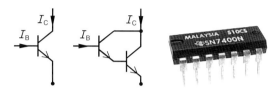

Elektronische Grundschaltungen wie Verstärker und Schaltverstärker mit diskreten Bauelementen

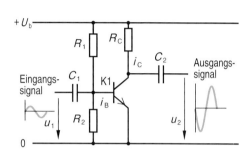

Analoge und digitale Grundschaltungen wie Verstärker, Summierer, Integrierer, Schmitt-Trigger mit Operationsverstärkern

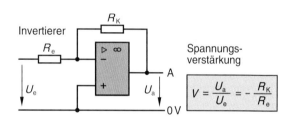

Grundschaltungen der Leistungselektronik wie ungesteuerte und gesteuerte Gleichrichterschaltungen, Gleich- und Wechselstromsteller, Frequenzumrichter

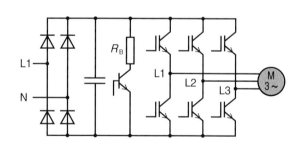

Inhaltsverzeichnis

4.1	Geschichtliche Entwicklung	124
4.2	Bauteile I	126
4.3	Bauteile II	128
4.4	Bauteile III	130
4.5	Ungesteuerte Stromrichterschaltungen	132
4.6	Stromversorgungsschaltungen	134
4.7	Anwendung von Transistoren	136
4.8	Umwandeln von Energie	138
4.9	Elektronische Leistungssteuerung	140
4.10	Operationsverstärker, Grundlagen	142
4.11	Operationsverstärker, analoge Schaltungen	144
4.12	Operationsverstärker, digitale Schaltungen	146
4.13	Regelungstechnik I	148
4.14	Regelungstechnik II	150
4.15	Schaltalgebra I	152
4.16	Schaltalgebra II	154

1 Physikalische und mathematische Grundlagen

1.1	Physikalische Größen	12
1.2	Konstanten, Einheiten, Größen	14
1.3	Zahlenbereiche	16
1.4	Grundrechnungsarten	17
1.5	Klammern und Brüche	18
1.6	Potenzen und Wurzeln	20
1.7	Logarithmen	22
1.8	Funktionen, Einführung	23
1.9	Funktionen 1. Grades	24
1.10	Funktionen 2. Grades	26
1.11	Potenz-, Wurzel-, Hyperbelfunktionen	28
1.12	Exponential- und Logarithmusfunktionen	30
1.13	Winkel und Winkelfunktionen	32
1.14	Geometrische Sätze	34
1.15	Differenzial- und Integralrechnung	36
1.16	Fourierreihen	38
1.17	Komplexe Rechnung	40
1.18	Zahlensysteme	42
1.19	Umformen von Gleichungen	44
1.20	Funktionen des Taschenrechners	46

1.1 Physikalische Größen

SI-Basisgrößen nach DIN 1301

Das internationale Einheitensystem **SI** (**S**ystème **I**nternationale d'unités) bildet die Grundlage für das gesamte Messwesen. Die SI-Einheiten wurden auf der 11. Generalkonferenz für Maß und Gewicht im Jahre 1960 angenommen.

Für Deutschland sind sie seit 1969 rechtsverbindlich. Nach derzeitigem Stand gelten folgende Werte:

1 Meter (1 m) ist die Strecke, die Licht im Vakuum in der Zeit von 299792458^{-1} Sekunden durchläuft.

1 Kilogramm (1 kg) ist die Masse des in Paris aufbewahrten Massenormals (Ur-Kilogramm). Es ist ein Zylinder aus Platin-Iridium mit einem Durchmesser von 39 mm und einer Höhe von gleichfalls 39 mm.

1 Sekunde (1 s) ist die Zeit, in der das Caesium-Atom ^{133}Cs 9192631770 Perioden seiner Zentimeter-Strahlung aussendet.

1 Ampere (1 A) ist die Stärke eines Gleichstroms, der zwei unendlich lange, unendlich dünne, im Abstand von 1 Meter aufgespannte Drähte durchfließt und dabei eine Anzugskraft von $0,2 \cdot 10^{-6}$ Newton pro Meter erzeugt.

1 Kelvin (1 K) ist der 273,16te Teil des Temperaturunterschiedes zwischen dem absoluten Nullpunkt und der Temperatur des schmelzenden Eises.

1 Candela (1 cd) ist die Lichtstärke, bei der eine Lichtquelle mit 555 nm Wellenlänge eine Leistung von 683^{-1} Watt pro Raumwinkel abgibt.

1 Mol (1 mol) ist die Stoffmenge eines Systems mit bestimmter Zusammensetzung, das aus gleichviel Teilen besteht, wie Atome in 12 Gramm des Kohlenstoffisotops ^{12}C enthalten sind.

Formelzeichen	Physikalische Größe, Name	Zeichen d. Einheit	Name der Einheit
l	Länge	m	Meter
m	Masse	kg	Kilogramm
t	Zeit	s	Sekunde
I	Stromstärke	A	Ampere
T	Temperatur	K	Kelvin
I_v	Lichtstärke	cd	Candela
n	Stoffmenge	mol	Mol

Mechanische Größen, Raum, Zeit

Formelzeichen	Physikalische Größe, Name	Zeichen d. Einheit	Name der Einheit, Zusammenhang
l	Länge	m	Meter
b, h	Breite, Höhe	m	1m = 1000 mm
d, D	Durchmesser	m	
s	Wegstrecke	m	
d, δ	Dicke, Schichtdicke	m	
A	Fläche, Querschnittsfläche	m^2	Quadratmeter
V	Volumen	m^3	Kubikmeter
α, β, γ	Winkel	°, rad	Grad, Radiant
t	Zeit	s	Sekunde
		min, h	Minute, Stunde
		d, a	Tag, Jahr
			1 a = 8760 d
			1 h = 3600 s
T	Periodendauer	s	
τ	Zeitkonstante	s	
f, v	Frequenz	Hz (Hertz)	1Hz = 1 s^{-1}
λ	Wellenlänge	m	
ω	Kreisfrequenz	s^{-1}	oder 1/s
n	Drehfrequenz	s^{-1}	oder 1/s
v	Geschwindigkeit	m·s^{-1}	oder m/s
a	Beschleunigung	m·s^{-2}	oder m/s^2
g	Fallbeschleunigung	m·s^{-2}	$g_\mathrm{N} \approx 9{,}81$ m/s^2
ρ, ϱ	Dichte, Massendichte	kg·m^{-3}	
F	Kraft	N (Newton)	1N = 1kg·m·s^{-2}
M	Moment, Drehmoment	N·m	
p	Druck	Pa (Pascal)	1Pa = 1N·m^{-2}
E	Elastizitätsmodul	N·m^{-2}	
W, E	Arbeit, Energie	J (Joule)	1J = 1Nm = 1Ws
W_k	kinetische E.	J	
W_p	potenzielle E.	J	
P	Leistung	W (Watt)	1W = 1Nm·s^{-1}
η	Wirkungsgrad	1	

Elektrische und magnetische Größen

Formelzeichen	Physikalische Größe, Name	Zeichen d. Einheit	Name der Einheit, Zusammenhang
Q	elektr. Ladung	C (Coulomb)	1C = 1As
e	Elementarladung	C	$e = 1{,}6 \cdot 10^{-19}$ C
φ	el. Potenzial	V	
U	el. Spannung	V	Volt
E	el. Feldstärke	V · m^{-1}	1kV/m = 1V/mm
C	el. Kapazität	F (Farad)	1F = 1As· V^{-1}
ε	Permittivität	F · m^{-1}	
ε_0	el. Feldkonstante	F · m^{-1}	
ε_r	Permittivitätszahl	1	
I	elektr. Strom	A	Ampere
J	Stromdichte	A· mm^{-2}	$J = I/A$
Θ	magn. Durchflutung	A	$\Theta = I \cdot N$
V_m	magn. Spannung	A	
H	magn. Feldstärke	A· mm^{-1}	1kA/m = 1A/mm
Φ	magn. Fluss	Wb (Weber)	1Wb = 1V·s
B	Induktion	T (Tesla)	1T = 1Wb· m^{-2}
L	Induktivität	H (Henry)	1H = 1Vs · A^{-1}
μ	Permeabilität	H · m^{-1}	$\mu = B/H$
μ_0	magn. Feldkonst.	H · m^{-1}	
μ_r	Permeabilitätszahl	1	
R	el. Widerstand	Ω (Ohm)	1Ω = 1V/A
G	el. Leitwert	S (Siemens)	1S = 1Ω^{-1}
R_m	magn. Widerstand	H^{-1}	
Λ	magn. Leitwert	H	$\Lambda = 1/R_\mathrm{m}$
ρ, ϱ	spezifischer el. Widerstand	Ω· m	
γ, κ	el. Leitfähigkeit	S· m^{-1}	$\gamma = 1/\rho$
X	Blindwiderstand	Ω	Reaktanz
Z	Scheinwiderst.	Ω	Impedanz
W	Arbeit, Energie	J (Joule)	1J = 1Ws
P	Wirkleistung	W (Watt)	
Q	Blindleistung	W, var	Energietechnik: var
S	Scheinleistung	W, VA	Energietechnik: VA
φ	Phasenverschiebung	°, rad	
$\cos \varphi$	Leistungsfaktor	1	$\cos \varphi = P/S$
N	Windungszahl	1	
k	Klirrfaktor	1	

Größen der Licht- und Wärmetechnik

Formel-zeichen	Physikalische Größe, Name	Zeichen d. Einheit	Name der Einheit, Zusammenhang
I_v	Lichtstärke	cd	Candela
Φ_v	Lichtstrom	lm (Lumen)	$1\,\text{lm} = 1\,\text{cd} \cdot 1\,\text{sr}$
Q_v	Lichtmenge	lm · s	$Q_v = \Phi_v \cdot t$
L_v	Leuchtdichte	$\text{cd} \cdot \text{m}^{-2}$	$L_v = I_v / A$
E_v	Beleuchtungsstärke	lx (Lux)	$1\,\text{lx} = 1\,\text{lm} \cdot \text{m}^{-2}$
H_v	Belichtung	lx · s	$H_v = E_v \cdot t$
η	Lichtausbeute	$\text{lm} \cdot \text{W}^{-1}$	$\eta = Q_v / P$
ρ	Reflexionsgrad	1	
α	Absorptionsgrad	1	
T	Thermodyn. Temp.	K	Kelvin
ϑ	Celsius-Temp.	°C	$T = \vartheta + 273{,}15\,\text{K}$
Q	Wärmemenge	J (Joule)	$1\,\text{J} = 1\,\text{Ws} = 1\,\text{Nm}$
α_l	Längenaus-dehnungskoeff.	K^{-1}	$\alpha_l = \Delta L / T$
α_V, γ	Volumenaus-dehnungskoeff.		$\alpha_V = \Delta V / T$
Φ_{th}	Wärmestrom	W (Watt)	$1\,\text{W} = 1\,\text{J} \cdot \text{s}^{-1}$
R_{th}	Wärmewiderst.	$\text{K} \cdot \text{W}^{-1}$	
G_{th}	Wärmeleitwert	$\text{W} \cdot \text{K}^{-1}$	$G_{th} = 1 / R_{th}$
C_{th}	Wärmekapazität	$\text{J} \cdot \text{K}^{-1}$	
c	spez. Wärmekap.	$\text{J} \cdot (\text{kg} \cdot \text{K})^{-1}$	

Größen der Chemie, Akustik, Atomphysik

Formel-zeichen	Physikalische Größe, Name	Zeichen d. Einheit	Name der Einheit, Zusammenhang
p	Schalldruck	Pa (Pascal)	$1\,\text{Pa} = 1\,\text{N} \cdot \text{m}^{-2}$
v	Schallschnelle	$\text{m} \cdot \text{s}^{-1}$	
c	Schall-geschwindigkeit	$\text{m} \cdot \text{s}^{-1}$	331,8 m/s in Luft bei 0 °C
P, P_a	Schallleistung	W	
J, I	Schallintensität	$\text{W} \cdot \text{m}^{-2}$	
R	Schalldämm-.Maß	dB	Dezibel (keine SI-Einheit)
L_N	Lautstärkepegel	phon	keine SI-Einheit
N	Lautheit	son	keine SI-Einheit
A	relative Atommasse		
M	relative Molekülmasse		
Z	Protonenzahl		
N	Neutronenzahl		
A	Nukleonenzahl		
n	Stoffmenge	mol	Mol (Basiseinh.)
B	molare Masse	$\text{kg} \cdot \text{mol}^{-1}$	
L	molares Volumen	$\text{m}^3 \cdot \text{mol}^{-1}$	

Indizes nach DIN 1304, Auswahl

Indizes (Einzahl: Index) dienen zur Kennzeichnung und Unterscheidung physikalischer Größen. Das Formelzeichen wird dabei groß und kursiv, der Index klein und senkrecht geschrieben.

Außer genormten Indizes können auch eigene, sinnvolle Indizes verwendet werden.

Beispiel:

$$P_{el} = 25\ \text{W}$$

Index — Formel-zeichen

Index	Bedeutung	Beispiel
0	null, Leerlauf	φ_0 Nullpotenzial
1	eins, primär, Eingang	U_1 Eingangsspg.
2	zwei, sekundär, Ausg.	U_2 Ausgangsspg.
a	außen	d_a Außendurchm.
abs	absolut	μ_{abs} abs. Permeabilität
amb	ambient (umgebend)	ϑ_{amb} Umgebungstemp.
dyn	dynamisch	p_{dyn} dyn. Druck
eff	effektiv	I_{eff} Effektivstrom
el	elektrisch	P_{el} elektr. Leistung

Index	Bedeutung	Beispiel
E	Erde, Erdschluss	I_E Erdstromstärke
G	Gewicht, Generator	P_G Generatorleistung
indu	induziert	U_{indu} induzierte Spg.
k	Kurzschluss	I_k Kurzschlussstrom
kin	kinetisch	W_{kin} kinetische Arbeit
max	maximal	I_{max} Größtstrom
min	minimal	I_{min} Kleinststrom
n	normal, Nenn...	I_n Nennstrom
N	normal (senkrecht)	F_N Normalkraft
pot	potenziell, möglich	W_{pot} potenzielle Arbeit
rel	relativ	v_{rel} relative Geschw.
syn	synchron, gleichzeitig	f_{syn} synchr. Frequenz
th	thermisch	R_{th} Wärmewiderst.
tot	total	P_{tot} Gesamtleistung (Verlustleistung)
zul	zulässig	I_{zul} zulässiger Strom
σ	Streuung	Φ_σ magn. Streufluss
Δ	Differenz, Unterschied	I_Δ Differenzstrom

Griechische Buchstaben

Weil zur Kennzeichnung aller physikalischer Größen nicht genügend lateinische Buchstaben (z.B. a, b, c) zur Verfügung stehen, werden häufig griechische Buchstaben (z.B. α, β, γ) eingesetzt.

Dies geschieht auch, weil viele wissenschaftliche und technische Gesetze von altgriechischen Philosophen und Ingenieuren entdeckt wurden.

Die griechischen Zeichen können bei Computerschriften z. B. über die Schriftart „Symbol" oder „Euclid Symbol" erreicht werden. In der Tabelle stehen die zugehörigen lateinischen Zeichen in Klammer.

$\alpha\,A$	$\beta\,B$	$\gamma\,\Gamma$	$\delta\,\Delta$	$\varepsilon\,E$	$\zeta\,Z$	$\eta\,H$	$\vartheta\,\Theta$
Alpha (a, A)	Beta (b, B)	Gamma (g, G)	Delta (d, D)	Epsilon (e, E)	Zeta (z, Z)	Eta (h, H)	Theta (J, Q)

$\iota\,I$	$\kappa\,K$	$\lambda\,\Lambda$	$\mu\,M$	$\nu\,N$	$\xi\,\Xi$	$o\,O$	$\pi\,\Pi$
Jota (i, I)	Kappa (k, K)	Lambda (l, L)	My (m, M)	Ny (n, N)	Ksi (x, X)	Omikron (o, O)	Pi (p, P)

$\rho, \varrho\,P$	$\sigma\,\Sigma$	$\tau\,T$	$\upsilon\,Y$	$\varphi\,\Phi$	$\chi\,X$	$\psi\,\Psi$	$\omega\,\Omega$
Rho (r, R)	Sigma (s, S)	Tau (t, T)	Ypsilon (u, U)	Phi (j, F)	Chi (c, C)	Psi (y, Y)	Omega (w, W)

1.2 Konstanten, Einheiten, Symbole

Physikalische Konstanten (Auswahl)

Zur Beschreibung des Naturgeschehens können viele physikalische Zusammenhänge gefunden werden. Dabei zeigt sich, dass einige physikalische Erscheinungen immer und unter allen äußeren Bedingungen gleich ablaufen.

Nach derzeitigem Stand der Wissenschaft können alle Naturabläufe auf 17 Basiskonstanten (Naturkonstanten) zurückgeführt werden. Sie wurden 1998 vom Committee on Data for Science und Technology (CODATA) festgelegt. Zu den Naturkonstanten gehören z. B. die Lichtgeschwindigkeit sowie die elektrische und magnetische Feldkonstante. Die Tabelle zeigt eine Auswahl von Naturkonstanten.

Arbeiten mit dem Taschenrechner

Für die Lösung technischer Probleme ist es sinnvoll, die Fähigkeiten eines wissenschaftlichen Taschenrechners auszunützen. Wichtige Funktionen eines Taschenrechners werden am Beispiel des Casio fx-991MS gezeigt. Die Modelle anderer Hersteller bieten entsprechende Möglichkeiten.

Bedienelemente

Zweizeiliges Display
Eingabe
Ergebnis
SHIFT: zweite Funktion bei Doppelbelegung
MODE: Voreinstellung für verschiedene Rechenarten
Wissenschaftliche Funktionen
Löschtasten
Grundfunktionen
Ergebnistaste
Zahlenblock

Formelzeichen	Physikalische Konstante	Zahlenwert und Einheit
c_0	Lichtgeschwindigkeit im Vakuum	$299{,}792 \cdot 10^6$ m/s
ε_0	elektrische Feldkonstante	$8{,}854 \cdot 10^{-12}$ As/Vm
μ_0	magnetische Feldkonstante	$1{,}257 \cdot 10^{-6}$ Vs/Am
Z_0	Wellenwiderstand des Vakuums	$Z_0 = \sqrt{\mu_0 / \varepsilon_0} = 376{,}7\ \Omega$
e	elektrische Elementarladung	$1{,}602 \cdot 10^{-19}$ As
m_e	Ruhemasse des Elektrons	$9{,}109 \cdot 10^{-31}$ kg
m_p	Ruhemasse des Protons	$1{,}673 \cdot 10^{-27}$ kg
m_n	Ruhemasse des Neutrons	$1{,}675 \cdot 10^{-27}$ kg
T_0	absoluter Nullpunkt	$0\,\text{K} = -273{,}15\,°C$
g_N	Fallbeschleunigung am Äquator auf Meereshöhe	$9{,}807$ m/s^2

Die Konstanten können über die Funktion CONST aufgerufen werden. Beispiel: Feldkonstante ε_0

Umwandlung in SI-Einheiten

Das-SI-System bildet die anerkannte Grundlage für Technik und Wissenschaft in nahezu der gesamten Welt. In den USA und in stark von Amerika beeinflussten Ländern werden aber weiterhin die althergebrachten Einheiten benützt. Dazu zählen insbesondere die Längenmaße inch, foot und mile. Die Tabelle zeigt eine Auswahl von Umwandlungen.

Einheiten können über die Funktion CONV (SHIFT + CONST) ineinander umgewandelt werden. Beispiel: Die Umwandlung „foot in Meter" ergibt 1 ft = 0,3048 m.

Umwandlung von Einheiten
Naturkonstanten

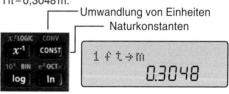

Einheit ◄──►	Zusammenhang ◄──►	SI-Einheit
in (Inch, Zoll, ")	1 in = 2,54 cm / 0,394 in = 1 cm	cm (Zentimeter)
ft (foot, Fuß, ')	1 ft = 0,305 m / 3,281 ft = 1 m	m (Meter)
mile, mi (Meile)	1 mi = 1,609 km / 0,621 mi = 1 km	km (Kilometer)
gal (US) (US-Gallone)	1 gal = 3,7854 l / 0,264 gal = 1 l	l (dm^3) (Liter)
hp (Horsepower, US-Pferdestärke)	1 hp = 745,7 W / 1,341 hp = 1 kW	W (Watt)

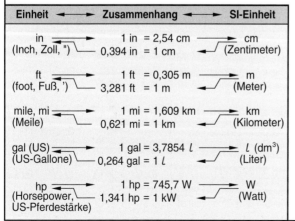

Weitere Umwandlungen:

1 m/s	=	3,6 km/h
1 km/h	=	0,277 m/s
1 atm	=	101,3 Pa = 1,013 hPa
1 Pa	=	$9{,}869 \cdot 10^{-6}$ atm
1 J	=	0,239 cal
1 cal	=	4,186 J
1 acre	=	4047 m^2
1 m^2	=	$247 \cdot 10^{-6}$ acre

Es bedeutet: atm Atmosphäre, Pa Pascal, J Joule, cal Kalorie.

Umrechnung von Einheiten

Vorsätze werden benutzt, um sehr große und sehr kleine Einheiten übersichtlich darzustellen. Beispiele sind mV (Millivolt), µA (Mikroampere), km (Kilometer), MW (Megawatt). Regeln für die Verwendung von Vorsätzen:

- Vorsatz und Einheit bilden ein Ganzes, das nicht getrennt werden darf. Richtig: 10 mA, falsch: 10 m A.
- Auf richtige Schreibweise ist zu achten. Richtig: mA, kV, Milliampere, Kilovolt. Falsch: mAmpere, kVolt, MilliA, KiloV.
- Manche Vorsätze dürfen nicht kombiniert werden. Falsch: Millimikrometer (mµm), Megakilometer (Mkm).
- Die Vorsätze Zenti, Dezi, Deka und Hekto dürfen nur für einige Einheiten, z.B. Längen- und Raummaße verwendet werden. Richtig: cm, dm, dl, hl, falsch: cV, dA.

MODE- und ENG-Taste
Mit der MODE-Taste wird die gewünsche Rechenart (z. B. Grundrechenarten, komplexe Rechnung, Gleichungen lösen) eingestellt. Zudem kann die Darstellungsart der Zahlen (z. B. Zahl der Nachkommastellen) gewählt werden.
Mit der ENG-Taste (ENG Engineering) kann je nach MODE-Einstellung eine Darstellung in Potenzschreibweise bzw. mit Vorsätzen (z. B. k, M) erreicht werden.

MODE-Taste zur Voreinstellung

ENG-Taste ändert die Darstellung, SHIFT-ENG-Taste bewirkt umgekehrte Reihenfolge

Die Vorsätze k, M, G, T, m, µ können mit der SHIFT-Taste über den Zahlenblock eingegeben werden.

Display-Beispiele:

Zahl 7525000 mit Vorsatz Mega (M) als 7,525 M

Zahl 7525000 mit Vorsatz Kilo (k) als 7525 k

Zahl 7525000 in Potenzdarstellung als $7{,}525 \cdot 10^{06}$

Vorsatz	Zeichen	Faktor	
Atto	a	10^{-18}	1 am = 0,000 000 000 000 000 001 m
Femto	f	10^{-15}	1 fm = 0,000 000 000 000 001 m
Piko	p	10^{-12}	1 pm = 0,000 000 000 001 m
Nano	n	10^{-9}	1 nm = 0,000 000 001 m
Mikro	µ	10^{-6}	1 µm = 0,000 001 m
Milli	m	10^{-3}	1 mm = 0,001 m
Zenti	c	10^{-2}	1 cm = 0,01 m
Dezi	d	10^{-1}	1 dm = 0,1 m
Deka	da	10^{1}	1 dam = 10 m
Hekto	h	10^{2}	1 hm = 100 m
Kilo	k	10^{3}	1 km = 1000 m
Mega	M	10^{6}	1 Mm = 1000 000 m
Giga	G	10^{9}	1 Gm = 1000 000 000 m
Tera	T	10^{12}	1 Tm = 1000 000 000 000 m
Peta	P	10^{15}	1 Pm = 1000 000 000 000 000 m
Exa	E	10^{18}	1 Em = 1000 000 000 000 000 000 m

Mathematische Zeichen

Allgemeine Symbole		Funktionen		Schaltalgebra, Mengen, Geometrie	
+	plus	a^x	a hoch x	$a \wedge b$	a UND b (AND)
−	minus	$\sqrt{a}$	Wurzel (2-te Wurzel) aus a	$a \vee b$	a ODER b (OR)
·	mal	$\sqrt[n]{a}$	n-te Wurzel aus a	$a\ \overline{\vee}\ b$	a NICHT ODER (NOR)
:, /	geteilt	exp	Exponentialfunktion	$a\ \overline{\wedge}\ b$	a NICHT UND b (NAND)
—	Bruchstrich, geteilt		(Basis 10 oder Basis e)	$\overline{a}$	NICHT a (NOT a)
=	ist gleich	log	Logarithmus, allgemein		
≈	ungefähr, nahezu	$\log_a$	Logarithmus, Basis a	∈	Element von
≠	ist ungleich	lg	Logarithmus, Basis 10	⊂	Teilmenge von
<	kleiner als	ln	Logarithmus, Basis e	∪	Vereinigungsmenge
≪	wesentlich kleiner als	sin	Sinus	∩	Schnittmenge
≤	kleiner oder gleich	cos	Kosinus (Cosinus)	⇒	daraus folgt
>	größer als	tan	Tangens		
≫	wesentlich größer als	Arcsin	Arcussinus	∥	parallel
≥	größer oder gleich	Arccos	Arcuscosinus	↑↑	gleichsinnig parallel
≙	entspricht	Arctan	Arcustangens	↑↓	gegensinnig parallel
~	proportional zu	Σ	Summe	⊥	rechtwinklig zu,
%	Prozent, von Hundert	Π	Produkt		senkrecht auf
‰	Promille, von Tausend	Δ	Differenz	△	Dreieck
( )	runde Klammern	$\int$	Integral	≅	kongruent, deckungsgleich
[ ]	eckige Klammern	y'	y Strich, erste Ableitung	~	ähnlich
{ }	geschweifte Klammern	$f'(x)$	f Strich von x, erste Ableitung	∡	Winkel
|z|	Betrag von z	i, j	imaginäre Einheit	$\overline{AB}$	Strecke AB
∞	unendlich	$\underline{Z}$	komplexe Größe	$\overparen{AB}$	Bogen AB
→	geht gegen, nähert sich			$\vec{F}$	Vektor F

1.3 Zahlenbereiche

Aufbau der Zahlenbereiche

Zahlen sind seit Jahrtausenden ein wichtiges Werkzeug zur Bewältigung der Aufgaben, die im täglichen Leben sowie in Wirtschaft, Technik und Wissenschaft anfallen.

Die Entwicklung der Zahlen begann mit **natürlichen Zahlen** ($\mathbb{N}$), die man zum Zählen (Kardinalzahlen 1, 2, 3 usw.) und zum Ordnen (Ordnungszahlen 1., 2., 3. usw.) benötigte.

Der Austausch von Geld und Waren führte zur Erfindung der Null und von negativen Zahlen. Natürliche Zahlen, die Null und die negativen Zahlen bilden die Menge der **ganzen Zahlen** ($\mathbb{Z}$).

Durch Teilen gelangt man von ganzen zu gebrochenen Zahlen. Die Menge aller ganzen und gebrochenen Zahlen bilden zusammen die **rationalen Zahlen** ($\mathbb{Q}$).

Zahlen, die man durch Wurzelziehen aus einer beliebigen positiven Zahl erhält heißen **algebraische** Zahlen; sie haben unendlich viele Stellen. Zahlen mit unendlich vielen Stellen, die sich nicht als Wurzeln darstellen lassen, z.B. die Zahl π (Pi) oder die „natürliche Zahl e" heißen **transzendente** Zahlen. Algebraische und transzendente Zahlen bilden die Menge der **irrationalen Zahlen**. Rationale und irrationale Zahlen bilden gemeinsam die Menge der **reellen Zahlen** ($\mathbb{R}$).

Im Bereich der reellen Zahlen gibt es keine Zahl, die mit sich selbst multipliziert die Zahl −1 ergibt. Durch Einführen der imaginären Einheit i kann diese Lücke gefüllt werden. Zahlen, die ein beliebiges Vielfaches der imaginären Einheit bilden, heißen **imaginäre Zahlen** (z.B. $z = -5i$), alle Zahlen, die aus einem imaginären und einem reellen Anteil (Realteil) bestehen (z.B. $z = 12 - 5i$), bilden die Menge der **komplexen Zahlen** ($\mathbb{C}$).

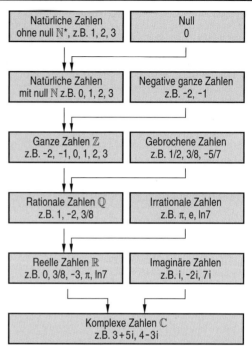

Zahlenbereiche, Darstellung und Berechnung

Die Zahlenbereiche lassen sich mithilfe eines Zahlenstrahls darstellen. Für komplexe Zahlen sind zwei Achsen, eine reelle und eine imaginäre, notwendig. Beide Achsen spannen die komplexe Zahlenebene (Gaußsche Zahlenebene) auf.

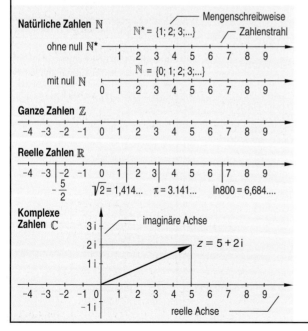

Wissenschaftliche Taschenrechner ermöglichen Rechnungen mit allen Zahlen, einschließlich der imaginären und komplexen Zahlen.

Ganze Zahlen und Dezimalzahlen werden über den Zahlenblock eingegeben. Dabei entspricht der Punkt meist dem in Deutschland üblichen Komma. Mit der EXP-Taste können Zahlen in Potenzform dargestellt werden.

Brüche lassen sich mit der Taste a$^\text{b}$/$_\text{c}$ eingeben. Die Bildschirmdarstellung ist gewöhnungsbedürftig. Das Minus-Vorzeichen wird mit der Taste (−) eingegeben.

Viele Funktionen führen zu irrationalen Zahlen. Intern wird z.B. mit „nur" 30 Stellen gerechnet.

Die komplexe Rechnung muss mithilfe der MODE-Taste voreingestellt werden.
Mithilfe von SHIFT + (−) können die komplexen Zahlen in der Versorform, mit ENG (i) in der komplexen Form eingegeben werden.
Mit der zweiten Belegungen von +, − und = sind verschiedene Darstellungen des Ergebnis möglich.

Grundrechnungsarten

Addition und Subtraktion (Strichrechnungen)

Bei der Addition werden zwei Summanden zusammengezählt, das Ergebnis ist der Summenwert (Summe).

$$27 + 15 = 42 \qquad \text{allgemein: } a + b = c$$

- Summenwert
- 2. Summand
- Rechenzeichen
- 1. Summand

Die Summanden sind vertauschbar: $\qquad a + b = b + a$

Bei der Subtraktion wird der Subtrahend vom Minuend abgezogen, das Ergebnis ist der Differenzwert (Differenz).

$$27 - 15 = 12 \qquad \text{allgemein: } a - b = c$$

- Differenzwert
- Subtrahend
- Rechenzeichen
- Minuend

Minuend und Subtrahend sind vertauschbar, wenn das Minus-Zeichen beachtet wird:
$$a - b = -b + a$$
$$a - b \neq b - a$$

Multiplikation und Division (Punktrechnungen)

Bei der Multiplikation werden zwei Faktoren miteinander multipliziert, das Ergebnis ist der Produktwert (Produkt).

$$16 \cdot 12 = 192 \qquad \text{allgemein: } a \cdot b = c$$

- Produktwert
- 2. Faktor
- Rechenzeichen
- 1. Faktor

Faktoren sind vertauschbar: $\qquad a \cdot b = b \cdot a$

Bei der Division wird der Dividend durch den Divisor geteilt, das Ergebnis ist der Quotientwert (Quotient).

$$18 : 12 = 1,5 \qquad \text{allgemein: } a : b = c$$

- Quotientenwert
- Divisor
- Rechenzeichen
- Dividend

Schreibweisen: $\qquad a : b = \dfrac{a}{b} = a/b$

Dividend und Divisor sind nicht miteinander vertauschbar.
$$a : b \neq b : a$$

Vorzeichenregelung

Zahlen können ein positives Vorzeichen $(+)$ oder ein negatives Vorzeichen $(-)$ haben.

Das Plus- und das Minuszeichen kann sowohl ein Vorzeichen als auch ein Rechenzeichen darstellen. Zahlen ohne Vorzeichen sind immer positive Zahlen.

Beispiel: $\quad (+27) + (-15) = +12 = 12$

- Vorzeichen
- Vorzeichen
- Rechenzeichen
- Vorzeichen

Addition
die Zahlen dürfen vertauscht werden.

```
27+15
        42.
```

Subtraktion
beim Vertauschen der Zahlen müssen die Vorzeichen beachtet werden.

```
27-15
        12.
```

Rechenzeichen

Taste:

```
-15+27
        12.
```

Vorzeichen

Taste:

```
-15+27
        12.
```

Nur Größen mit gleicher Einheit können addiert bzw. subtrahiert werden.
$$5\,\text{m} + 7\,\text{m} = 12\,\text{m}$$

Multiplikation
Die Faktoren dürfen vertauscht werden. (Das Komma dient nur als optische Hilfe).

```
18×120
    2.160.
```

Ergebnis in Potenzdarstellung

```
18×120
    2.16 ×10^{03}
```

Division
Dividend und Divisor dürfen nicht vertauscht werden.

```
18÷120
      0.15
```

Ergebnis in Potenzdarstellung

```
18÷120
    150. ×10^{-03}
```

Größen mit gleicher oder ungleicher Einheit können miteinander multipliziert bzw. durcheinander dividiert werden.

$$5\,\text{m} \cdot 7\,\text{m} = 35\,\text{m}^2$$
$$36\,\text{m} : 3\,\text{s} = 12\,\frac{\text{m}}{\text{s}}$$

Rechenregeln

Produkte	Quotienten
$(+) \cdot (+) = (+)$	$(+) : (+) = (+)$
$(+) \cdot (-) = (-)$	$(+) : (-) = (-)$
$(-) \cdot (+) = (-)$	$(-) : (+) = (-)$
$(-) \cdot (-) = (+)$	$(-) : (-) = (+)$

Das Produkt bzw. der Quotient zweier Zahlen ist
- positiv, wenn ihre Vorzeichen gleich sind
- negativ, wenn ihre Vorzeichen verschieden sind

1.5 Klammern und Brüche

Rechnen mit Klammern

Soll ein mathematischer Ausdruck vorrangig behandelt werden, so muss er in eine Klammer gesetzt werden.

Auf dem Taschenrechner werden Klammern mit den „Klammertasten" eingegeben:

Klammerrechnung, Beispiel

Eingabe ── $(7+5)-(6-9)$
Ergebnis ────────── $15.$

Regeln für das Klammerrechnen

Addition

Steht ein Pluszeichen vor der Klammer, so darf die Klammer ohne Veränderung der Vorzeichen wegfallen.

$$a + (b + c) = a + b + c$$
$$a + (b - c) = a + b - c$$

Subtraktion

Steht ein Minuszeichen vor der Klammer, so darf die Klammer nur wegfallen, wenn alle Vorzeichen in der Klammer geändert werden.

$$a - (b + c) = a - b - c$$
$$a - (b - c) = a - b + c$$

Multiplikation

Summen oder Differenzen in einer Klammer werden mit einem Faktor multipliziert, indem man jedes Glied der Klammer mit dem Faktor multipliziert.

Klammerausdrücke mit Summen oder Differenzen werden mit anderen Klammerausdrücken multipliziert, indem man jedes Glied der ersten Klammer mit jedem Glied der zweiten Klammer multipliziert.

$$a \cdot (b + c) = a \cdot b + a \cdot c$$
$$a \cdot (b - c) = a \cdot b - a \cdot c$$
$$(a + b) \cdot (c + d)$$
$$= a \cdot c + a \cdot d + b \cdot c + b \cdot d$$
$$(a + b) \cdot (c - d)$$
$$= a \cdot c - a \cdot d + b \cdot c - b \cdot d$$

Division

Summen oder Differenzen in einer Klammer werden durch einen Divisor dividiert, indem man jedes Glied der Klammer durch den Divisor dividiert.

Klammerausdrücke mit Summen oder Differenzen werden durch einen anderen Klammerausdruck dividiert, indem man jedes Glied der ersten Klammer durch den anderen Klammerausdruck dividiert.

$$(a + b) : c$$
$$= \frac{(a + b)}{c} = \frac{a}{c} + \frac{b}{c}$$
$$(a + b) : (c + d)$$
$$= \frac{(a+b)}{(c+d)} = \frac{a}{(c+d)} + \frac{b}{(c+d)}$$

Ausklammern

Faktoren oder Divisoren die in jedem Glied einer Summe oder Differenz enthalten sind, können ausgeklammert werden.

$$a \cdot b + a \cdot c = a \cdot (b + c)$$
$$\frac{a}{c} + \frac{b}{c} = \frac{1}{c}(a + b)$$

Binomische Formeln

Summen bzw. Differenzen mit zwei Gliedern, z.B. $(a + b)$ oder $(a - b)$ heißen Binome (bi = zwei, doppelt).

Das Produkt aus zwei gleichen bzw. gleichartigen Binomen ist Bestandteil vieler mathematischer Ausdrücke. Die Gesetze zur Berechnung der Produkte heißen „binomische Formeln".

$$(a + b)^2 = a^2 + 2ab + b^2$$
$$(a - b)^2 = a^2 - 2ab + b^2$$
$$(a + b)(a - b) = a^2 - b^2$$

Schreibweise

Das Multiplikationszeichen zwischen
- zwei Klammern
- zwei Buchstaben
- Zahl und Buchstabe
- Zahl und Klammer

kann geschrieben oder weggelassen werden.

Beispiel:
$$2 \cdot a \cdot b \cdot (a + b) \cdot (a - b) = 2ab(a + b)(a - b)$$

Beim Taschenrechner kann das Multiplikationszeichen vor einer Klammer und zwischen Klammern entfallen.

mit Multiplikationszeichen

$2 \times (5 - 7) \times (-9)$
36

ohne Multiplikationszeichen

$2(5 - 7)(-9)$
36

Rechnen mit Brüchen

Werden zwei Zahlen durcheinander dividiert, so erhält man einen Bruch (Bruchzahl).

Darstellung: $\dfrac{2}{3}$ — Zähler — Bruchstrich — Nenner

Man unterscheidet:

Stammbrüche
dabei ist der Zähler immer 1
Beispiel: $\dfrac{1}{3}$, $\dfrac{1}{8}$

echte Brüche
dabei ist Zähler < Nenner
Beispiel: $\dfrac{2}{3}$, $\dfrac{5}{8}$

unechte Brüche
dabei ist Zähler > Nenner
Beispiel: $\dfrac{7}{3}$, $\dfrac{9}{8}$

gemischte Brüche
dabei wird ein unechter Bruch in eine ganze Zahl und einen echten Bruch umgewandelt
Beispiel:
$$\dfrac{29}{8} = 3 + \dfrac{5}{8} = 3\dfrac{5}{8}$$

Dezimalbrüche
sind Brüche, deren Nenner eine Zehnerpotenz ist, bzw. in eine solche umgewandelt wurde
Beispiel:
$$2\,\dfrac{27}{100} = 2{,}27$$

Auf dem Taschenrechner können Brüche mit der „Bruchtaste" in verschiedenen Darstellungen eingegeben bzw. angezeigt werden.

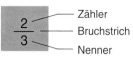

Beispiel: Eingabe des Bruchs $3\dfrac{5}{8}$

3 [a b/c] 5 [a b/c] 8

Taste [=]
→ Ergebnis als gemischter Bruch

Taste [a b/c]
→ Ergebnis als Dezimalbruch

Tasten SHIFT [a b/c]
→ Ergebnis als unechter Bruch

Beispiel: Multiplikation
$$3\dfrac{5}{8} \cdot 2\dfrac{3}{4} = 9\dfrac{31}{32}$$

Regeln für das Bruchrechnen

Erweitern und Kürzen

Zähler und Nenner eines Bruches dürfen mit der gleichen Zahl multipliziert werden. Der Vorgang heißt Erweitern.
Zähler und Nenner eines Bruches dürfen durch die gleiche Zahl dividiert werden. Der Vorgang heißt Kürzen.
Kürzen und Erweitern von Brüchen haben große Bedeutung.

$$\dfrac{a}{b} = \dfrac{a \cdot k}{b \cdot k} = \dfrac{a\,k}{b\,k}$$
$$\dfrac{a\,k}{b\,k} = \dfrac{a \cdot \not{k}}{b \cdot \not{k}} = \dfrac{a}{b}$$

Addition und Subtraktion

Gleichnamige Brüche, d.h. Brüche mit gleichem Nenner, werden addiert bzw. subtrahiert, indem man ihre Zähler addiert bzw. subtrahiert und den gemeinsamen Nenner beibehält.
Beispiele: $\dfrac{3}{7} + \dfrac{2}{7} = \dfrac{5}{7}$ $\qquad$ $\dfrac{3}{7} - \dfrac{2}{7} = \dfrac{1}{7}$

$$\dfrac{a}{c} + \dfrac{b}{c} = \dfrac{a+b}{c}$$
$$\dfrac{a}{c} - \dfrac{b}{c} = \dfrac{a-b}{c}$$

Ungleichnamige Brüche werden addiert bzw. subtrahiert, indem man zuerst durch Erweitern den gemeinsamen Nenner (Hauptnenner) bestimmt. Danach werden sie wie gleichnamige Brüche addiert bzw. subtrahiert.
Beispiel: $\dfrac{3}{7} + \dfrac{2}{5} = \dfrac{3 \cdot 5}{7 \cdot 5} + \dfrac{2 \cdot 7}{5 \cdot 7} = \dfrac{15}{35} + \dfrac{14}{35} = \dfrac{29}{35}$

$$\dfrac{a}{c} + \dfrac{b}{d} = \dfrac{a \cdot d}{c \cdot d} + \dfrac{b \cdot c}{d \cdot c}$$
$$= \dfrac{a \cdot d + b \cdot c}{c \cdot d}$$

Multiplikation

Brüche werden miteinander multipliziert, indem man Zähler mit Zähler und Nenner mit Nenner multipliziert.
Beispiel: $\dfrac{3}{7} \cdot \dfrac{2}{5} = \dfrac{3 \cdot 2}{7 \cdot 5} = \dfrac{6}{35}$

$$\dfrac{a}{c} \cdot \dfrac{b}{d} = \dfrac{a \cdot b}{c \cdot d} = \dfrac{a\,b}{c\,d}$$

Division

Ein Bruch wird durch einen zweiten Bruch dividiert, indem man den ersten Bruch mit dem Kehrwert des zweiten Bruches multipliziert.
Beispiel: $\dfrac{3}{7} : \dfrac{2}{5} = \dfrac{3}{7} \cdot \dfrac{5}{2} = \dfrac{3 \cdot 5}{7 \cdot 2} = \dfrac{15}{14} = 1\dfrac{1}{14}$

$$\dfrac{a}{c} : \dfrac{b}{d} = \dfrac{a}{c} \cdot \dfrac{d}{b} = \dfrac{a\,d}{c\,b}$$

1.6 Potenzen und Wurzeln

Rechnen mit Potenzen

Das Produkt aus mehreren gleichen Faktoren kann vereinfacht und platzsparend in Potenzschreibweise dargestellt werden.

Beispiel:

$$\underbrace{2 \cdot 2 \cdot 2 \cdot 2 \cdot 2}_{\text{5 Faktoren}} = \overset{\text{Potenz}}{\boxed{2^5}} = 32$$

Potenzwert
Hochzahl (Exponent)
Grundzahl (Basis)

Beim Taschenrechner können Potenzen mit den Tasten x^2, x^3 und $\wedge$ eingegeben werden. Nach $\wedge$ kann eine beliebige Hochzahl eingegeben werden.

Beispiel: $2^5 = 32$

Regeln für das Rechnen mit Potenzen

Addition und Subtraktion

Potenzterme, die in Grund- und Hochzahl übereinstimmen, können durch Addition bzw. Subtraktion zusammengefasst werden. Dabei werden die Vorzahlen addiert bzw. subtrahiert und die Potenz beibehalten.

Beispiel: $3 \cdot 3^2 + 5 \cdot 3^2 - 2 \cdot 3^2 = 6 \cdot 3^2 = 54$

$$b \cdot a^n + c \cdot a^n - d \cdot a^n = (b + c - d) \cdot a^n$$

Multiplikation

Potenzen mit gleicher Grundzahl werden multipliziert, indem man die gemeinsame Grundzahl beibehält und die Hochzahlen addiert.

Beispiel: $3^2 \cdot 3^3 \cdot 3^4 = 3^{2+3+4} = 3^9 = 19\,683$

$$a^m \cdot a^n = a^{m+n}$$

Potenzen mit gleicher Hochzahl werden multipliziert, indem man die Grundzahlen multipliziert und die gemeinsame Hochzahl beibehält.

Beispiel: $3^2 \cdot 4^2 \cdot 5^2 = (3 \cdot 4 \cdot 5)^2 = 60^2 = 3\,600$

$$a^n \cdot b^n = (a \cdot b)^n$$

Division

Potenzen mit gleicher Grundzahl werden durcheinander dividiert, indem man die Grundzahl beibehält und die Hochzahl des des Nenners von der Hochzahl des Zählers abzieht.

Beispiele: $\dfrac{3^5}{3^3} = 3^{5-3} = 3^2 = 9 \qquad \dfrac{3^3}{3^5} = 3^{3-5} = 3^{-2} = \dfrac{1}{9}$

$$\frac{a^m}{a^n} = a^{m-n}$$

Potenzen mit gleicher Hochzahl werden durcheinander dividiert, indem man die Grundzahlen durcheinander dividiert und die gemeinsame Hochzahl beibehält.

Beispiel: $\dfrac{3^4}{5^4} = \left(\dfrac{3}{5}\right)^4 = 0{,}6^4 = 0{,}1296$

$$\frac{a^m}{b^m} = \left(\frac{a}{b}\right)^m$$

Potenzieren

Potenzen werden potenziert, indem man die Grundzahl beibehält und die Hochzahlen miteinander multipliziert.

Beispiel: $\left(3^2\right)^3 = 3^{2 \cdot 3} = 3^6 = 729$

$$\left(a^m\right)^n = a^{m \cdot n}$$

Allgemeiner Potenzbegriff

Unter einer Potenz versteht man im engeren Sinne die Kurzschreibweise eines Produktes aus n gleichen Faktoren: $a^n = a_1 \cdot a_2 \cdot a_3 \cdot a_4 \cdots a_n$.
Damit ist die Potenz a^n nur für Hochzahlen $n \geq 2$ definiert.
Der Potenzbegriff kann aber auch auf alle Hochzahlen $n < 2$, als auch auf $n = 0$ und negative Hochzahlen ausgedehnt werden. Sonderfälle: $a^1 = a$ und $a^0 = 1$.
Potenzen mit negativen Hochzahlen ergeben den gleichen Wert wie der Kehrwert der Potenz mit gleicher positiver Hochzahl.

Sonderfälle
$$a^1 = a$$
$$a^0 = 1$$
$$a^{-1} = \frac{1}{a}$$

Allgemein
$$a^{-n} = \frac{1}{a^n}$$

Rechnen mit Wurzeln

Beim Wurzelziehen (Radizieren) wird zu einem gegebenen Potenzwert und bei gegebener Hochzahl die zugehörige Grundzahl bestimmt.
Das Radizieren ist somit die Umkehrung (Invertierung) des Potenzierens.

Beim Taschenrechner können Wurzeln mit den „Wurzeltasten" $\sqrt{\ }$, $\sqrt[3]{\ }$ und $\sqrt[x]{\ }$ eingegeben werden.

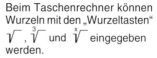

Beispiel:

$$\underbrace{\sqrt[5]{\vphantom{2}}}_{\text{Wurzel}} \overbrace{243}^{} = \sqrt[5]{\underbrace{3 \cdot 3 \cdot 3 \cdot 3 \cdot 3}_{\text{Radikand}}} = \sqrt[5]{3^5} = \underbrace{3}_{\text{Wurzelwert}}$$

Hochzahl (Wurzelexponent)

Beispiel: $\sqrt[5]{243} = 3$
Vor $\sqrt[x]{\ }$ den Wurzelexponent eingeben!

```
5 ×√243
          3.
```

| **Definitionsbereich** | Wurzeln $\sqrt[n]{a}$ sind für geradzahlige Wurzelexponenten n nicht definiert, wenn der Radikand negativ ist ($a < 0$). Negative Radikanden ergeben imaginäre Wurzelwerte. |

Regeln für das Rechnen mit Wurzeln

Addition und Subtraktion

Wurzelterme, die in Radikand und Wurzelexponent übereinstimmen, können durch Addition bzw. Subtraktion zusammengefasst werden. Dabei werden die Vorzahlen addiert bzw. subtrahiert und die Wurzel beibehalten.

$$b \cdot \sqrt[n]{a} + c \cdot \sqrt[n]{a} - d \cdot \sqrt[n]{a} = (b + c - d) \cdot \sqrt[n]{a}$$

Beispiel: $3 \cdot \sqrt[3]{3} + 5 \cdot \sqrt[3]{3} - 2 \cdot \sqrt[3]{3} = 6 \cdot \sqrt[3]{3} \approx 10{,}392$

Multiplikation

Wurzeln mit gleichem Wurzelexponenten werden miteinander multipliziert, indem man die Radikanden miteinander multipliziert und den gemeinsamen Wurzelexponenten beibehält.

$$\sqrt[n]{a} \cdot \sqrt[n]{b} = \sqrt[n]{a \cdot b}$$

Beispiel: $\sqrt[3]{3} \cdot \sqrt[3]{9} = \sqrt[3]{3 \cdot 9} = \sqrt[3]{27} = 3$

Division

Wurzeln mit gleichem Wurzelexponent werden durcheinander dividiert, indem man die Radikanden durcheinander dividiert und den gemeinsamen Wurzelexponten beibehält.

$$\frac{\sqrt[m]{a}}{\sqrt[m]{b}} = \sqrt[m]{\frac{a}{b}}$$

Beispiel: $\dfrac{\sqrt[3]{160}}{\sqrt[3]{20}} = \sqrt[3]{\dfrac{160}{20}} = \sqrt[3]{8} = 2$

Radizieren

Wurzeln werden radiziert, indem man den Radikanden beibehält und die Wurzelexponenten miteinander multipliziert.

$$\sqrt[n]{\sqrt[m]{a}} = \sqrt[m \cdot n]{a}$$

Beispiel: $\sqrt[3]{\sqrt{729}} = \sqrt[3 \cdot 2]{729} = \sqrt[6]{729} = 3$

Zusammenhang zwischen Potenzen und Wurzeln

Radizieren ist die Umkehrung des Potenzierens. Wurzeln lassen sich deshalb auch in Potenzschreibweise darstellen.
Es gilt: eine Wurzel kann als Potenz mit gebrochener Hochzahl geschrieben werden. Die Potenzregeln sind damit auch für Wurzeln anwendbar. Für die Berechnung von Wurzeln kann es sinnvoll sein, sie in Potenzschreibweise darzustellen.

Zusammenhang:

$$\sqrt[n]{a} = a^{\frac{1}{n}}$$

$$\sqrt[n]{a^m} = a^{\frac{m}{n}}$$

1.7 Logarithmen

Logarithmen

Beim Logarithmieren wird die Hochzahl x bestimmt, mit der man eine Grundzahl a potenzieren muss, um eine gesuchte Zahl b zu erhalten (zweite Umkehrung des Potenzierens).
Die gesuchte Hochzahl heißt Logarithmus.

Aus $b = a^x$ folgt: $x = \log_a b$
gelesen: x gleich Logarithmus b zur Grundzahl a

Beispiel: $1000 = 10^x \longrightarrow x = \log_{10} 1000 = 3$

In der Praxis sind vor allem die Grundzahlen 10 (Zehnerlogarithmus, $\log_{10} = \lg$) und e = 2,71828... (natürlicher Logarithmus, $\log_e = \ln$) von Bedeutung.

Beim Taschenrechner werden Logarithmen mit den Tasten log (Zehnerlogarithmus) und ln (natürlicher Logarithmus) bestimmt.

Beispiel:
$\log_{10} 1000 = 3$
Hinweis: $\log \triangleq \log_{10}$

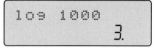

Beispiel:
$\ln 1000 = 6,90775...$

```
ln 1000
6.907755279
```

Logarithmengesetze

Multiplizieren

Der Logarithmus eines Produkts ist gleich der Summe der Logarithmen der Faktoren.

Beispiel: $\lg (100 \cdot 1000) = \lg 100 + \lg 1000 = 2 + 3 = 5$

bzw.: $\lg (100 \cdot 1000) = \lg 100\,000 = \lg 10^5 = 5$

$$\lg (a \cdot b) = \lg a + \lg b$$

Dividieren

Der Logarithmus eines Quotienten ist gleich der Differenz der Logarithmen von Zähler und Nenner.

Beispiel: $\lg \left(\dfrac{1000}{100}\right) = \lg 1000 - \lg 100 = 3 - 2 = 1$

bzw.: $\lg \left(\dfrac{1000}{100}\right) = \lg 10 = \lg 10^1 = 1$

$$\lg \left(\frac{a}{b}\right) = \lg a - \lg b$$

Potenzieren

Der Logarithmus einer Potenz ist gleich dem Produkt aus dem Exponenten und dem Logarithmus der Potenzbasis.
(Diese Regel heißt auch Hut-Ab-Regel)

Beispiel: $\lg 10^5 = 5 \cdot \lg 10 = 5 \cdot 1 = 5$

$$\lg a^n = n \cdot \lg a$$

Radizieren

Der Logarithmus einer Wurzel ist gleich dem Logarithmus der Potenzbasis dividiert durch den Wurzelexponenten.

Beispiel: $\lg \sqrt{10^6} = \dfrac{1}{2} \cdot \lg 10^6 = \dfrac{6}{2} \cdot \lg 10 = 3$

$$\lg \sqrt[n]{a} = \frac{1}{n} \cdot \lg a$$

Lineare und logarithmische Skalen

Lineare Skale
Bei linearen Skalen besteht zwischen aufeinander folgenden natürlichen Zahlen immer der gleiche Abstand. Z.B. besteht zwischen 89 und 90 der gleiche Abstand wie zwischen 1001 und 1002.

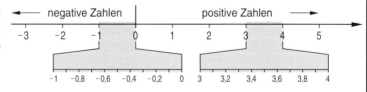

Logarithmische Skale
Bei logarithmischen Skalen besitzt jede Zehnerpotenz (Dekade) die gleiche Länge. Z.B. hat die Dekade 0,1 bis 1 die gleiche Länge wie die Dekade 100 bis 1000.
Logarithmische Skalen haben weder Nullpunkt noch negative Zahlen.

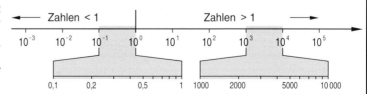

Funktionen, Einführung

Unter einer Funktion versteht man eine eindeutige Vorschrift zur Zuordnung einer abhängigen Variablen zu einer unabhängigen Variablen.

Beispiel: $y = \sin x$
— unabhängige Variable
— Zuordnungsvorschrift
— abhängige Variable

Funktionen müssen eindeutig sein. Ist die Zuordnung mehrdeutig, z.B. zweideutig, so handelt es sich um eine Relation.
Funktionen haben in Technik und Mathematik große Bedeutung. Häufig eingesetzte Funktionen sind z.B.:
- Lineare Funktionen, z. B. $y = 5x + 3$
- Quadratische Funktionen, z. B. $y = x^2 - 20x + 15$
- Sinusfunktionen, z. B. $u = \hat{u} \cdot \sin \omega t$
- Exponentialfunktionen, z. B. $u = U \cdot (1 - e^{-t/\tau})$.

Taschenrechner können den Wert der abhängigen Variablen (Funktionswert) mithilfe der CALC-Taste für verschiedene Werte der unabhängigen Variablen berechnen.
Die Berechnung der Variablen für einen vorgegebenen Funktionswert erfolgt mithilfe der SOLVE-Taste.

ALPHA: Umschalttaste für die Variablen x, y und das Gleichheitszeichen.

Beispiel:
$y = x^2 - 20x + 15$
Funktionswert für
$x = 5 \longrightarrow y = -60$

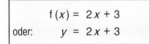

Der Variablenwert $x = 5$ wird mithilfe der CALC-Taste eingegeben.

Darstellung von Funktionen

Funktionen können je nach Einsatz und Verwendung auf verschiedene Art dargestellt werden. Die verschiedenen Darstellungsmöglichkeiten werden am Beispiel der Funktion $y = 2x + 3$ gezeigt.

Allgemeine Darstellung

Funktion f: $x \longmapsto 2x + 3$

Gelesen: x zugeordnet zu 2x plus 3, oder kurz: x Pfeil 2x plus 3.

Funktionsgleichung

$f(x) = 2x + 3$
oder: $y = 2x + 3$

Beide Darstellungen sind gleichwertig. Aus der Funktionsgleichung lassen sich alle Wertepaare x, y im gesamten Definitionsbereich gewinnen.

Wertetafel

x	-3	-2	-1	0	1	2	3
y	-3	-1	1	3	5	7	9

Wertetabellen enthalten nur ausgewählte Wertepaare x, y. Sie dienen insbesondere der graphischen Darstellung der Funktion.

Funktionsgraph (Schaubild, Graph)

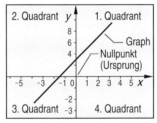

Die graphische Darstellung (Schaubild, Graph) dient der anschaulichen Darstellung einer Funktion. Mit ihr können vor allem technische Zusammenhänge verständlich dargestellt werden.
Die genaue Bestimmung von Funktionswerten ist nur im Rahmen der Zeichengenauigkeit möglich.

Koordinatensysteme

Rechtwinkliges Koordinatensystem

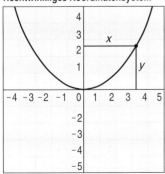

Im rechtwinkligen Koordinatensystem werden die Funktionswerte durch Wertepaare x, y, im Polarkoordinatensystem durch Wertepaare r, φ (Betrag und Richtung) dargestellt. Die Systeme können ineinander umgerechnet werden:

Polarkoordinaten $\longrightarrow$ rechtwinklige K.

$\begin{aligned} x &= r \cdot \cos \varphi \\ y &= r \cdot \sin \varphi \end{aligned}$ folgt aus $\cos \varphi = \frac{x}{r}$ bzw. $\sin \varphi = \frac{y}{r}$

rechtwinklige K. $\longrightarrow$ Polarkoordinaten

$r = \sqrt{x^2 + y^2}$ folgt aus $r^2 = x^2 + y^2$

$\varphi = \arctan \frac{y}{x}$ folgt aus $\tan \varphi = \frac{y}{x}$

Polarkoordinatensystem

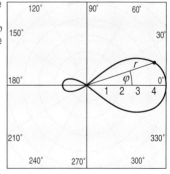

1.9 Funktionen 1. Grades

Gerade und Geradengleichung

Ursprungsgerade $y = m \cdot x$

$y = m \cdot x$ stellt die einfachste mathematische Funktion dar. Da die graphische Darstellung eine Gerade (Linie) ergibt, wird sie auch als lineare Funktion bezeichnet. Alle Geraden $y = m \cdot x$ gehen durch den Nullpunkt (Ursprung); sie heißen deshalb Ursprungsgeraden.
Der Faktor m gibt die Steigung der Geraden an. Sie kann positiv (ansteigend) oder negativ (abfallend) sein.

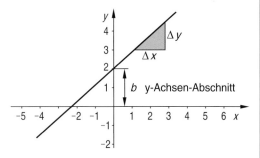

Steigung
$$m = \frac{\Delta y}{\Delta x}$$

Allgemeine Gerade $y = m \cdot x + b$

Die Gleichung $y = m \cdot x + b$ stellt ebenfalls eine Gerade dar. Im Gegensatz zur Ursprungsgeraden $y = m \cdot x$ geht sie aber nicht durch den Ursprung, sondern schneidet die y-Achse ($x = 0$) bei $y = b$. Das Glied b ist der so genannte y-Achsen-Abschnitt.
$y = m \cdot x + b$ ist die Hauptform der Geradengleichung. Eine Gerade ist eindeutig bestimmt durch ihre Steigung und ihren y-Achsen-Abschnitt oder durch zwei Punkte oder durch einen Punkt und die Steigung.

b y-Achsen-Abschnitt

Beispiele für $y = m \cdot x + b$

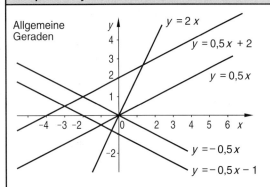

Allgemeine Geraden
$y = 2x$
$y = 0,5x + 2$
$y = 0,5x$
$y = -0,5x$
$y = -0,5x - 1$

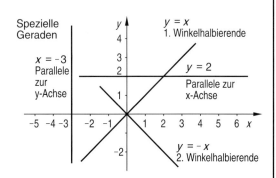

Spezielle Geraden
$x = -3$ Parallele zur y-Achse
$y = x$ 1. Winkelhalbierende
$y = 2$ Parallele zur x-Achse
$y = -x$ 2. Winkelhalbierende

Bestimmung der Geradengleichung

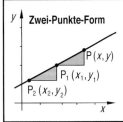

Zwei-Punkte-Form

$P(x, y)$, $P_1(x_1, y_1)$, $P_2(x_2, y_2)$

Beide Dreiecke zeigen die gleiche Steigungung,

also: $\dfrac{y - y_1}{x - x_1} = \dfrac{y_1 - y_2}{x_1 - x_2}$

oder: $y - y_1 = \dfrac{y_1 - y_2}{x_1 - x_2} \cdot (x - x_1)$

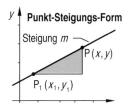

Punkt-Steigungs-Form

Steigung m

$P(x, y)$, $P_1(x_1, y_1)$

Steigung m ist gleich der Steigung des Dreiecks,

also: $\dfrac{y - y_1}{x - x_1} = m$

oder: $y - y_1 = m \cdot (x - x_1)$

Schnittpunkt von zwei Geraden

Rechnerische Lösung

Geradengleichungen $\quad y = m_1 \cdot x + b_1 \quad$ (Gerade 1)
$\quad\quad\quad\quad\quad\quad\quad\quad\quad y = m_2 \cdot x + b_2 \quad$ (Gerade 2)

Gleichsetzen: $\quad m_1 \cdot x_S + b_1 = m_2 \cdot x_S + b_2$

x_S berechnen: $\quad x_S = \dfrac{b_2 - b_1}{m_1 - m_2}$

x_S in eine Geradengleichung einsetzen und y_S berechnen.

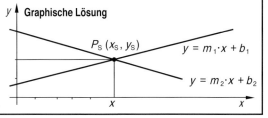

Graphische Lösung

$P_S(x_S, y_S)$
$y = m_1 \cdot x + b_1$
$y = m_2 \cdot x + b_2$

Gleichungssysteme mit mehreren Unbekannten

Gleichungen mit mehreren Variablen, für die eine gemeinsame Lösung gefunden werden soll, heißen Gleichungssysteme. Die Anzahl der zum Gleichungssystem gehörigen Gleichungen ist dabei gleich der Anzahl der Variablen.

Beispiel: Gleichungssystem mit 3 Variablen

$$\begin{vmatrix} 3x + 3y + z = 6 \\ x - 2y - 3z = -5 \\ 2x + y - z = 0 \end{vmatrix} \quad \text{allgemein:} \begin{vmatrix} a_1 x + b_1 y + c_1 z = d_1 \\ a_2 x + b_2 y + c_2 z = d_2 \\ a_3 x + b_3 y + c_3 z = d_3 \end{vmatrix}$$

Einsetzungsverfahren

Das Einsetzungsverfahren eignet sich vor allem zur Lösung von Systemen mit zwei Variablen.
Dabei wird eine Gleichung nach einer Variablen, z.B. y, umgeformt. Die Lösung wird in die andere Gleichung eingesetzt, die Gleichung wird nach x aufgelöst.
Mithilfe der Lösung x wird die Lösung y berechnet.

Beispiel:
$$\begin{vmatrix} x - y = -1 & ① \\ 2x + y = 4 & ② \end{vmatrix}$$

Aus ① folgt: $\qquad y = x + 1 \quad ③$
③ in ② einsetzen: $2x + x + 1 = 4$
Daraus folgt: $\qquad\qquad x = 1 \quad ④$
④ in ① einsetzen: $\quad 1 - y = -1$
Daraus folgt: $\qquad\qquad y = 2 \quad ⑤$

Gleichsetzungsverfahren

Das Gleichsetzungsverfahren eignet sich ebenfalls vor allem zur Lösung von Systemen mit zwei Variablen.
Dabei werden beide Gleichungen nach einer Variablen, z.B. y, umgeformt. Die rechten Seiten werden gleichgesetzt und nach x aufgelöst.
Mithilfe der Lösung x wird die Lösung y berechnet.

Beispiel:
$$\begin{vmatrix} x - y = -1 & ① \\ 2x + y = 4 & ② \end{vmatrix}$$

Aus ① folgt: $\qquad y = x + 1 \quad ③$
Aus ② folgt: $\qquad y = 4 - 2x \quad ④$
③ und ④ gleichsetzen: $x + 1 = 4 - 2x$
Daraus folgt: $\qquad\qquad x = 1 \quad ⑤$
Mit ⑤ in ① eingesetzt folgt: $y = 2 \quad ⑥$

Additionsverfahren

Das Additionsverfahren eignet sich ebenfalls vor allem zur Lösung von Systemen mit zwei Variablen.
Dabei werden die beiden Gleichungen falls notwendig so erweitert, dass bei Addition der Gleichungen eine Variable wegfällt. Die Gleichung wird dann nach der verbliebenen Variablen aufgelöst.
Mit der gewonnenen Lösung wird aus einer Ausgangsgleichung die zweite Lösung berechnet.

Beispiel:
$$\begin{vmatrix} x - y = -1 & ① \\ 2x + y = 4 & ② \end{vmatrix}$$

① und ②
addiert ergibt: $\qquad 3x + 0 = 3$
Daraus folgt: $\qquad\qquad x = 1 \quad ③$
Mit ③ in ① eingesetzt folgt: $y = 2 \quad ④$
Üblicherweise müssen die Ausgangsgleichungen zuerst passend erweitert werden, damit bei der Addition eine der Variablen wegfällt.

Determinantenverfahren

Gleichungssystem mit zwei Variablen

$$\begin{vmatrix} a_1 x + b_1 y = c_1 \\ a_2 x + b_2 y = c_2 \end{vmatrix}$$

x - Determinante
$$D_x = \begin{vmatrix} c_1 & b_1 \\ c_2 & b_2 \end{vmatrix}$$

y - Determinante
$$D_y = \begin{vmatrix} a_1 & c_1 \\ a_2 & c_2 \end{vmatrix}$$

Hauptdeterminante
$$D = \begin{vmatrix} a_1 & b_1 \\ a_2 & b_2 \end{vmatrix}$$

Lösungen nach der Cramerschen Regel
$$x = \frac{D_x}{D} \qquad y = \frac{D_y}{D}$$

Dabei ist: $D_x = \begin{vmatrix} c_1 & b_1 \\ c_2 & b_2 \end{vmatrix} = c_1 \cdot b_2 - b_1 \cdot c_2 \qquad D_y = \begin{vmatrix} a_1 & c_1 \\ a_2 & c_2 \end{vmatrix} = a_1 \cdot c_2 - c_1 \cdot a_2 \qquad D = \begin{vmatrix} a_1 & b_1 \\ a_2 & b_2 \end{vmatrix} = a_1 \cdot b_2 - b_1 \cdot a_2$

Gleichungssystem mit drei Variablen

$$\begin{vmatrix} a_1 x + b_1 y + c_1 z = d_1 \\ a_2 x + b_2 y + c_2 z = d_2 \\ a_3 x + b_3 y + c_3 z = d_3 \end{vmatrix}$$

x - Determinante
$$D_x = \begin{vmatrix} d_1 & b_1 & c_1 \\ d_2 & b_2 & c_2 \\ d_3 & b_3 & c_3 \end{vmatrix}$$

y - Determinante
$$D_y = \begin{vmatrix} a_1 & d_1 & c_1 \\ a_2 & d_2 & c_2 \\ a_3 & d_3 & c_3 \end{vmatrix}$$

z - Determinante
$$D_z = \begin{vmatrix} a_1 & b_1 & d_1 \\ a_2 & b_2 & d_2 \\ a_3 & b_3 & d_3 \end{vmatrix}$$

Hauptdeterm.
$$D = \begin{vmatrix} a_1 & b_1 & c_1 \\ a_2 & b_2 & c_2 \\ a_3 & b_3 & c_3 \end{vmatrix}$$

Lösungen (Cramersche R.)
$$x = \frac{D_x}{D} \quad y = \frac{D_y}{D} \quad z = \frac{D_z}{D}$$

Dabei ist: $D_x = \begin{vmatrix} d_1 & b_1 & c_1 \\ d_2 & b_2 & c_2 \\ d_3 & b_3 & c_3 \end{vmatrix} = d_1 \cdot \begin{vmatrix} b_2 & c_2 \\ b_3 & c_3 \end{vmatrix} - b_1 \cdot \begin{vmatrix} d_2 & c_2 \\ d_3 & c_3 \end{vmatrix} + c_1 \cdot \begin{vmatrix} d_2 & b_2 \\ d_3 & b_3 \end{vmatrix}$ $\qquad D_y$ und D_z werden sinngemäß entwickelt.

Lösung von linearen Gleichungssystemen mit dem Taschenrechner

Zur Berechnung von Gleichungssystemen mit 2 oder 3 Unbekannten („unknowns") wird über die MODE-Taste das Menü zur Auswahl des Modus EQN (Equation = Gleichung) eingestellt.

1. Schritt:
Auswahl des EQN-Modus.

```
EQN  MAT  VCT
 1    2    3
```

Schritt 2: Anzahl der Variablen (Unbekannten) festlegen.

```
Unknowns?
 2    3
```

Schritt 3: Vorzahlen der Variablen a_1, b_1 usw. eingeben.

```
a1?
            0
```

1.10 Funktionen 2. Grades

Quadratische Funktionen

Parabeln $y = a \cdot x^2$

Normalparabel
Ist in der Funktion $y = a \cdot x^2$ der Wert $a = 1$, so erhält man die einfachste quadratische Funktion. Ihre graphische Darstellung heißt Normalparabel.

Stauchen und Strecken
Ändern von a ändert die Form. Durch Stauchen ($0 < a < 1$) wird die Parabel breiter, durch Strecken ($a > 1$) wird die Parabel schmaler.

Spiegeln
Ist a negativ, so kommt zur Formänderung an der x-Achse noch eine Spiegelung dazu. Der Scheitel ist jetzt der höchste Punkt.

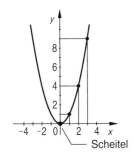

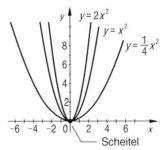

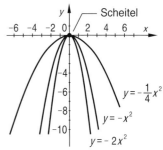

Verschieben des Scheitels

Normalparabel mit Scheitel in $S\,(x_S/y_S)$

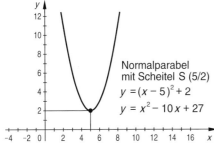

Normalparabel mit Scheitel S (5/2)
$$y = (x - 5)^2 + 2$$
$$y = x^2 - 10x + 27$$

Wird der Scheitel einer Normalparabel $y = x^2$ vom Nullpunkt (0/0) in den neuen Scheitelpunkt $S\,(x_S/y_S)$ verschoben, so lautet ihre Gleichung

in Scheitelform: $\boxed{y = (x - x_S)^2 + y_S}$

in Polynomform: $\quad y = x^2 - 2x \cdot x_S + x_S^2 + y_S$

Scheitelverschiebung, allgemein

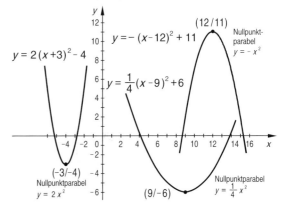

Für eine verschobene Parabel gilt: $\boxed{y = a \cdot (x - x_S)^2 + y_S}$

Quadratische Gleichungen

Eine beliebige quadratische Funktion kann allgemein in der Form $y = a \cdot x^2 + b \cdot x + c$ dargestellt werden. Die Frage, für welchen x-Wert $y = 0$ ist, führt zu der quadratischen Gleichung: $a \cdot x^2 + b \cdot x + c = 0$.

Die Lösung der Gleichung kann auf drei Arten erfolgen:

1. durch Umformen der Gleichung nach x
2. durch graphische Lösung (Schnittstellen der Parabel mit der x - Achse)
3. durch numerische Lösung mit dem Taschenrechner.

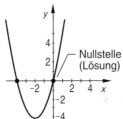

Darstellung von quadratischen Gleichungen

Allgemeinform $\quad \boxed{a \cdot x^2 + b \cdot x + c = 0}$

Teilen durch a ergibt die Normalform.

Normalform $\quad \boxed{x^2 + p \cdot x + q = 0}$

Je nachdem, ob die Vorzahlen a, b, c vorhanden sind, unterscheidet man die Gleichungstypen:

gemischtquadratisch $\quad a \cdot x^2 + b \cdot x + c = 0$

reinquadratisch $\quad a \cdot x^2 + c = 0$

defektquadratisch $\quad a \cdot x^2 + b \cdot x = 0$

Lösung von quadratischen Gleichungen

Reinquadratische Gleichungen

Gleichungen der Form $ax^2 + c = 0$ heißen reinquadratisch, weil sie die Variable x nur in quadratischer Form enthalten.
Diese Gleichungsform lässt sich leicht nach x umformen und lösen.

Aus $ax^2 + c = 0$ folgt: $x = \pm\sqrt{-\dfrac{c}{a}}$

Da Wurzeln aus negativen Zahlen nicht definiert sind, ist die Aufgabe nur dann lösbar, wenn a oder c negativ ist. In diesem Fall gibt es zwei Lösungen.

Beispiel:

$$4x^2 - 25 = 0$$
$$x^2 = \frac{25}{4}$$
$$x_{1/2} = \pm\sqrt{\frac{25}{4}}$$
$$x_1 = +\frac{5}{2} \qquad x_2 = -\frac{5}{2}$$

Defektquadratische Gleichungen

Gleichungen der Form $ax^2 + bx = 0$ heißen defektquadratisch, weil das Absolutglied c fehlt.
Diese Gleichungsform lässt sich lösen, indem die Variable ausgeklammert wird.

Aus $ax^2 + bx = 0$ folgt: $x(ax + b) = 0$

Nach dem Satz vom Nullprodukt ist die linke Seite null, wenn einer der beiden Faktoren null ist. Daraus folgt:

1. Lösung: $x_1 = 0$
2. Lösung: $ax + b = 0 \longrightarrow x_2 = -\dfrac{b}{a}$

Beispiel:

$$4x^2 + 12x = 0$$
$$4x \cdot (x + 3) = 0$$

Nach dem Satz vom Nullprodukt gilt:

$$4x = 0 \longrightarrow x_1 = 0$$
$$x + 3 = 0 \longrightarrow x_2 = -3$$

Gemischtquadratische Gleichungen

Gemischtquadratische Gleichungen lassen sich z.B. mit der so genannten Mitternachtsformel lösen.

Für die Gleichung in Allgemeinform $a \cdot x^2 + b \cdot x + c = 0$

gilt: $\boxed{x_{1/2} = \dfrac{-b \pm \sqrt{b^2 - 4ac}}{2a}}$

Für die Gleichung in Normalform $x^2 + p \cdot x + q = 0$

gilt: $\boxed{x_{1/2} = -\dfrac{p}{2} \pm \sqrt{\left(\dfrac{p}{2}\right)^2 - q}}$

Beispiel:

$$8x^2 + 14x - 15 = 0$$
$$x_{1/2} = \frac{-14 \pm \sqrt{196 + 480}}{16}$$

Für die Lösungen ergibt sich:

$$x_1 = \frac{-14 + 26}{16} = \frac{3}{4}$$
$$x_1 = \frac{-14 - 26}{16} = -\frac{5}{2}$$

Lösen von quadratischen Gleichungen mit dem Taschenrechner

Für das Lösen mit dem Taschenrechner muss die quadratische Gleichung in der Allgemeinform ax²+bx+c=0 vorliegen. Durch mehrfaches Drücken der MODE-Taste wird in das Menü zur Auswahl des Modus EQN (Equation=Gleichung) eingestellt.

1. Schritt:
Auswahl des EQN-Modus
(EQN = Equation, Gleichung)

2. Schritt:
Das Menü "Unknowns?" wird mit der Cursor-Taste weiter gescrollt.

3. Schritt:
Der Grad (Degree?) wird einge-geben (2 für quadratisch).

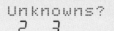 →

4. Schritt:
Die Vorzahlen a, b, c werden eingegeben.

Mit der Gleichheitstaste können die beiden Lösungen x_1 und x_2 der quadratischen Gleichung aufgerufen werden.

1.11 Potenz-, Wurzel-, Hyperbelfunktionen

Parabelfunktionen

Die Funktion mit der Funktionsgleichung $y = a \cdot x^n$ heißt
Potenzfunktion n-ter Ordnung bzw. n-ten Grades.
Der Exponent n und die Vorzahl a haben maßgeblichen Einfluss auf den Verlauf der Kurve:
- je nach Exponent erhält man eine Gerade, eine Parabel, eine Hyperbel oder eine Wurzelfunktion
- die Vorzahl a bewirkt eine Streckung oder Stauchung in y-Richtung bzw. eine Spiegelung an der x-Achse.

Die Funktion $y = x^2$ heißt Normalparabel. Aus ihr können weitere Funktionen abgeleitet werden.

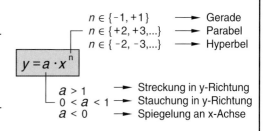

$n \in \{-1, +1\}$ ⟶ Gerade
$n \in \{+2, +3, ...\}$ ⟶ Parabel
$n \in \{-2, -3, ...\}$ ⟶ Hyperbel

$$y = a \cdot x^n$$

$a > 1$ ⟶ Streckung in y-Richtung
$0 < a < 1$ ⟶ Stauchung in y-Richtung
$a < 0$ ⟶ Spiegelung an x-Achse

Parabeln, Streckung, Stauchung, Spiegelung

Die einfachste Parabel hat die Funktionsgleichung $y = x^2$ (Normalparabel).
Andere Parabeln entstehen durch Strecken, Stauchen und Spiegeln der Normalparabel.

Streckung n gerade $a > 1$	Stauchung n gerade $0 < a < 1$	Spiegelung n gerade $a < 0$	Streckung n ungerade $a > 1$	Stauchung n ungerade $0 < a < 1$	Spiegelung n ungerade $a < 0$

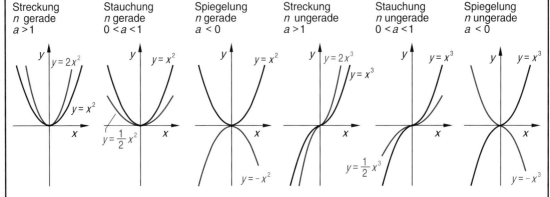

Parabeln höherer Ordnung, Beispiele

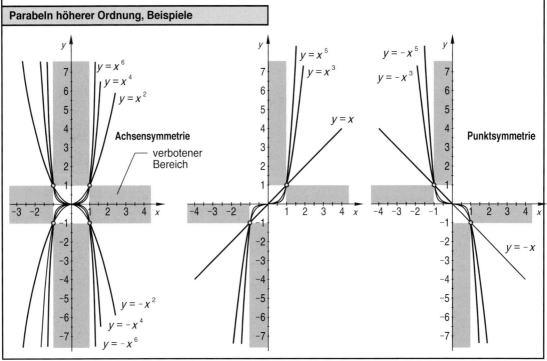

© Holland + Josenhans

1.11 Potenz-, Wurzel-, Hyperbelfunktionen

Hyperbelfunktionen

Potenzfunktionen mit der Funktionsgleichung $y = a \cdot x^{-n}$ heißen Hyperbelfunktionen. Für n können dabei alle natürlichen Zahlen 1, 2, 3 usw. eingesetzt werden.
Für ungerade Exponenten (1, 3, 5 usw.) erhält man Hyperbeln, bei denen die beiden Äste punktsymmetrisch zum Nullpunkt sind,
für gerade Exponenten (2, 4, 6 usw.) ergeben sich Hyperbeln, bei denen die Äste achsensymmetrisch zur y-Achse sind.
Hyperbeln werden auch als gebrochen rationale Funktionen bezeichnet.

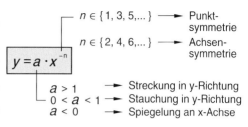

$n \in \{1, 3, 5, \dots\}$ ⟶ Punktsymmetrie
$n \in \{2, 4, 6, \dots\}$ ⟶ Achsensymmetrie

$$y = a \cdot x^{-n}$$

$a > 1$ ⟶ Streckung in y-Richtung
$0 < a < 1$ ⟶ Stauchung in y-Richtung
$a < 0$ ⟶ Spiegelung an x-Achse

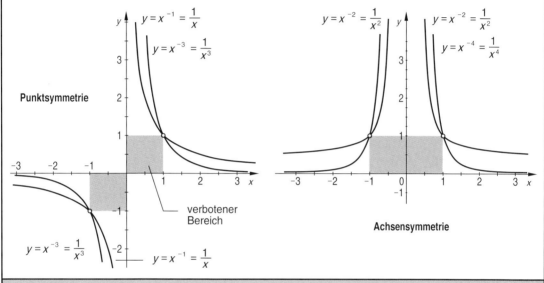

Wurzelfunktionen

Potenzfunktionen mit der Funktionsgleichung $y = a \cdot x^{1/n}$ heißen Wurzelfunktionen, da eine gebrochene Hochzahl einer Wurzel entspricht.
Für n können dabei alle ganzen Zahlen -2, -1, 1, 2, 3 usw. eingesetzt werden. Die Funktion ist nur für $x = 0$ und positive x-Werte ($x \geq 0$) definiert.
Für die Praxis besonders wichtig ist die Quadratwurzelfunktion.

Quadratwurzelfunktion $\quad y = \pm x^{\frac{1}{2}} = \pm \sqrt{x}$

positiver Ast $\quad y = +\sqrt{x}$

$y = -\sqrt{x}$

negativer Ast

Potenzfunktionen, technische Bedeutung

Potenzfunktionen haben für die Technik große Bedeutung. Die Übersicht zeigt einige wichtige Formeln:

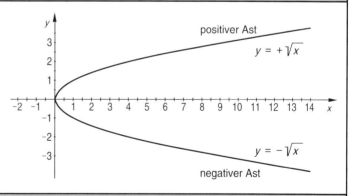

Leistung als Funktion der Spannung bei konstantem Widerstand
$$P = \frac{1}{R} \cdot U^2 \quad \text{(Parabel)}$$

Volumen einer Kugel als Funktion des Kugeldurchmessers
$$V = \frac{\pi}{6} \cdot d^3 \quad \text{(Parabel 3. Ordnung)}$$

Strom als Funktion des Widerstandes bei konstanter Spannung
$$I = \frac{U}{R} \quad \text{(Hyperbel)}$$

Schwingungsdauer eines Pendels als Funktion der Pendellänge ($g = 9{,}81$ m/s², Erdbeschleunigung)
$$T = 2\pi \sqrt{\frac{l}{g}}$$
(Wurzelfunktion)

1.12 Exponential- und Logarithmusfunktionen

Exponentialfunktionen

Potenz- und Exponentialfunktionen arbeiten auf der Grundlage der Potenzgesetze.
Bildet die Variable die Grundzahl (Basis) der Funktion, so handelt es sich um eine Potenzfunktion,
bildet die Variable die Hochzahl (Exponent), so spricht man von einer Exponentialfunktion.
Für die Technik besonders wichtig ist die Exponentialfunktion mit Basis e (e-Funktion).

Potenzfunktion
$$y = x^n$$

Exponentialfunktion
$$y = a^x$$

Eingabetasten der Exponential- und Logarithmusfunktionen beim Taschenrechner:

Zins und Zinseszins

Wird ein Anfangskapital K_0 mit dem Zinssatz $p\%$ verzinst, so beträgt das Kapital nach 1 Jahr:

$$K_1 = K_0 + \frac{p}{100} \cdot K_0 = K_0 \cdot \left(1 + \frac{p}{100}\right)$$

Wird ab dem Beginn des neuen Jahres auch der Zinsertrag verzinst Zinseszins), so beträgt das Kapital nach x Jahren:

$$K_x = K_0 \cdot \left(1 + \frac{p}{100}\right)^x$$

Bei Guthabenzinsen ist der Zinssatz positiv, bei Schuldzinsen ist er negativ.

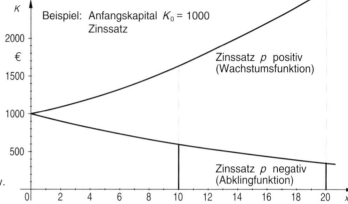

Beispiel: Anfangskapital $K_0 = 1000$
Zinssatz

Zinssatz p positiv (Wachstumsfunktion)

Zinssatz p negativ (Abklingfunktion)

Die Auflösung nach x erfolgt durch Logarithmieren.

Aus $\quad K_x = K_0 \cdot \left(1 + \frac{p}{100}\right)^x$

folgt: $\quad \left(1 + \frac{p}{100}\right)^x = \frac{K_x}{K_0}$

und: $\quad x \cdot \lg \left(1 + \frac{p}{100}\right) = \lg \frac{K_x}{K_0} \longrightarrow x = \dfrac{\lg \frac{K_x}{K_0}}{\lg \left(1 + \frac{p}{100}\right)}$

Beispiel: Nach wie viel Jahren x hat sich ein Kapital verdoppelt, wenn es mit 5 % verzinst wird?

Lösung:

$$x = \dfrac{\lg \frac{2 \cdot K_0}{K_0}}{\lg \left(1 + \frac{5}{100}\right)} = \frac{\lg 2}{\lg 1{,}05} = 14{,}2 \text{ Jahre}$$

Die Auflösung nach p erfolgt durch Wurzelziehen.

Aus $\quad K_x = K_0 \cdot \left(1 + \frac{p}{100}\right)^x$

folgt: $\quad \left(1 + \frac{p}{100}\right)^x = \frac{K_x}{K_0}$

und: $\quad \left(1 + \frac{p}{100}\right) = \sqrt[x]{\frac{K_x}{K_0}} \longrightarrow p = 100 \cdot \left(\sqrt[x]{\frac{K_x}{K_0}} - 1\right)$

Beispiel: Wie hoch ist der Zinssatz p, wenn aus dem Anfangskapital $K_0 = 1000$ nach 10 Jahren auf 1629 Euro angewachsen ist?

Lösung:

$$p = 100 \cdot \left(\sqrt[10]{\frac{1629}{1000}} - 1\right) = 0{,}05 = 5 \text{ \%}$$

Die e-Funktion

Eine Exponentialfunktion mit der Grundzahl e heißt natürliche Exponentialfunktion oder einfach e-Funktion. Dabei ist e die so genannte nätürliche Zahl oder Euler-Zahl (Leonhard Euler, Mathematiker, 1707 - 1783).

Natürliche Zahl: $e = 1 + \frac{1}{1!} + \frac{1}{2!} + \frac{1}{3!} + \ldots \approx 2{,}71828\ldots$

Dabei ist $n! = 1 \cdot 2 \cdot 3 \cdot \ldots \cdot n$ (gelesen: n Fakultät)
z.B. $4! = 1 \cdot 2 \cdot 3 \cdot 4 = 24$ (gelesen: 4 Fakultät)

e-Funktion (natürliche Exp.funktion)
$$y = e^x$$

Eine beliebige Exponentialfunktion kann in eine e-Funktion umgewandelt werden.
$$y = a^x = e^{x \cdot \ln a}$$

Technische Anwendung der e-Funktion

Lade- und Entladevorgang am Kondensator

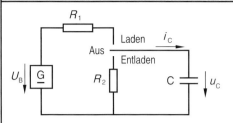

Annahme: Ladevorgang nach 5τ beendet

Ladezeitkonstante $\tau_L = R_1 \cdot C$ Entladezeitk. $\tau_E = R_2 \cdot C$

Ladespannung	$u_C = U_B \cdot (1 - e^{-\frac{t}{\tau}})$	$\longrightarrow$ Zeit	$t = -\tau \cdot \ln\left(1 - \dfrac{u_C}{U_B}\right)$
Ladestrom	$i_C = \dfrac{U_B}{R_1} \cdot e^{-\frac{t}{\tau}}$	$\longrightarrow$ Zeit	$t = -\tau \cdot \ln\dfrac{i_C \cdot R_1}{U_B}$

$\left.\right\}$ mit $\tau = \tau_L = R_1 \cdot C$

Entladespannung	$u_C = U_B \cdot e^{-\frac{t}{\tau}}$	$\longrightarrow$ Zeit	$t = -\tau \cdot \ln\dfrac{u_C}{U_B}$
Entladestrom	$i_C = -\dfrac{U_B}{R_2} \cdot e^{-\frac{t}{\tau}}$	$\longrightarrow$ Zeit	$t = -\tau \cdot \ln\dfrac{|i_C| \cdot R_2}{U_B}$

$\left.\right\}$ mit $\tau = \tau_E = R_2 \cdot C$

Weitere technische Formeln

Einschaltstrom eines RL-Gliedes

$$i_L = \frac{U_B}{R} \cdot (1 - e^{-\frac{t}{\tau}})$$

dabei ist: i_L Spulenstrom nach der Zeit t, U_B Betriebsspannung, R Vorwiderstand, τ Zeitkonstante

Luftdruckänderung bei Höhenänderung

$$p = p_0 \cdot e^{-k \cdot h}$$

dabei ist: p Luftdruck in Höhe h, p_0 Luftdruck am Boden ($h = 0$), k Druckabnahmefaktor (z.B. 0,000 001 m^{-1})

Ungestörte Vermehrung von Lebewesen

$$a = a_0 \cdot e^{k \cdot t}$$

dabei ist: a Zahl der Lebewesen nach der Zeit t, a_0 Zahl der Lebewesen am Anfang ($t = 0$), k Vermehrungsfaktor (z.B. 1,5 h^{-1})

Strahlungsintensität bei Abschirmung

$$I = I_0 \cdot e^{-\mu \cdot d}$$

dabei ist: I Strahlungsintensität nach der Wanddicke d, I_0 Strahlungsintensität ohne Abschirmung, μ Absorptionskoeffizient (z.B. für Pb 0,56 cm^{-1})

Logarithmen

Die Funktion mit der Funktionsgleichung $y = \log_a x$ heißt Logarithmusfunktion zur Basis a.
Sie ist nur für positive Werte von a und x definiert.
Die Logarithmusfunktion ist die Umkehrfunktion zur Exponentialfunktion $y = a^x$.

Zehnerlogarithmus $x = \log_{10} b = \lg b$ Der Logarithmus x ist die Hochzahl (Exponent) mit der man die Basis 10 potenzieren muss, um die Zahl (Numerus) b zu erhalten, d.h. $10^x = b$, z.B. $\lg 1000 = 3$, denn $10^3 = 1000$.

Natürlicher Log. $x = \log_e b = \ln b$ Der Logarithmus x ist die Hochzahl (Exponent) mit der man die Basis e potenzieren muss, um die Zahl (Numerus) b zu erhalten, d.h. $e^x = b$, z.B. $\ln 100 = 4{,}605$, denn $e^{4{,}605} = 100$.

Logarithmusgesetze
Diese Gesetze gelten auch für natürliche Logarithmen und alle anderen Logarithmensysteme.

$$\lg(a \cdot b) = \lg a + \lg b \qquad \lg\frac{a}{b} = \lg a - \lg b \qquad \lg a^n = n \cdot \lg a$$

Hut-Ab-Regel: $\lg a^{\overgroup{n}} = n \cdot \lg a$

1.13 Winkel und Winkelfunktionen

Winkel

Winkelmessung

Winkel können im Gradmaß (°, Grad) oder im Bogenmaß (rad, Radiant) gemessen werden.
Beim Gradmaß wird der Vollkreis meist in 360° (Altgrad) oder bei Bedarf in 400° (Neugrad) aufgeteilt.
Beim Bogenmaß wird der Winkel am Umfang des Einheitskreises gemessen. Der volle Umfang entspricht 2π rad.

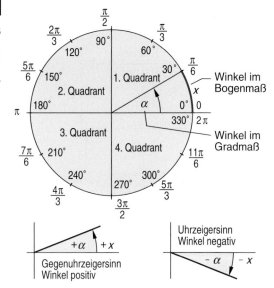

Umrechnung der Winkelmaße

Vom Grad- ins Bogenmaß

$$x = \frac{2\pi}{360°} \cdot \alpha$$

Vom Bogen- ins Gradmaß

$$\alpha = \frac{360°}{2\pi} \cdot x$$

Zählrichtung, Drehsinn

Bei der Messung von Winkeln muss die Zählrichtung bzw. der Drehsinn beachtet werden.
Wird ein Winkel im Gegenuhrzeigersinn überstrichen (Drehrichtung links), so wird er positiv gezählt.
Wird ein Winkel im Uhrzeigersinn überstrichen (Drehrichtung rechts), so wird er negativ gezählt.

Gegenuhrzeigersinn
Winkel positiv

Uhrzeigersinn
Winkel negativ

Rechtwinkliges Dreieck

Im rechtwinkligen Dreieck werden die Seiten durch die Begriffe Kathete und Hypotenuse bezeichnet.
Die beiden Schenkel, die den rechten Winkel einschließen, heißen Katheten (Ankathete und Gegenkathete zu einem Winkel), die dem rechten Winkel gegenüber liegende Seite heißt Hypotenuse.

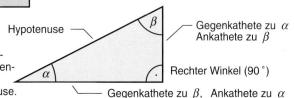

Hypotenuse

Gegenkathete zu α
Ankathete zu β

Rechter Winkel (90°)

Gegenkathete zu β, Ankathete zu α

Winkelfunktionen

Winkelfunktionen können im rechtwinkligen Dreieck oder im Einheitskreis (Kreis mit Radius 1) dargestellt werden.

Darstellung im rechtwinkligen Dreieck

$$\sin\alpha = \frac{\text{Gegenkathete}}{\text{Hypotenuse}} = \frac{a}{c} \qquad \tan\alpha = \frac{\text{Gegenkathete}}{\text{Ankathete}} = \frac{a}{b}$$

$$\cos\alpha = \frac{\text{Ankathete}}{\text{Hypotenuse}} = \frac{b}{c} \qquad \cot\alpha = \frac{\text{Ankathete}}{\text{Gegenkathete}} = \frac{b}{a}$$

sin Sinus, cos Kosinus, tan Tangens, cot Kotangens

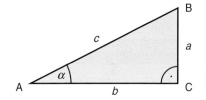

Darstellung im Einheitskreis

Die Darstellung im Einheitskreis zeigt, dass der Wert der Winkelfunktion positiv oder negativ sein kann. Entscheidend ist, in welchem Quadranten der Winkel endet, bzw. in welchem Quadranten P liegt.

Bedeutung im Einheitskreis			Vorzeichen im Quadrant			
			1	2	3	4
Sinus	$\sin\alpha$	Ordinate von P	+	+	−	−
Kosinus	$\cos\alpha$	Abszisse von P	+	−	−	+
Tangens	$\tan\alpha$	Rechte Tangente	+	−	+	−
Kotangens	$\cot\alpha$	Obere Tangente	+	−	+	−

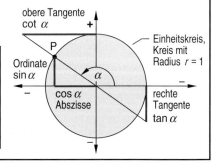

obere Tangente
cot α

Ordinate
$\sin\alpha$

$\cos\alpha$
Abszisse

Einheitskreis,
Kreis mit
Radius $r = 1$

rechte
Tangente
tan α

Graphische Darstellung der Sinus- und Kosinusfunktion

Für die Elektrotechnik sind vor allem die Sinus- und die Kosinusfunktion von Bedeutung. Die graphische Darstellung ergibt die typische „Sinuslinie".
Aus der graphischen Darstellung ist erkennbar:

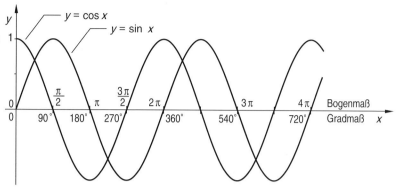

- Sinus- und Kosinusfunktion sind gegeneinander um 90° bzw. um $\pi/2$ „phasenverschoben".
- Die Funktionen wiederholen sich nach 360° (2π), d. h. sie sind periodisch in 360° (2π).

Beziehungen zwischen den Winkelfunktionen

Zwischen den Winkelfunktionen bestehen insbesondere folgende Zusammenhänge:

1. Sinus- und Kosinusfunktion sind gegeneinander um 90° ($\pi/2$) verschoben. Die Kosinusfunktion eilt der Sinusfunktion voraus.

$$\cos x = \sin\left(x + \frac{\pi}{2}\right)$$

$$\sin x = \cos\left(x - \frac{\pi}{2}\right)$$

2. Die Summe der Quadrate von Sinus- und Kosinusfunktion ergeben zusammen 1.
Der Zusammenhang wird als „Trigonometrischer Pythagoras" bezeichnet. (Griech. trigonon = Dreieck).

$$\sin^2 x + \cos^2 x = 1$$

3. Die Sinusfunktion dividiert durch die Kosinusfunktion ergibt die Tangensfunktion.
Die Kotangensfunktion ist der Kehrwert der Tangensfunktion.

$$\tan x = \frac{\sin x}{\cos x} = \frac{1}{\cot x}$$

$$\cot x = \frac{\cos x}{\sin x} = \frac{1}{\tan x}$$

Umrechnungen zwischen den Winkelfunktionen

	$\sin x$	$\cos x$	$\tan x$	$\cot x$
$\sin x$	–	$\pm\sqrt{1 - \cos^2 x}$	$\pm\dfrac{\tan x}{\sqrt{1 + \tan^2 x}}$	$\pm\dfrac{1}{\sqrt{1 + \cot^2 x}}$
$\cos x$	$\pm\sqrt{1 - \sin^2 x}$	–	$\pm\dfrac{1}{\sqrt{1 + \tan^2 x}}$	$\pm\dfrac{\cot x}{\sqrt{1 + \cot^2 x}}$
$\tan x$	$\pm\dfrac{\sin x}{\sqrt{1 - \sin^2 x}}$	$\pm\dfrac{\sqrt{1 - \cos^2 x}}{\cos x}$	–	$\dfrac{1}{\cot x}$
$\cot x$	$\pm\dfrac{\sqrt{1 - \sin^2 x}}{\sin x}$	$\pm\dfrac{\cos x}{\sqrt{1 - \cos^2 x}}$	$\dfrac{1}{\tan x}$	–

Winkelfunktionen mit dem Taschenrechner

Vor Beginn der Rechnung wird mithilfe der MOD-Taste das gewünschte Format des Winkelarguments eingestellt.

4 x ⌈MODE⌉ ⟶ Winkeldarstellung

```
Deg  Rad  Gra
 1    2    3
```

1 Winkel in Altgrad (360°)
2 Winkel im Bogenmaß (2π)
3 Winkel in Neugrad (400°)

Mit den Funktionstasten können die Winkelfunktionen bzw. die zugehörigen Umkehrfunktionen berechnet werden. Die DRG-Taste (SHIFT ANS) ermöglicht die Umwandlung der Winkelformate (Grad, rad).

1.14 Geometrische Sätze

Elementare Geometrie

Der Lehrsatz $a^2 + b^2 = c^2$ war möglicherweise bereits um 1700 v. Chr. in Babylon bekannt. Systematisch erforscht und entwickelt wurden die mathematischen Grundlagen aber erst im antiken Griechenland. Besondere Verdienste haben dabei die Philosophen Thales von Milet (um 600 v.Chr.) und Pythagoras (um 550 v.Chr.) erworben.

Die Geometrie (griech.: Landmessung) beginnt im antiken Griechenland mit den Werken von Euklid um 330 v. Chr. Sein Werk „Die Elemente" gilt als einflussreichstes Mathematikbuch aller Zeiten.

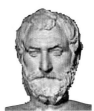  

Thales von Milet (um 600 v.Chr.) Pythagoras (um 550 v.Chr.) Euklid (um 300 v.Chr.)

Satz des Pythagoras

In einem rechtwinkligen Dreieck gilt:
Die Summe der Quadrate über den beiden Katheten ist flächengleich dem Quadrat über der Hypotenuse.

Satz des Pythagoras
$$a^2 + b^2 = c^2$$

Der „Satz des Pythagoras" gehört zweifellos zu den bekanntesten mathematischen Lehrsätzen. Pythagoras von Samos, der etwa zwischen 580 und 500 v.Chr. lebte, hat ihn aber nicht selbst entdeckt, denn er war bereit in vorgriechischer Zeit bekannt, vermutlich bereits um 1700 v.Chr. bei den Babyloniern. Allerdings wurde der Satz erstmals von ihm oder seinen Zeitgenossen bewiesen und trägt somit seinen Namen zu Recht.

Heute sind für den Satz des Pythagoras über 100 Beweise bekannt.

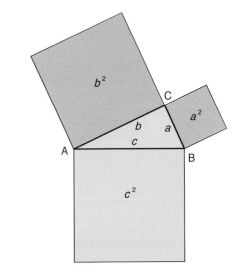

Höhensatz

In einem rechtwinkligen Dreieck gilt:
Das Quadrat über der Höhe ist flächengleich dem Rechteck aus den beiden Hypotenusenabschnitten.

Höhensatz
$$h^2 = p \cdot q$$

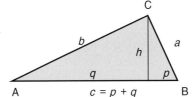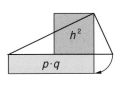

Kathetensatz

In einem rechtwinkligen Dreieck gilt:
Das Quadrat über einer Kathete ist flächengleich dem Rechteck aus der Hypotenuse und dem anliegenden Hypotenusenabschnitt.

Kathetensatz
$$b^2 = c \cdot q$$

$$a^2 = c \cdot p$$

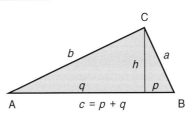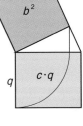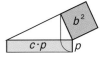

Der Kathetensatz wird auch als Satz des Euklid bezeichnet.

Sinus- und Kosinussatz

Die Anwendung der Winkelfunktionen (Sinus-, Kosinus-, Tangens- und Kotangensfunktion) zur Berechnung von Winkeln und Seiten setzt ein rechtwinkliges Dreieck voraus. Allerdings können diese Funktionen auch auf allgemeine schiefwinklige Dreiecke ausgedehnt werden. Man erhält dann den Sinus- und den Kosinussatz.

In einem beliebigen Dreieck gilt:

Sinussatz

$$\frac{a}{\sin \alpha} = \frac{b}{\sin \beta} = \frac{c}{\sin \gamma}$$

Kosinussatz

$$a^2 = b^2 + c^2 - 2bc \cdot \cos \alpha$$
$$b^2 = c^2 + a^2 - 2ca \cdot \cos \beta$$
$$c^2 = a^2 + b^2 - 2ab \cdot \cos \gamma$$

Beliebiges, schiefwinkliges Dreieck

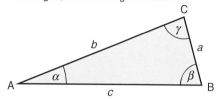

Strahlensätze

Dreiecke unterschiedlicher Größe, die drei gleiche Winkel besitzen, werden als „ähnlich" bezeichnet. Bei ähnlichen Dreiecken bestehen zwischen entsprechenden Seiten gleiche Verhältnisse. Diese Gesetzmäßigkeiten werden durch die beiden „Strahlensätze" formuliert.

1. Strahlensatz
Werden zwei von einem gemeinsamen Punkt S ausgehende Strahlen von Parallelen geschnitten, so verhalten sich die Abschnitte auf dem einen Strahl wie die entsprechenden Abschnitte auf dem anderen Strahl.

$$\frac{\overline{SA_1}}{\overline{SA_2}} = \frac{\overline{SB_1}}{\overline{SB_2}} \qquad \frac{\overline{SA_1}}{\overline{A_1A_2}} = \frac{\overline{SB_1}}{\overline{B_1B_2}}$$

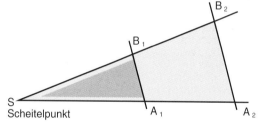

S
Scheitelpunkt

2. Strahlensatz
Werden zwei von einem gemeinsamen Punkt S ausgehende Strahlen von Parallelen geschnitten, so verhalten sich die Abschnitte auf den Parallelen wie die entsprechenden Abschnitte auf einem Strahl, vom Scheitelpunkt aus gemessen.

$$\frac{\overline{A_1B_1}}{\overline{A_2B_2}} = \frac{\overline{SA_1}}{\overline{SA_2}} \qquad \frac{\overline{A_1B_1}}{\overline{A_2B_2}} = \frac{\overline{SB_1}}{\overline{SB_2}}$$

Beide Strahlensätze gelten auch dann, wenn der Scheitelpunkt zwischen den beiden Parallelen liegt.

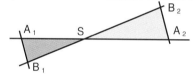

Allgemeine Beziehungen am Dreieck

Umkreis
Die drei Mittelsenkrechten der Dreieckseiten schneiden sich im Mittelpunkt des Umkreises.

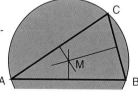

Schwerpunkt
Die drei Seitenhalbierenden eines Dreiecks schneiden sich im Schwerpunkt. Die Seitenhalbierenden teilen sich im Verhältnis 2:1.

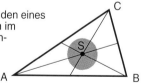

Inkreis
Die drei Winkelhalbierenden des Dreiecks schneiden sich im Mittelpunkt des Inkreises.

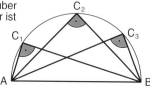

Thaleskreis
Jeder Peripheriewinkel über einem Kreisdurchmesser ist ein rechter Winkel, bzw. der Winkel im Halbkreis ist ein rechter.

1.15 Differenzial- und Integralrechnung

Differenzialrechnung

Differenzenquotient, Differenzialquotient

Eine wesentliche Aufgabe der Differentialrechnung ist es, die Änderung einer Funktion in einem bestimmten Punkt zu bestimmen. Ist die Funktion als Kurve (Graph) gegeben, so entspricht diese Änderung der Kurvensteigung.

Bei einer Geraden ist die Kurvensteigung an jeder Stelle x gleich groß. Sie kann mit dem Steigungsdreieck berechnet werden.

Bei einer Kurve kann die Steigung im Punkt P näherungsweise mithilfe eines zweiten Punktes Q bestimmt werden.

Rückt Punkt Q gegen P ($\Delta x \to 0$), so wird aus der Sekante die Kurventangente im Punkt P, dabei ist Tangentensteigung = Kurvensteigung.

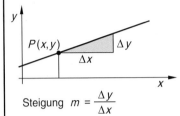

Steigung $m = \dfrac{\Delta y}{\Delta x}$

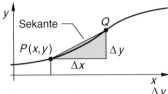

Differenzenquotient $m_{\text{Sekante}} = \dfrac{\Delta y}{\Delta x}$

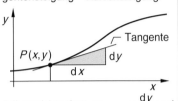

Differenzialquotient $m_{\text{Tangente}} = \dfrac{dy}{dx} = y'$

Für den Differenzialquotienten gilt: $y' = \dfrac{dy}{dx} = \lim\limits_{\Delta x \to 0} \dfrac{\Delta y}{\Delta x}$

Der Differenzialquotient $y' = \dfrac{dy}{dx}$ (lies: y Strich ist gleich dy nach dx) wird als erste Ableitung der Funktion $y = f(x)$ bezeichnet. Man schreibt auch: $y' = f'(x)$, lies: y Strich ist gleich f Strich von x.
Wird die erste Ableitung einer Funktion nochmals abgeleitet, so erhält man die zweite Ableitung $y'' = f''(x)$.

Ableitung elementarer Funktionen (Auswahl)

Für die Ableitung einer Funktion $y = f(x)$ gilt: $y' = \dfrac{dy}{dx} = \lim\limits_{\Delta x \to 0} \dfrac{\Delta y}{\Delta x} = \lim\limits_{\Delta x \to 0} \dfrac{f(x + \Delta x) - f(x)}{\Delta x}$

Beispiel: Funktion $y = x^2$ \quad Ableitung $y' = \lim\limits_{\Delta x \to 0} \dfrac{(x + \Delta x)^2 - x^2}{\Delta x} = \lim\limits_{\Delta x \to 0} \dfrac{x^2 + 2x \cdot \Delta x + (\Delta x)^2 - x^2}{\Delta x}$

$$y' = \lim\limits_{\Delta x \to 0} \dfrac{2x \cdot \Delta x + (\Delta x)^2}{\Delta x} = \lim\limits_{\Delta x \to 0} \dfrac{2x + \Delta x}{1} = 2x$$

	Funktion $f(x)$	Ableitung $f'(x)$		Funktion $f(x)$	Ableitung $f'(x)$
Potenzfunktion	$y = x^n$	$y' = n \cdot x^{(n-1)}$	Trigonometrische Funktionen	$y = \sin x$	$y' = \cos x$
Exponentialfunktionen	$y = e^x$	$y' = e^x$		$y = \cos x$	$y' = -\sin x$
	$y = a^x$	$y' = a^x \cdot \ln a$		$y = \tan x$	$y' = 1 + \tan^2 x$
				$y = \cot x$	$y' = -1 - \cot^2 x$
Logarithmusfunktionen	$y = \ln x$	$y' = \dfrac{1}{x}$	Arkusfunktionen	$y = \arcsin x$	$y' = \dfrac{1}{\sqrt{1 - x^2}}$
	$y = \log_a x$	$y' = \dfrac{1}{x \cdot \ln a}$		$y = \arccos x$	$y' = \dfrac{-1}{\sqrt{1 - x^2}}$

Ableitungsregeln

Faktorregel \qquad $y = K \cdot f(x) \longrightarrow y' = K \cdot f'(x)$
Ein konstanter Faktor K bleibt beim Differenzieren erhalten.

Summenregel \qquad $y = f_1(x) + f_2(x) + \ldots f_n(x) \longrightarrow y' = f_1'(x) + f_2'(x) + \ldots f_n'(x)$
Eine endliche Summe von Funktionen darf gliedweise differenziert werden.

Produktregel \qquad $y = u(x) \cdot v(x) \longrightarrow y' = u'(x) \cdot v(x) + u(x) \cdot v'(x)$

Quotientenregel \quad $y = \dfrac{u(x)}{v(x)} \longrightarrow y' = \dfrac{u'(x) \cdot v(x) - u(x) \cdot v'(x)}{[v(x)]^2}$

Kettenregel \qquad $y = g[u(x)] \longrightarrow y' = g'(u) \cdot u'(x)$ \quad dabei ist: $g'(u)$ äußere Ableitung
\qquad\qquad\qquad\qquad\qquad\qquad\qquad\qquad\qquad\qquad\qquad $u'(x)$ innere Ableitung.

Integralrechnung

Unbestimmtes und bestimmtes Integral

Die Integration ist die Umkehrung der Differenziation. Beim Differenzieren einer Funktion entsteht die Ableitungsfunktion, beim Integrieren entstehen die Stammfunktionen.

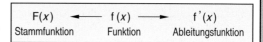

$F(x)$	$\longleftarrow$	$f(x)$	$\longrightarrow$	$f'(x)$
Stammfunktion		Funktion		Ableitungsfunktion

Unbestimmtes Integral
Beim Integrieren einer Funktion entstehen unendlich viele Stammfunktionen, die sich nur durch eine Konstante C unterscheiden.
Beispiel:
Funktion $f(x) = x$
Stammfunktionen
$$F(x) = \int x \cdot dx = \frac{1}{2}x^2 + C$$

Die Menge aller Stammfunktionen wird als unbestimmtes Integral bezeichnet.

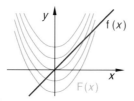

Bestimmtes Integral
Beim Integrieren einer Funktion innerhalb bestimmter Grenzen erhält man als Ergebnis die Fläche zwischen der Funktion und der x-Achse innerhalb der Grenzen.
Beispiel:
Funktion $f(x) = x$
Fläche mit Grenzen
$x_1 = 2$ und $x_2 = 4$
$$F(x) = \int_2^4 x \cdot dx = \frac{1}{2}\left[x^2\right]_2^4$$
$$= \frac{1}{2}(16 - 4) = 6$$

Integrale elementarer Funktionen (Auswahl)

$$\int dx = x + C$$

die Konstante C wird im Folgenden nicht geschrieben

Im Folgenden: $n \neq -1$ und $a \neq 0$

$$\int a \cdot dx = a x$$

$$\int x^n \, dx = \frac{x^{n+1}}{n+1}$$

$$\int (ax+b)^n \, dx = \frac{(ax+b)^{n+1}}{a \cdot (n+1)}$$

$$\int \frac{dx}{ax+b} = \frac{1}{a} \cdot \ln|ax+b|$$

$$\int \frac{x \, dx}{ax+b} = \frac{x}{a} - \frac{b}{a^2} \cdot \ln|ax+b|$$

$$\int \frac{dx}{x(ax+b)} = -\frac{1}{b} \cdot \ln\left|\frac{ax+b}{x}\right|$$

Im Folgenden: $a > 0$

$$\int \frac{dx}{a^2+x^2} = \frac{1}{a} \cdot \arctan\left(\frac{x}{a}\right)$$

$$\int \frac{x \, dx}{a^2+x^2} = \frac{1}{2} \cdot \ln(a^2+x^2)$$

$$\int \frac{x^2 \, dx}{a^2+x^2} = x - a \cdot \arctan\left(\frac{x}{a}\right)$$

$$\int \frac{dx}{a^2-x^2} = \frac{1}{2a} \cdot \ln\left|\frac{a+x}{a-x}\right|$$

$$\int \frac{x \, dx}{a^2-x^2} = -\frac{1}{2} \cdot \ln|a^2-x^2|$$

Im Folgenden: $a > 0$ und $|x| < a$
$$\int \sqrt{(a^2-x^2)} \, dx$$
$$= \frac{1}{2}\left[x\sqrt{(a^2-x^2)} + a^2 \cdot \arcsin\left(\frac{x}{a}\right)\right]$$

Im Folgenden: $a \neq 0$

$$\int \sin(ax) \, dx = -\frac{\cos(ax)}{a}$$

$$\int \cos(ax) \, dx = \frac{\sin(ax)}{a}$$

$$\int \sin(ax) \cdot \cos(ax) \, dx = \frac{\sin^2(ax)}{2a}$$

$$\int \tan(ax) \, dx = -\frac{1}{a} \cdot \ln|\cos(ax)|$$

$$\int \cot(ax) \, dx = \frac{1}{a} \cdot \ln|\sin(ax)|$$

$$\int e^{ax} \, dx = \frac{1}{a} \cdot e^{ax}$$

$$\int \ln x \, dx = x \cdot (\ln x - 1)$$

Hinweis: große Integraltafeln enthalten mehrere hundert Integrale

Differenzieren und Integrieren mit dem Taschenrechner

Mithilfe der Differenzier- bzw. Integriertaste kann die Steigung einer Kurve (1. Ableitung), bzw. die Fläche unter einer Kurve (bestimmtes Integral) berechnet werden.
- Zur Berechnung der Steigung wird die Funktion und der x-Wert des Punktes, für den die Steigung ermittelt werden soll, eingegeben,
- zur Bestimmung der Fläche wird die Funktion, sowie die untere und die obere Grenze (x-Werte) eingegeben.

Beispiel: Steigung der Funktion $y = x^2$ für $x_1 = 2$

Differentialoperator ── Funktion ── $x = 2$

d/dx(X²,2)
4.00

Die Variable x wird mit der Tastenkombination ALPHA + X eingegeben:

Die Funktion $y = x^2$ hat an der Stelle $x = 2$ die Steigung $m = 4$

Beispiel: Fläche zwischen der Funktion $y = x^2$ und der x-Achse in den Grenzen $x_1 = 1$ und $x_2 = 4$.

Integraloperator ── Funktion ── $x_1 = 2$ ── $x_2 = 4$

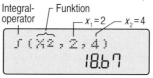

∫(X²,2,4)
18.67

Die Fläche unter der Funktion $y = x^2$ innerhalb der Grenzen $x_1 = 2$ und $x_2 = 4$ beträgt $A = 18{,}67$

1.16 Fourierreihen

Fourieranalyse, Prinzip

Periodische Wechselgrößen

Sinusförmige Wechselgrößen stellen eine Idealform dar. In der Praxis sind rein sinusförmige Verläufe von Spannungen und Ströme aber selten anzutreffen. Dies vor allem, weil sinusförmige Größen durch nichtlineare Bauteile, wie z.B. Dioden oder gesättigte Eisenkerne, mehr oder weniger stark verzerrt werden. Auch werden in vielen Fällen bewusst nichtsinusförmige Größen, wie z. B. Rechteck- oder Sägezahnspannungen, eingesetzt.

Diese nichtsinusförmigen Größen lassen sich mit den bekannten Gesetzen der Wechselstromtechnik berechnen, wenn sie mit der so genannten Fourier-Analyse in sinusförmige Schwingungen zerlegt werden.

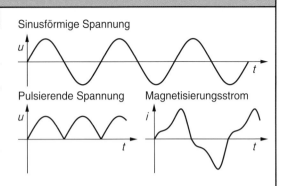

Sinusförmige Spannung

Pulsierende Spannung

Magnetisierungsstrom

Zerlegung nichtsinusförmiger Größen

Nichtsinusförmige, aber periodische Wechselgrößen können nach einem von dem französischen Mathematiker J.B.J. Fourier (1768-1830) entdeckten Verfahren in eine unendliche Reihe elementarer Sinus- und Kosinusschwingungen (Fourier-Reihe) zerlegt werden. Diese Reihe besteht aus einer Grundschwingung und unendlich vielen Oberschwingungen. Die Frequenz der Oberschwingungen beträgt ein ganzzahliges Vielfaches k der Frequenz der Grundschwingung. Die Grundschwingung wird meist auch „1. Harmonische", die Oberschwingungen 2., 3. usw. Harmonische genannt.

Im Beispiel wird die Zerlegung einer Rechteckspannung qualitativ gezeigt. Dabei sind von den unendlich vielen Schwingungen die Grundschwingung und zwei Oberschwingungen dargestellt.

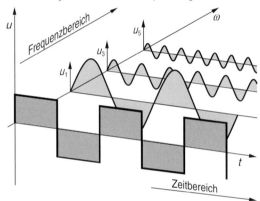

Fourieranalyse einer Rechteckspannung

Frequenzbereich

Zeitbereich

Darstellungsformen

Wird eine nichtsinusförmige, aber periodische Schwingung mithilfe der Fourier-Analyse in Grund- und Oberschwingungen („Harmonische") zerlegt, so können die Teilschwingungen auf zwei Arten dargestellt werden.

1. Liniendiagramm
Die naheliegende Möglichkeit ist das Aufzeichnen der Teilschwingungen als Liniendiagramme. Diese Darstellung ist anschaulich und ermöglicht eine grafische Addition der Teilschwingungen. Im Beispiel sind die Grundschwingung sowie die 3., 5. und 7. Harmonische einer Rechteckschwingung dargestellt. Die Addition der vier Schwingungen ergibt bereits ein gut angenähertes Rechteck.

2. Amplitudenspektrum
Mit weniger Zeichenaufwand kann das Amplituden-Spektrum dargestellt werden. Dabei wird für die Grundfrequenz und alle Vielfachen k die jeweils zugehörige Amplitude als Linie aufgetragen (Linienspektrum). Auf der waagrechten Achse kann die Frequenz (f, w) oder die auf die Grundfrequenz normierte Frequenz k aufgetragen werden. Das Amplitudenspektrum ist für den Ungeübten weniger anschaulich, es zeigt aber sehr deutlich die Gewichtung der Einzelschwingungen. Der Oberschwingungsgehalt (Klirrfaktor) lässt sich mit Hilfe des Frequenzspektrums einfach berechnen.

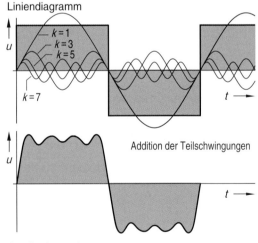

Liniendiagramm

$k = 1$
$k = 3$
$k = 5$
$k = 7$

Addition der Teilschwingungen

Amplitudenspektrum

Geradzahlige Oberschwingungen treten bei dieser Schwingung nicht auf

Fourier-Analyse wichtiger Funktionen

Kurvenform	Fourier-Reihe	Amplituden-Spektrum
Einpulsgleichrichtung	$u(t) =$ $\dfrac{\hat{u}}{\pi} + \dfrac{\hat{u}}{2} \sin(\omega_1 t) - \dfrac{2\hat{u}}{\pi}\left[\dfrac{1}{1\cdot 3}\cos(2\omega_1 t) + \right.$ $\left. + \dfrac{1}{3\cdot 5}\cos(4\omega_1 t) + \dfrac{1}{5\cdot 7}\cos(6\omega_1 t) + ...\right]$	k Ordnungszahl der Oberschwingung $\omega_1 = 2\pi\cdot f_1 = \dfrac{2\pi}{T}$
Zweipulsgleichrichtung	$u(t)$ $= \dfrac{2\hat{u}}{\pi} - \dfrac{4\hat{u}}{\pi}\left[\dfrac{1}{1\cdot 3}\cos(2\omega_1 t) + \right.$ $\left. + \dfrac{1}{3\cdot 5}\cos(4\omega_1 t) + \dfrac{1}{5\cdot 7}\cos(6\omega_1 t) + ...\right]$	
Rechteck	$u(t)$ $= \dfrac{4\hat{u}}{\pi}\left[\sin(\omega_1 t) + \dfrac{1}{3}\sin(3\omega_1 t) + \right.$ $\left. + \dfrac{1}{5}\sin(5\omega_1 t) + \dfrac{1}{7}\sin(7\omega_1 t) + ...\right]$	
Rechteck	$u(t)$ $= \dfrac{\hat{u}}{2} + \dfrac{2\hat{u}}{\pi}\left[\sin(\omega_1 t) + \dfrac{1}{3}\sin(3\omega_1 t) + \right.$ $\left. + \dfrac{1}{5}\sin(5\omega_1 t) + \dfrac{1}{7}\sin(7\omega_1 t) + ...\right]$	
Dreieck	$u(t)$ $= \dfrac{8\hat{u}}{\pi^2}\left[\dfrac{1}{1^2}\sin(\omega_1 t) - \dfrac{1}{3^2}\sin(3\omega_1 t) + \right.$ $\left. + \dfrac{1}{5^2}\sin(5\omega_1 t) - \dfrac{1}{7^2}\sin(7\omega_1 t) + - ...\right]$	
Dreieck	$u(t)$ $= \dfrac{\hat{u}}{2} - \dfrac{4\hat{u}}{\pi^2}\left[\dfrac{1}{1^2}\cos(\omega_1 t) + \right.$ $\left. + \dfrac{1}{3^2}\sin(3\omega_1 t) + \dfrac{1}{5^2}\sin(5\omega_1 t) + ...\right]$	

1.17 Komplexe Rechnung

Komplexe Zahlen

Reelle und imaginäre Zahlen

Die Menge aller in der Mathematik benutzen Zahlen kann in zwei große Gruppen, die reellen und die imaginären Zahlen, eingeteilt werden.
Die Gruppe der reellen Zahlen umfasst alle „tatsächlich vorkommenden" Zahlen, nämlich
1. die rationalen Zahlen, z.B. 1, 2, 3,
2. die algebraisch irrationalen Zahlen, z.B. $\sqrt{3}$,
3. die transzendent irrationalen Zahlen, z.B. π, $\tan 31°$.
Reelle Zahlen werden auf einer waagrechten Geraden, der reellen Zahlengeraden, dargestellt.
Die imaginären Zahlen (imaginär: eingebildet, nur in der Vorstellung existierend) sind sozusagen künstlich erzeugte Zahlen. Sie entstehen aus der Bestimmungsgleichung $j^2 = -1$. Die imaginäre Zahl j ist demnach die Zahl, die sich selbst multipliziert -1 ergibt. (In der Mathematik wird die imaginäre Einheit mit i bezeichnet).
Imaginäre Zahlen werden auf einer senkrechten Geraden, der imaginären Zahlengeraden, dargestellt.

Reelle Zahlengerade

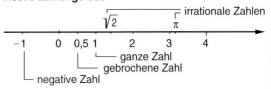

Imaginäre Zahlengerade

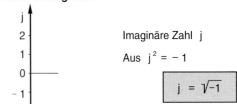

Imaginäre Zahl j

Aus $j^2 = -1$

$$j = \sqrt{-1}$$

Komplexe Zahlenebene

Reelle und imaginäre Zahlen können addiert werden. Als Ergebnis erhält man eine so genannte komplexe Zahl z der Form $\underline{z} = a + j \cdot b$. Dabei ist a der reelle und b der imaginäre Anteil, der Unterstrich deutet an, dass es sich um eine komplexe Zahl handelt.
Komplexe Zahlen werden in einer komplexen Zahlenebene dargestellt. Diese Ebene wird durch eine waagrechte reelle Zahlengerade (reelle Achse) und eine senkrechte imaginäre Zahlengerade (imaginäre Achse) aufgespannt. Nach dem deutschen Mathematiker Karl Friedrich Gauß (1777-1855) wird sie auch als gaußsche Zahlenebene bezeichnet.

Beispiel:

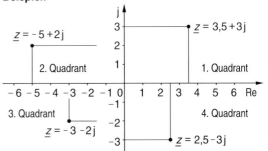

Darstellungsformen

Komplexe Zahlen haben einen Real- und einen Imaginärteil. Sie können in 4 Formen dargestellt werden:
1. In der algebraischen Form wird die komplexe Zahl als Summe von Real- und Imaginärteil dargestellt.
2. In der trigonometrischen Form wird der komplexen Zahl ein Zeiger mit der Länge r und dem Winkel φ gegen die reelle Achse zugeordnet; die komplexe Zahl wird in Polarkoordinaten beschrieben.
3. Die Exponentialform ist eine weitere Möglichkeit der Beschreibung in Polarkoordinaten; der Ausdruck $e^{j\varphi}$ wird dabei als Dreh- oder Winkelfaktor bezeichnet.
4. Die Versorform ist eine verkürzte Schreibweise des Winkelfaktors; es gilt: $e^{j\varphi} = \underline{/\varphi}$, lies „Versor φ".
Alle Darstellungsformen sind ineinander umwandelbar.

Komplexe Zahlenebene

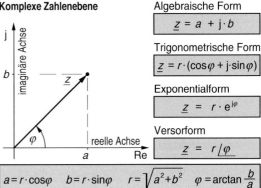

Algebraische Form
$$\underline{z} = a + j \cdot b$$

Trigonometrische Form
$$\underline{z} = r \cdot (\cos\varphi + j \cdot \sin\varphi)$$

Exponentialform
$$\underline{z} = r \cdot e^{j\varphi}$$

Versorform
$$\underline{z} = r \underline{/\varphi}$$

$$a = r \cdot \cos\varphi \quad b = r \cdot \sin\varphi \quad r = \sqrt{a^2 + b^2} \quad \varphi = \arctan\frac{b}{a}$$

Konjugiert komplexe Zahlen

Zu jeder komplexen Zahl $\underline{z}$ gibt es eine Zahl $\underline{z}^*$, die spiegelbildlich zur reellen Achse liegt; die beiden Zahlen sind zueinander konjugiert komplex.
Zwei konjugiert komplexe Zahlen unterscheiden sich nur im Vorzeichen ihres Imaginärteiles.
Konjugiert komplexe Zahlen werden z.B. zur komplexen Berechnung der elektrischen Leistung eingesetzt.

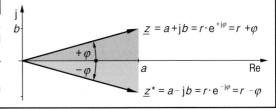

$$\underline{z} = a + jb = r \cdot e^{+j\varphi} = r + \varphi$$

$$\underline{z}^* = a - jb = r \cdot e^{-j\varphi} = r - \varphi$$

Rechnen mit komplexen Zahlen

Addition und Subtraktion

Zur Addition bzw. Subtraktion müssen die komplexen Zahlen in ihrer algebraischen Form vorliegen. Die Addition bzw. Subtraktion erfolgt, indem man die Real- und die Imaginärteile jeweils für sich getrennt addiert bzw. subtrahiert. Das Ergebnis kann bei Bedarf in die Versorform umgewandelt werden.
Geometrisch entspricht die Addition bzw. Subtraktion zweier komplexer Zahlen der Addition bzw. Subtraktion von zwei Zeigern. Die Addition bzw. Subtraktion kann nach der „Parallelogrammregel" oder durch Verschieben der Zeiger erfolgen.

Berechnung

$$\underline{z}_1 \pm \underline{z}_2 = (a_1 + j b_1) \pm (a_2 + j b_2) = (a_1 \pm a_2) + j(b_1 \pm b_2)$$

Zeigerdarstellung

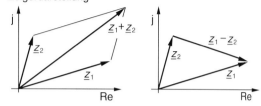

Multiplikation und Division

Für die Multiplikation sollten die komplexen Zahlen sinnvollerweise in ihrer Exponential- oder Versorform vorliegen. Die Multiplikation zweier komplexer Zahlen erfolgt, indem man die Beträge multipliziert und ihre Winkel (Argumente) addiert werden. Bei der Division wird der Betrag des Zählers durch den Betrag des Nenners geteilt. Der Winkel des Nenners wird vom Winkel des Zählers subtrahiert.
Geometrisch entspricht die Multiplikation zweier komplexer Zahlen der Drehstreckung des ersten Zeigers, d.h. der erste Zeiger r_1 wird auf das r_2-fache gestreckt und um den Winkel φ_2 gedreht. Die Drehung erfolgt im Gegenuhrzeigersinn, wenn φ_2 positiv ist; sie erfolgt im Uhrzeigersinn, wenn φ_2 negativ ist.
Die Multiplikation von komplexen Zahlen kann auch in algebraischer Form erfolgen; dabei wird jedes Glied der ersten Zahl mit jedem Glied der zweiten Zahl multipliziert. Zu beachten ist, dass $j^2 = -1$ ist.

Berechnung

Exponentialform

$$r_1 \cdot e^{j\varphi 1} \cdot r_2 \cdot e^{j\varphi 2} = r_1 \cdot r_2 \cdot e^{j(\varphi 1 + \varphi 2)}$$

$$\frac{r_1 \cdot e^{j\varphi 1}}{r_2 \cdot e^{j\varphi 2}} = \frac{r_1}{r_2} \cdot e^{j(\varphi 1 - \varphi 2)}$$

Versorform

$$r_1 \underline{/\varphi_1} \cdot r_2 \underline{/\varphi_2} = r_1 \cdot r_2 \underline{/\varphi_1 + \varphi_2}$$

$$\frac{r_1 \underline{/\varphi_1}}{r_2 \underline{/\varphi_2}} = \frac{r_1}{r_2} \underline{/\varphi_1 - \varphi_2}$$

Komplexe Berechnungen mit dem Taschenrechner

Mit einem wissenschaftlichen Taschenrechner können üblicherweise Berechnungen mit komplexen Zahlen durchgeführt werden. Dazu muss der Rechner zuerst mithilfe der MODE-Taste in den Komplex-Modus geschaltet werden (COMP = compute, berechnen, CMPLX = komplex).

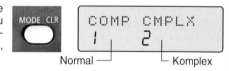

Normal — └ Komplex

Die Eingabe der komplexen Zahlen kann in der algebraischen Form ($a + jb$) erfolgen oder in der Versorform

Die Anzeige des Ergebnisses kann in algebraischer oder in Versorform erfolgen, jeweils Real- und Imaginärteil.

Eingabe des Versors

Eingabe des Imaginärwertes ($i = j$)

Anzeige in Versorform

Anzeige in algebraischer Form

Umschalten zwischen Real- und Imaginärteil, bzw. Betrag und Phasenlage (Winkel)

Beispiel: $50 \underline{/30°} + 20 \underline{/45°}$

Ergebnis in algebraischer Form

```
50∠30+20∠45
        57.44
```
```
+20∠45
     39.14
```

Realteil · Imaginärteil

Ergebnis in Versorform

```
Ans>r∠θ
        69.51
```
```
Ans>r∠θ
∠      34.27
```

Betrag · Phasenlage (Winkel)

1.18 Zahlensysteme

Zahlensysteme

Um mit einer begrenzten Menge von Ziffern (Ziffernvorrat z.B. 0 bis 9) jede beliebige Zahl darstellen zu können, müssen die Ziffern in einem Zahlensystem sinnvoll geordnet werden.

Die üblichen Zahlensysteme sind Stellenwertsysteme, d.h. der Wert der Ziffer ist abhängig von ihrer Stellung in der Gesamtzahl.

Das wichtigste Zahlensystem für den täglichen Gebrauch ist das Dezimalsystem. In der Digitaltechnik wird vor allem das Dualsystem, in der Datentechnik das Oktal- und Hexadezimalsystem eingesetzt.

Dezimalsystem

Das Dezimalsystem (Zehnersystem) beruht auf der Grundzahl 10 (Basis 10). Der Wert einer beliebigen ganzen Zahl wird durch die zehn Ziffern 0, 1, 2... 9 dargestellt, der Ziffernvorrat ist 10. Steht die Ziffer an erster Stelle, so ist ihr Stellenwert 1, an zweiter Stelle hat sie den Stellenwert 10, an dritter Stelle 100, an vierter Stelle 1000 usw.

Der Stellenwert einer Ziffer wird als Potenz geschrieben, die Stelle gibt dabei die Hochzahl an: die erste Stelle die Hochzahl 0, die zweite Stelle die Hochzahl 1, die dritte Stelle die Hochzahl 2 usw. Grundzahl ist die Zahl 10.

Dualsystem

Das Dualsystem (Zweiersystem, Binärsystem) beruht auf der Grundzahl 2 (Basis 2). Der Wert einer beliebigen ganzen Zahl wird durch die zwei Ziffern 0 und 1 dargestellt; der Ziffernvorrat ist 2.

Wie beim Dezimalsystem ist die Position einer Ziffer für ihren Wert entscheidend. Steht die Ziffer an erster Stelle, so hat sie den Stellenwert 1 (2^0), an zweiter Stelle hat sie den Stellenwert 2 (2^1), an dritter Stelle den Wert 4 (2^2), an vierter Stelle den Wert 8 (2^3) usw.

Dualzahlen werden ähnlich wie Dezimalzahlen Stelle um Stelle addiert bzw. subtrahiert. Dabei gilt:

0 + 0 = 0	0 - 0 = 0
0 + 1 = 1	0 - 1 = 1 Entleihung 1
1 + 0 = 1	1 - 0 = 1
1 + 1 = 0 Übertrag 1	1 - 1 = 0

Umwandeln von Zahlen

Dezimal- und Dualzahlen müssen häufig ineinander umgewandelt werden, z.B. um Computerprogramme schreiben und lesen zu können.

Das Umwandeln einer Dezimalzahl in eine gleichwertige Dualzahl erfolgt in zwei Schritten:
1. Die Dezimalzahl wird fortlaufend bis zum Ergebnis 0 durch 2 geteilt. Der Teilungsrest (Modulo) wird notiert.
2. Die Teilungsreste, von unten nach oben gelesen, ergeben die Dualzahl.

Das Umwandeln einer Dualzahl in eine Dezimalzahl erfolgt ebenfalls in zwei Schritten:
1. Der Wert jeder Stelle, die eine 1 enthält, wird bestimmt.
2. Die Summe aller Werte ergibt die Dezimalzahl.

Zahlensysteme, Beispiel:

```
1. Stelle ──────────────┐
  2. Stelle ───────────┐ │
    3. Stelle ───────┐ │ │
      4. Stelle ───┐ │ │ │
        5. Stelle ─┐ │ │ │ │
                   │ │ │ │ │
```

Dezimalzahl **7 5 0 2 3**$_{(10)}$ Ziffernvorrat 0,1,..9
Dualzahl **1 0 1 1 0**$_{(2)}$ Ziffernvorrat 0 und 1
Hexadezimalz. **F B 2 7 A**$_{(16)}$ Ziffernvorrat 0,1,..9, A...F

Kennzeichnung des Systems ─┘

Dezimalsystem

Stelle	6	5	4	3	2	1
Wert	100 000	10 000	1000	100	10	1
	10^5	10^4	10^3	10^2	10^1	10^0

Beispiel:
7 8 0 5 4$_{10}$
bedeutet: $\mathbf{7} \cdot 10000 + \mathbf{8} \cdot 1000 + \mathbf{0} \cdot 100 + \mathbf{5} \cdot 10 + \mathbf{4} \cdot 1$
bzw.: $\mathbf{7} \cdot 10^4 + \mathbf{8} \cdot 10^3 + \mathbf{0} \cdot 10^2 + \mathbf{5} \cdot 10^1 + \mathbf{4} \cdot 10^0$

Dualsystem

Stelle	6	5	4	3	2	1
Wert	32	16	8	4	2	1
	2^5	2^4	2^3	2^2	2^1	2^0

Beispiel:
1 0 1 1 1$_2$
bedeutet: $\mathbf{1} \cdot 16 + \mathbf{0} \cdot 8 + \mathbf{1} \cdot 4 + \mathbf{1} \cdot 2 + \mathbf{1} \cdot 1$
bzw.: $\mathbf{1} \cdot 2^4 + \mathbf{0} \cdot 2^3 + \mathbf{1} \cdot 2^2 + \mathbf{1} \cdot 2^1 + \mathbf{1} \cdot 2^0$

Addition, Beispiel:
```
  111 0110
+ 110 0101
   1  1      Übertrag
 1010 1011
```

Subtraktion, Beispiel:
```
  111 0110
-  110 0101
           1  Entleihung
  100 0001
```

Beispiel: 37_{10} ist in eine Dualzahl umzuwandeln.

```
37 : 2 = 18 Rest 1
18 : 2 =  9 Rest 0
 9 : 2 =  4 Rest 1
 4 : 2 =  2 Rest 0
 2 : 2 =  1 Rest 0
 1 : 2 =  0 Rest 1
```
Leserichtung

Lösung:
$37_{10} = 100101_2$

Beispiel: 110101_2 ist in eine Dezimalzahl umzuwandeln.

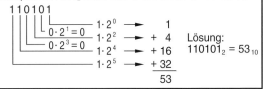

```
1 1 0 1 0 1
          └─ 1 · 2^0 ──→    1
        └─ 0 · 2^1 = 0   1 · 2^2 ──→  + 4
      └─ 0 · 2^3 = 0     1 · 2^4 ──→  + 16
                         1 · 2^5 ──→  + 32
                                     ────
                                       53
```
Lösung:
$110101_2 = 53_{10}$

Hexadezimal- und Oktalsystem

Zahlensysteme können im Prinzip auf jeder beliebigen Grundzahl aufgebaut sein. In der Praxis sind außer dem Zehnersystem (Grundzahl 10) und dem Dualsystem (Grundzahl $2^1 = 2$) das Oktalsystem (Grundzahl $2^3 = 8$) und das Hexadezimalsystem (Grundzahl $2^4 = 16$) von Bedeutung.

Oktalsystem

Das Oktal-System beruht auf der Grundzahl 8.
Der Wert einer beliebigen Zahl wird durch die acht Ziffern 0, 1,...7 dargestellt, der Ziffernvorrat ist somit 8.
Steht die Ziffer an erster Stelle (ganz rechts), so ist ihr Stellenwert 1 (8^0), an zweiter Stelle hat sie den Stellenwert 8 (8^1), an dritter Stelle 64 (8^2), an vierter Stelle 512 (8^3), an fünfter Stelle 4096 (8^4) usw.
Oktalzahlen dienen zur Kurzdarstellung von Dualzahlen. Dabei werden immer drei Dualziffern zu einer Oktalziffer ($2^3 = 8$) zusammengefasst.

Oktalsystem

Stelle	6	5	4	3	2	1
Wert	32 768	4096	512	64	8	1
	8^5	8^4	8^3	8^2	8^1	8^0

Beispiel:
$$73054_8$$
bedeutet: $7 \cdot 4096 + 3 \cdot 512 + 0 \cdot 64 + 5 \cdot 8 + 4 \cdot 1$
bzw.: $7 \cdot 8^4 + 3 \cdot 8^3 + 0 \cdot 8^2 + 5 \cdot 8^1 + 4 \cdot 8^0$

Hexadezimalsystem (Sedezimalsystem)

Das Hexadezimal-System beruht auf der Grundzahl 16.
Der Wert einer beliebigen Zahl wird durch die 16 Ziffern 0, 1,...9 und A (entspricht 10), B (11), C (12), D (13), E (14), F (15) dargestellt, der Ziffernvorrat ist somit 16.
Steht die Ziffer an erster Stelle, so ist ihr Stellenwert 1 (16^0), an zweiter Stelle hat sie den Stellenwert 16 (16^1), an dritter Stelle 256 (16^2), an vierter Stelle 4096 (16^3) usw.
Hex-Zahlen dienen wie Oktalzahlen zur Kurzdarstellung von Dualzahlen. Dabei werden immer vier Dualziffern zu einer Hex-Ziffer ($2^4 = 16$) zusammengefasst.

Hexadezimalsystem

Stelle	6	5	4	3	2	1
Wert	1048576	65 536	4 096	256	16	1
	16^5	16^4	16^3	16^2	16^1	16^0

Beispiel:
$$9AF5_{16}$$
bedeutet: $9 \cdot 4096 + 10 \cdot 512 + 15 \cdot 16 + 5 \cdot 1$
bzw.: $9 \cdot 16^3 + 10 \cdot 16^2 + 15 \cdot 16^1 + 5 \cdot 16^0$

Dual-, Oktal-, Hex-System

Oktal- und Hex-System können als Kurzschreibweise des Dualsystems angesehen werden, denn eine Oktalziffer ersetzt drei Dualziffern (Binärziffern) und eine Hexadezimalziffer ersetzt vier Dualziffern.
Dualzahlen als Grundlage der elektronischen Datenverarbeitung lassen sich im Oktal- bzw. Hexadezimalsystem platzsparend und übersichtlich darstellen.

Beispiele:
1. Dezimal- $\longrightarrow$ Dual- $\longrightarrow$ Oktalsystem
500_{10} $\longrightarrow$ $111\ 110\ 100_2$ $\longrightarrow$ 764_8

2. Dezimal- $\longrightarrow$ Dual- $\longrightarrow$ Hexadezimals.
500_{10} $\longrightarrow$ $0001\ 1111\ 0100_2$ $\longrightarrow$ $1F4_H$

Berechnungen mit dem Taschenrechner

Zum Rechnen in verschiedenen Zahlensystemen (Basis 2, 8, 10 oder 16) wird mithilfe der MODE-Taste das BASE-Menü aufgerufen.
Mit den Tasten DEC (Dezimalsystem), HEX (Hexadezimalsystem, BIN (Dualsystem) bzw. OCT (Oktalsystem) kann die gewünschte Basis eingestellt werden.
Mit den Tasten A...F können die entsprechenden Ziffern des Hex-Systems eingegeben werden.

Eingabe der gewünschten Basis

Eingabe der HEX-Ziffern A...F

Beispiel:
Umwandlung der Dezimalzahl 500 in eine Dual-, Oktal- und eine Hexadezimalzahl

Eingabe im Dezimalmodus

500
500. d

Dezimal-Modus
Wert als Dezimalzahl

500
111110100. b

$500_{10} = 111110100_2$

500
764. o

$500_{10} = 764_8$

500
1F4. H

$500_{10} = 1F4_{16}$

1.19 Umformen von Gleichungen

Umformen von Gleichungen

In Gleichungen und technischen Formeln sind die gesuchten Variablen häufig „implizit" enthalten, d.h. die gesuchte Variable ist in der gegebenen Gleichung „versteckt", eventuell auch mehrfach enthalten.
Beispiel: Die gesuchte Variable ϑ ist in der Gleichung $R_w = R_k \cdot (1 + \alpha \cdot \Delta\vartheta)$ implizit enthalten. Um die gesuchte Größe $\Delta\vartheta$ berechnen zu können, muss die gegebene Gleichung (Formel) nach $\Delta\vartheta$ „aufgelöst" werden.
Das Umformen (Auflösen) von Gleichungen nach einer gesuchten Größe gehört zu den häufigsten Aufgaben der technischen Mathematik.
Beim Umformen gilt: Beide Seiten einer Gleichung müssen gleich behandelt werden!

Addition und Subtraktion

Problem:
$x + a + b = c + d$ ist nach x aufzulösen

1. Lösung: $x + a + b - a - b = c + d - a - b$
$$x = c + d - a - b$$

Auf beiden Seiten der Gleichung wird Gleiches addiert bzw. subtrahiert.

2. Lösung:

Störende Glieder werden auf die andere Seite der Gleichung geschoben, wobei das Vorzeichen geändert wird.

Beispiel:

$$12\ \text{V}$$

U ⟍ 5 V ⟍ 8 V

Im obigen Netzwerk gilt laut Maschenregel:
$$-U + 12\ \text{V} + 8\ \text{V} - 5\ \text{V} = 0$$

dann ist: $U - 12\ \text{V} - 8\ \text{V} + 5\ \text{V} = 0$

und: $U = 12\ \text{V} + 8\ \text{V} - 5\ \text{V} = 15\ \text{V}$

Multiplikation und Division

Problem:
$x \cdot \dfrac{a}{b} = \dfrac{c}{d}$ ist nach x aufzulösen

1. Lösung: $x \cdot \dfrac{a}{b} \cdot \dfrac{b}{a} = \dfrac{c}{d} \cdot \dfrac{b}{a}$
$$x = \dfrac{c}{d} \cdot \dfrac{b}{a}$$

Auf beiden Seiten wird mit Gleichem multipliziert bzw. dividiert.

2. Lösung: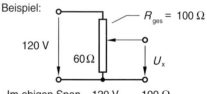

$$x = \dfrac{c}{d} \cdot \dfrac{b}{a}$$

Faktoren im Zähler werden auf die andere Seite in den Nenner, Faktoren im Nenner auf die andere Seite in den Zähler geschoben.

Beispiel:

$$R_{ges} = 100\ \Omega$$

120 V   60 Ω U_x

Im obigen Spannungsteiler gilt: $\dfrac{120\ \text{V}}{U_x} = \dfrac{100\ \Omega}{60\ \Omega}$

Kehrwert beider Seiten: $\dfrac{U_x}{120\ \text{V}} = \dfrac{60\ \Omega}{100\ \Omega}$

Daraus folgt: $U_x = \dfrac{60\ \Omega}{100\ \Omega} \cdot 120\ \text{V} = 72\ \text{V}$

Klammerausdrücke

Problem:
$a + b = c \cdot (x + d)$ ist nach x aufzulösen

1. Schritt: Seiten vertauschen
$$c \cdot (x + d) = a + b$$

2. Schritt: Klammer auflösen
$$\underline{c \cdot (x + d)} = a + b$$
$$c \cdot x + c \cdot d = a + b$$

3. Schritt: störende Glieder nach rechts schieben
$$c \cdot x \boxed{+\ c \cdot d} = a + b$$
$$c \cdot x = a + b - c \cdot d$$

4. Schritt: gesuchte Größe isolieren
$$\boxed{c \cdot} x = a + b - c \cdot d$$
$$x = \dfrac{a + b - c \cdot d}{c}$$

Beispiel:

Wärmezufuhr

Kaltwiderstand $R_k = 60\ \Omega$
Warmwiderstand $R_w = 75\ \Omega$

Temperaturerhöhung $\Delta\vartheta$
Temperaturbeiwert $\alpha = 0{,}0004\ \dfrac{1}{\text{K}}$

Für den Warmwiderstand gilt: $R_w = R_k (1 + \alpha \cdot \Delta\vartheta)$
Die Temperaturerhöhung $\Delta\vartheta$ ist zu berechnen.

Lösung:
$R_w = R_k(1 + \alpha \cdot \Delta\vartheta)$	
$R_w = R_k + R_k \cdot \alpha \cdot \Delta\vartheta$	Klammer ausmultiplizieren
$R_w - R_k = R_k \cdot \alpha \cdot \Delta\vartheta$	R_k nach links
$R_k \cdot \alpha \cdot \Delta\vartheta = R_w - R_k$	Seiten tauschen
$\Delta\vartheta = \dfrac{R_w - R_k}{R_k \cdot \alpha}$	Gesuchte Größe $\Delta\vartheta$ isolieren
$\Delta\vartheta = \dfrac{75\ \Omega - 60\ \Omega}{60\ \Omega \cdot 0{,}004}\ \text{K}$	Zahlen einsetzen
$\Delta\vartheta = 62{,}5\ \text{K} = 62{,}5\ °\text{C}$	Ergebnis

Umformen von Gleichungen

Potenzieren und Wurzelziehen

Problem:

$x^n = a$ ist nach x aufzulösen

Lösung:

$$x^n = a$$
$$\sqrt[n]{x^n} = \sqrt[n]{a}$$
$$x = \sqrt[n]{a}$$

Auf beiden Seiten der Gleichung wird die n-te Wurzel gezogen. Das Wurzelziehen ist die erste Umkehrung des Potenzierens.

Problem:

$\sqrt[n]{x} = a$ ist nach x aufzulösen

Lösung:

$$\sqrt[n]{x} = a$$
$$\left(\sqrt[n]{x}\right)^n = (a)^n$$
$$x = a^n$$

Beide Seiten der Gleichung werden in die n-te Potenz erhoben. Das Potenzieren ist die Umkehrung des Wurzelziehens.

Potenzieren und Logarithmieren

Problem:

$a^x = b$ ist nach x aufzulösen

Lösung:

$$a^x = b$$
$$\ln a^x = \ln b$$
$$x \cdot \ln a = \ln b$$
$$x = \frac{\ln b}{\ln a}$$

oder:

$$\lg a^x = \lg b$$
$$x = \frac{\lg b}{\lg a}$$

Beide Seiten der Gleichung werden logarithmiert (mit Basis e (ln) oder mit Basis 10 (lg)). Das Logarithmieren ist die zweite Umkehrung des Potenzierens. x wird mit der "Hut-ab"-Regel bestimmt.

Sonderfälle:

$$e^x = b \longrightarrow x = \ln b$$
$$10^x = b \longrightarrow x = \lg b$$

Problem:

$\ln x = a$ und $\lg x = a$ sind nach x aufzulösen

Lösung:

$$\ln x = a$$
$$x = e^a$$

Das Potenzieren ist die Umkehrung des Logarithmierens.

$$\lg x = a$$
$$x = 10^a$$

Winkel und Winkelfunktionen

Problem:

$\sin x = a$ und $\tan x = a$ sind nach x aufzulösen

Lösung:

$$\sin x = a$$
$$x = \arcsin a$$
(lies: Arkus Sinus a)

$$\tan x = a$$
$$x = \arctan a$$

Beispiel:

Das Volumen einer Kugel beträgt $V = \frac{\pi}{6} \cdot d^3 = 1\,\text{m}^3$

Für den Kugeldurchmesser ergibt sich:

$$d^3 = \frac{6 \cdot V}{\pi} \quad \text{und: } d = \sqrt[3]{\frac{6 \cdot V}{\pi}} = \sqrt[3]{\frac{6 \cdot V}{\pi}}$$

$$d = \sqrt[3]{\frac{6 \cdot 1\,\text{m}^3}{\pi}} = 1{,}24\,\text{m}$$

Eingabe von Wurzeln und Potenzen beim Taschenrechner

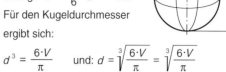

Beispiel:

Die Kondensatorspannung steigt nach der Funktion:

$$u_C = U \left(1 - e^{-\frac{t}{\tau}}\right)$$

Zu berechnen ist die Zeit t, nach der die Kondensatorspannung u_C auf $0{,}5 \cdot U$ angestiegen ist.

Lösung:

$$\tau = R \cdot C = 5 \cdot 10^3\,\Omega \cdot 1 \cdot 10^{-6}\,\frac{\text{s}}{\Omega} = 5 \cdot 10^{-3}\,\text{s} = 5\,\text{ms}$$

Aus

$$u_C = U\left(1 - e^{-\frac{t}{\tau}}\right)$$

folgt:

$$e^{-\frac{t}{\tau}} = \frac{U - u_C}{U} = \frac{U - 0{,}5 \cdot U}{U} = 0{,}5$$

Hut ab:

$$\ln e^{-\frac{t}{\tau}} = -\frac{t}{\tau} \cdot \ln e = -\frac{t}{\tau} \cdot 1 = \ln 0{,}5$$

$$t = -\tau \cdot \ln 0{,}5 = -5\,\text{ms} \cdot (-0{,}693) \approx 3{,}5\,\text{ms}$$

Eingabe der Logarithmusfunktion:
log = Zehnerlogarithmus (Basis 10),
ln = natürlicher Logaritmus (Basis e)

Beispiel: $\sin x = 0{,}75$ ist nach x aufzulösen

Lösung: $x = \arcsin 0{,}75 = 48{,}59°$

Die Funktion arcsin wird auf Taschenrechnern mit $\sin^{-1}$ bezeichnet.
Entsprechend: $\arccos = \cos^{-1}$ und $\arctan = \tan^{-1}$.

Die Arcusfunktionen werden mithilfe der SHIFT-Taste eingegeben

Berechnungen mit dem Taschenrechner

Gesuchte Größen, die implizit in einer Formel oder Gleichung enthalten sind, lassen sich mithilfe eines wissenschaftlichen Taschenrechners auch berechnen, ohne dass die Gleichung nach der gesuchten Größe umgeformt wird. Dies erfolgt mithilfe der SOLVE-Funktion (Eingabe: SHIFT-SOLVE). Die Variablen und das Gleichheitszeichen der Gleichung werden mithilfe der ALPHA-Taste eingegeben.
Berechnungsbeispiel siehe Seite 47.

1.20 Funktionen des Taschenrechners

Funktionen des Taschenrechners

Wissenschaftliche Taschenrechner bieten eine Fülle von mathematischen Funktionen, die im Prinzip alle Aufgaben des Technikers und Ingenieurs abdecken. Das Beispiel zeigt die wesentlichen Funktionen des fx-991MS von Casio. Die Modelle anderer Hersteller bieten vergleichbare Möglichkeiten.
Bei der Benutzung ist in jedem Fall die Bedienungsanleitung des Herstellers zu beachten!

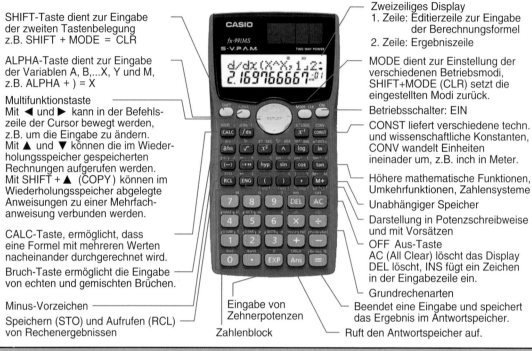

SHIFT-Taste dient zur Eingabe der zweiten Tastenbelegung z.B. SHIFT + MODE = CLR

ALPHA-Taste dient zur Eingabe der Variablen A, B,...X, Y und M, z.B. ALPHA +) = X

Multifunktionstaste
Mit ◄ und ► kann in der Befehlszeile der Cursor bewegt werden, z.B. um die Eingabe zu ändern.
Mit ▲ und ▼ können die im Wiederholungsspeicher gespeicherten Rechnungen aufgerufen werden.
Mit SHIFT + ▲ (COPY) können im Wiederholungsspeicher abgelegte Anweisungen zu einer Mehrfachanweisung verbunden werden.

CALC-Taste, ermöglicht, dass eine Formel mit mehreren Werten nacheinander durchgerechnet wird.

Bruch-Taste ermöglicht die Eingabe von echten und gemischten Brüchen.

Minus-Vorzeichen

Speichern (STO) und Aufrufen (RCL) von Rechenergebnissen

Eingabe von Zehnerpotenzen

Zahlenblock

Zweizeiliges Display
1. Zeile: Editierzeile zur Eingabe der Berechnungsformel
2. Zeile: Ergebniszeile

MODE dient zur Einstellung der verschiedenen Betriebsmodi, SHIFT+MODE (CLR) setzt die eingestellten Modi zurück.

Betriebsschalter: EIN

CONST liefert verschiedene techn. und wissenschaftliche Konstanten, CONV wandelt Einheiten ineinader um, z.B. inch in Meter.

Höhere mathematische Funktionen, Umkehrfunktionen, Zahlensysteme

Unabhängiger Speicher

Darstellung in Potenzschreibweise und mit Vorsätzen

OFF Aus-Taste
AC (All Clear) löscht das Display DEL löscht, INS fügt ein Zeichen in der Eingabezeile ein.

Grundrechenarten

Beendet eine Eingabe und speichert das Ergebnis im Antwortspeicher.

Ruft den Antwortspeicher auf.

Voreinstellungen

Wissenschaftliche Taschenrechner beherrschen sehr unterschiedliche Rechenarten wie z.B. arithmetische Grundrechenarten, komplexe Rechnungen und das Lösen von Gleichungssystemen. Da die Anzahl der Tasten aber aus Platzgründen begrenzt ist und alle Tasten doppelt und dreifach belegt sind, müssen für die jeweils gewünschte Rechenart einige Voreinstellungen (Modi) gewählt werden.
Die Voreinstellungen erfolgen mithilfe der Taste MODE. Die Voreinstellungen werden auf dem Display eingeblendet.
Mit SHIFT+MODE (CLR) können alle Einstellungen zurück gesetzt werden.

[MODE]

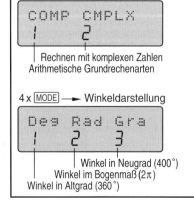

COMP CMPLX
1   2

Rechnen mit komplexen Zahlen
Arithmetische Grundrechenarten

4 x [MODE] ⟶ Winkeldarstellung

Deg Rad Gra
1   2   3

Winkel in Neugrad (400°)
Winkel im Bogenmaß (2π)
Winkel in Altgrad (360°)

[MODE] [MODE]

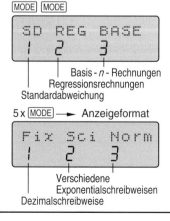

SD REG BASE
1   2   3

Basis-n-Rechnungen
Regressionsrechnungen
Standardabweichung

5 x [MODE] ⟶ Anzeigeformat

Fix Sci Norm
1   2   3

Verschiedene
Exponentialschreibweisen
Dezimalschreibweise

[MODE] [MODE] [MODE]

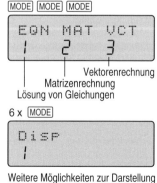

EQN MAT VCT
1   2   3

Vektorenrechnung
Matrizenrechnung
Lösung von Gleichungen

6 x [MODE]

Disp
1

Weitere Möglichkeiten zur Darstellung auf dem Display, z.B. mit Hochzahlen oder Vorsätzen (z.B. m, k, M).

Funktionen und Umkehrfunktionen

Die meisten mathematischen Funktionen sind umkehrbar, d.h ist in einer Funktion $y = f(x)$ jedem Wert von x eindeutig ein Wert y zugeordnet, so ist auch jedem Wert von y eindeutig ein x-Wert zugeordnet. Umkehrfunktionen heißen auch inverse Funktionen.

Umkehrfunktionen entstehen, wenn in einer Funktion $y = f(x)$ die unabhängige Variable x und die abhängige y miteinander vertauscht werden, also $y = f(x)$ durch $x = f(y)$ ersetzt wird. $x = f(y)$ ist die „implizite", d. h. „eingeschlossene" Form der Umkehrfunktion.

Wird die Funktion nach der abhängigen Variablen y aufgelöst, so entsteht die „explizite" Umkehrfunktion.

Beispiele für Funktion und Umkehrfunktion:

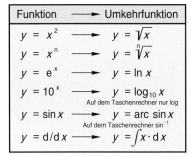

Funktion	→	Umkehrfunktion
$y = x^2$	→	$y = \sqrt{x}$
$y = x^n$	→	$y = \sqrt[n]{x}$
$y = e^x$	→	$y = \ln x$
$y = 10^x$	→	$y = \log_{10} x$
		Auf dem Taschenrechner nur log
$y = \sin x$	→	$y = \arcsin x$
		Auf dem Taschenrechner $\sin^{-1}$
$y = d/dx$	→	$y = \int x \cdot dx$

Beispiel:

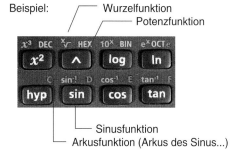

Wurzelfunktion
Potenzfunktion
Sinusfunktion
Arkusfunktion (Arkus des Sinus...)

Hinweis: Die Hyperbelfunktion $\sinh x = \frac{1}{2}(e^x - e^{-x})$ wird durch die Tastenkombination hyp + sin aufgerufen.
(sinh wird gelesen: Sinus hyperbolicus, entsprechend cosh: Kosinus hyperbolicus)

Speicher

Wissenschaftliche Taschenrechner verfügen über Speicher, in denen Konstanten, Zwischenergebnisse oder Funktionen (Formeln) gespeichert werden können. Die meisten Speicherfunktionen arbeiten nur im COMP-Modus.

Antwortspeicher
Beim Drücken der Gleichheitstaste wird das berechnete Ergebnis automatisch im Antwortspeicher abgespeichert, wodurch dessen Inhalt aktualisiert wird. Der Inhalt des Speichers kann mit der ANS-Taste aufgerufen werden. Das Ergebnis kann für weitere Berechnungen verwendet werden.

Unabhängiger Speicher
Mit der Taste M+ bzw. M– können Werte direkt zum Speicherwert addiert bzw. davon subtrahiert werden. Der Inhalt wird mit RCL M+ aufgerufen. Der Speicher wird mit 0 SHIFT RCL M+ (0 STO M) gelöscht.

Variablenspeicher
Der Rechner verfügt über 9 Variablen (A bis F, M, X und Y, die zum Speichern von Konstanten, Ergebnissen und anderen Werten verwendet werden können.
Die Zuweisung eines Wertes zur Variablen A erfolgt mit SHIFT RCL A (STO A).
Der Inhalt des Speichers wird mit ALPHA A aufgerufen. Der Wert wird gelöscht mit 0 SHIFT RCL A.

Variable A   Variable D

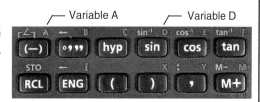

CALC-Speicher
Im CALC-Speicher können mathematische Ausdrücke wie Formeln und Gleichungen temporär abgespeichert werden. Der Ausdruck kann anschließend mehrmals für verschiedene Variablenwerte berechnet werden.
Beispiel: $y = x^2$

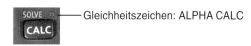

Gleichheitszeichen: ALPHA CALC

Eingabe der Formel	Eingabe 3	Ergebnis

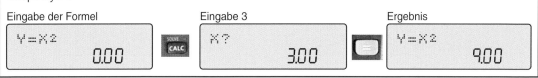

1.20 Funktionen des Taschenrechners

Ausgewählte Funktionen

Prozentrechnen

Die Prozenttaste (%) wird durch die zweite Belegung der Gleichheitstaste realisiert. Beim Betätigen der Prozenttaste wird der Inhalt des Antwortspeichers aktualisiert. Vor Beginn der Rechnung müssen eventuell mit SHIFT+CLR die richtigen Anfangsbedingungen wieder hergestellt werden.

Beispiele:
1. Wie viel sind 15 % von 2000?
2000 $\boxed{\times}$ 15 $\boxed{\text{SHIFT}}$ $\boxed{\%}$ $\longrightarrow$ 300

2. Wie viel Prozent sind 80 von 320?
80 $\boxed{\div}$ 320 $\boxed{\text{SHIFT}}$ $\boxed{\%}$ $\longrightarrow$ 25 %

3. Aufschlag von 16 % auf 120.
120 $\boxed{\times}$ 16 $\boxed{\text{SHIFT}}$ $\boxed{\%}$ $\boxed{+}$ $\longrightarrow$ 139.20

4. Abschlag von 12 % auf 120.
120 $\boxed{\times}$ 12 $\boxed{\text{SHIFT}}$ $\boxed{\%}$ $\boxed{-}$ $\longrightarrow$ 105.60

SOLVE-Funktion

Mit der SOLVE-Funktion lässt sich eine Größe aus einer Formel oder Gleichung bestimmen, ohne dass die Formel oder Gleichung nach der gesuchten Größe umgeformt werden muss. Die Lösung wird nach der Newtonschen Näherungslösung bestimmt, was zu einem Fehler führen kann.

Beispiel: Aus $R_2 = R_1 \cdot (1 + \alpha \cdot \Delta\vartheta)$ soll $\Delta\vartheta$ berechnet werden, mit
$R_2 = 100\ \Omega$, $R_1 = 80\ \Omega$, $\alpha = 0{,}004\ \dfrac{1}{K}$

Lösung:
1. Schritt: Die Variablen der Formel werden durch die vom Rechner angebotenen Variablen ersetzt, also: $A = B \cdot (1 + C \cdot D)$

2. Schritt: Eingabe der Formel

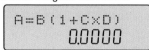

Eingabe Gleichheitszeichen: $\boxed{\text{ALPHA}}$ $\boxed{\text{CALC}}$

3. Schritt: SOLVE-Funktion eingeben und Werte für die Variablen A, B, C eingeben

Für die Variable $D = \Delta\vartheta$ wird 62.5 errechnet.

Statistische Berechnungen

Statistische Berechnungen sind wichtig z.B. bei der Beurteilung von Messergebnissen und der Qualitätskontrolle von Massenprodukten. Für statistische Berechnungen benötigt man möglichst viele Einzeldaten n. Aus diesen Einzeldaten wird insbesondere der arithmetische Mittelwert und die Standardabweichung bestimmt.

Werden bei einer Messreihe n Einzelmessungen gemacht, welche die n Messergebnisse $x_i = x_1, x_2, x_3 \dots x_n$ ergeben, so können unter anderem folgende Werte ermittelt werden:

Summe der Werte: $\Sigma x_i = x_1 + x_2 + x_3 + \dots x_n$

Quadratsumme der Werte: $\Sigma x_i^2 = x_1^2 + x_2^2 + x_3^2 + \dots x_n^2$

Arithmetischer Mittelwert: $\overline{x} = \dfrac{x_1 + x_2 + x_3 + \dots x_n}{n}$

Absoluter Fehler jeder Einzelmessung: $\delta_i = x_i - \overline{x}$

Standardabweichung: $\sigma = \sqrt{\dfrac{\Sigma\,(x_i - \overline{x})^2}{n - 1}}$

Standardabweichung = mittlere quadratische Abweichung

Für statistische Berechnungen muss über die MODE-Taste der SD-Modus (Standardabweichung, Standard Deviation) eingestellt sein.

```
SD   REG   BASE
 1    2     3
```

Im SD-Modus ist $\boxed{\text{M+}}$ die Datentaste $\boxed{\text{DT}}$

Scrollen der Daten mit ▲ und ▼

Die Datenverarbeitung erfolgt in 3 Schritten:
1. Mit $\boxed{\text{SHIFT}}$ $\boxed{\text{CLR}}$ $\boxed{1}$ alle alten Daten im Statistikspeicher löschen
2. Alle neuen Daten mit Taste $\boxed{\text{DT}}$ eingeben
3. Mithilfe der Tasten $\boxed{\text{SHIFT}}$ $\boxed{\text{S-SUM}}$ bzw. $\boxed{\text{SHIFT}}$ $\boxed{\text{S-VAR}}$ die gewünschten Werte berechnen

Beispiel: Menü bei Eingabe $\boxed{\text{SHIFT}}$ $\boxed{\text{S-SUM}}$

```
Σx²   Σx    n
 1    2    3
```

Verteilung der Messwerte (Normalverteilung)

Häufigkeit

maximale Häufigkeit
95,44 %
68,26 %
Wendepunkt
$-\sigma$ $+\sigma$
-2σ $+2\sigma$
$\overline{x}$
$x \longrightarrow$

Normalverteilung:
Bei 68,26 % aller Messwerte liegt die Abweichung vom Mittelwert innerhalb der Standardabweichung.

2 Formeln der Mechanik

2.1	Flächen, Körper, Massen	50
2.2	Kraft, Arbeit, Drehmoment	52
2.3	Arbeit, Leistung, Wirkungsgrad	54
2.4	Bewegungslehre I	56
2.5	Bewegungslehre II	58
2.6	Einfache Maschinen	60
2.7	Temperatur und Wärme	62
2.8	Reibung	64
2.9	Druck in Flüssigkeiten und Gasen	65
2.10	Hydraulik und Pneumatik	66
2.11	Beanspruchung und Festigkeit	68

2.1 Flächen, Körper, Massen

Längen- und Flächen

Quadrat

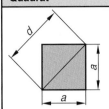

Fläche $\quad A = a^2$
Umfang $\quad U = 4 \cdot a$
Diagonale $\quad d = a \cdot \sqrt{2}$

Rechteck

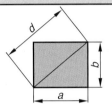

Fläche $\quad A = a \cdot b$
Umfang $\quad U = 2 \cdot (a + b)$
Diagonale $\quad d = \sqrt{a^2 + b^2}$

Raute (Rhombus)

Fläche $\quad A = a \cdot b$
Umfang $\quad U = 4 \cdot a$

Parallelogramm

Fläche $\quad A = a \cdot b$
Umfang $\quad U = 2 \cdot (a + b)$

Dreieck

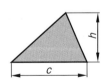

Fläche $\quad A = \dfrac{1}{2} \cdot c \cdot h$

Trapez

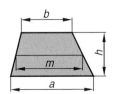

Fläche $\quad A = \dfrac{1}{2}(a + b) \cdot h$

Mittel-
parallele $\quad m = \dfrac{1}{2}(a + b)$

Kreis

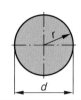

Fläche $\quad A = \pi \cdot r^2$
$\quad\quad\quad = \dfrac{\pi \cdot d^2}{4}$

Umfang $\quad U = 2\pi \cdot r$
$\quad\quad\quad = \pi \cdot d$

Kreisring

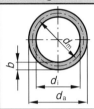

Mittlerer
Durchmesser $\quad d_m = \dfrac{d_a + d_i}{2}$

Ringbreite $\quad b = \dfrac{d_a - d_i}{2}$

Ringfläche $\quad A = \dfrac{\pi}{4}(d_a^2 - d_i^2)$

bzw. $\quad A = \pi \cdot d_m \cdot b$

Kreisausschnitt (Kreissektor)

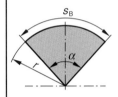

Fläche $\quad A = \pi \cdot r^2 \cdot \dfrac{\alpha}{360°}$
$\quad\quad\quad A = \dfrac{1}{2} \cdot s_B \cdot r$

Bogen-
länge $\quad s_B = \pi \cdot r \cdot \dfrac{\alpha}{180°}$

Kreisabschnitt (Kreissegment)

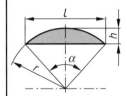

Fläche $\quad A = \pi \cdot r^2 \cdot \dfrac{\alpha}{360°}$
$\quad\quad\quad - \dfrac{1}{2} \cdot l \cdot (r - h)$

Sehne $\quad l = 2 \cdot r \cdot \sin\dfrac{\alpha}{2}$

Höhe $\quad h = r \cdot \left(1 - \cos\dfrac{\alpha}{2}\right)$

Ellipse

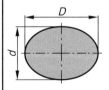

Fläche $\quad A = \dfrac{\pi}{4} \cdot D \cdot d$

Umfang $\quad U = \dfrac{\pi}{2} \cdot (D + d)$

Regelmäßiges n-Eck

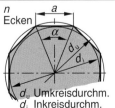

n Ecken

d_u Umkreisdurchm.
d_i Inkreisdurchm.

Mittelpunktswinkel $\quad \alpha = \dfrac{360°}{n}$

Seitenlänge $\quad a = d_u \cdot \sin\dfrac{\alpha}{2}$

Inkreisd. $\quad d_i = d_u \cdot \cos\dfrac{\alpha}{2}$

Fläche $\quad A = n \cdot \dfrac{a \cdot d_i}{4}$

Volumen und Oberflächen von Körpern

Würfel

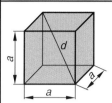

Volumen $\quad V = a^3$

Oberfläche $\quad A_O = 6 \cdot a^2$

Raum-diagonale $\quad d = a \cdot \sqrt{3}$

Prisma, Quader

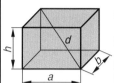

Volumen $\quad V = a \cdot b \cdot h$

Oberfl. $\quad A_O = 2 \cdot (ab + bh + ha)$

Raum-diagonale $\quad d = \sqrt{a^2 + b^2 + h^2}$

Pyramide

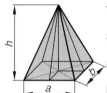

Volumen $\quad V = \frac{1}{3} \cdot a \cdot b \cdot h$

Seitenhöhe $\quad h_a = \sqrt{h^2 + \frac{b^2}{4}}$

Seitenhöhe $\quad h_b = \sqrt{h^2 + \frac{a^2}{4}}$

Kantenlänge $\quad h_K = \sqrt{\frac{a^2}{4} + \frac{b^2}{4} + h^2}$

Kegel

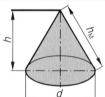

Volumen $\quad V = \frac{1}{3} \cdot \frac{\pi \cdot d^2}{4} \cdot h$

Mantelfläche $\quad A_M = \frac{1}{2} \cdot \pi \cdot d \cdot h_M$

Mantelhöhe $\quad h_M = \sqrt{\frac{d^2}{4} + h^2}$

Zylinder

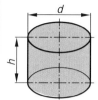

Mantelfläche $\quad A_M = \pi \cdot d \cdot h$

Oberfläche $\quad A_O = \pi \cdot d \cdot h + 2 \cdot \frac{\pi \cdot d^2}{4}$

Volumen $\quad V = \frac{\pi \cdot d^2}{4} \cdot h$

Hohlzylinder

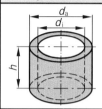

Ringfläche $\quad A_R = \frac{\pi}{4} \cdot (d_a^2 - d_i^2)$

Volumen $\quad V = \frac{\pi}{4} \cdot (d_a^2 - d_i^2) \cdot h$

Kugel

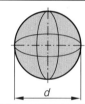

Oberfläche $\quad A_O = \pi \cdot d^2$

Volumen $\quad V = \frac{\pi}{6} \cdot d^3$

Ringkörper

Oberfläche $\quad A_O = (\pi \cdot d) \cdot (\pi \cdot D) = \pi^2 \cdot d \cdot D$

Volumen $\quad V = \frac{\pi \cdot d^2}{4} \cdot \pi \cdot D = \frac{\pi^2}{4} \cdot d^2 \cdot D$

Masseberechnung

Die Masse eines Körpers ist gleich dem Produkt aus dem Volumen des Körpers und der Dichte des Materials.

Volumen V

Dichte ϱ

Masse

$$m = \varrho \cdot V$$

Dichte wichtiger Werkstoffe

Werkstoff	ϱ in $\frac{kg}{dm^3}$	Werkstoff	ϱ in $\frac{kg}{dm^3}$
Magnesium	1,7	Silber	10,5
Aluminium	2,7	Blei	11,3
Titan	4,5	Gold	19,3
Eisen	7,8	PVC	1,2...1,4
Kupfer	8,9	Porzellan	2,3...2,6

Längenbezogene Masse

Für Drähte, Stangen, Rohre usw. wird in Tabellen häufig die auf die Länge l bezogene Masse m' angegeben. Sie wird in kg/m gemessen.

Für die Masse gilt dann:

$$m = m' \cdot l$$

Flächenbezogene Masse

Für Bleche und Beläge wird in Tabellen häufig die auf die Fläche A bezogene Masse m'' angegeben. Sie wird in kg/m² gemessen.

Für die Masse gilt dann:

$$m = m'' \cdot A$$

2.2 Kraft, Arbeit, Drehmoment

Kraft und Masse

Masse ist eine Grundeigenschaft der Materie und bildet daher eine der 7 Basisgrößen des Internationalen Einheitensystems (SI). Die SI-Einheit ist das Kilogramm (kg). Man unterscheidet die schwere und die träge Masse. Die schwere Masse ist die Ursache der Anziehung, die Körper aufeinander ausüben.

Die träge Masse ist ein Maß für die Kraft, die jede Masse einer Änderung ihres Bewegungszustandes entgegensetzt.

Beschleunigungskraft

$$F = m \cdot a$$

Gewichtskraft (Erdanziehungskraft)

$$F_G = m \cdot g$$

$g = 9{,}81 \, \text{m/s}^2$
$g \approx 10 \, \text{m/s}^2$

Einheit der Kraft

$$1 \, \text{N} = 1 \, \text{kg} \cdot 9{,}81 \, \frac{\text{m}}{\text{s}^2} \approx 10 \, \frac{\text{kg} \cdot \text{m}}{\text{s}^2}$$

F Kraft $[F] = \text{N}$ a Beschleunigung
m Masse $[m] = \text{kg}$ g Erdbeschleunigung $[a] = [g] = \frac{\text{m}}{\text{s}^2}$

Eine Masse ist eine skalare Größe (Skalar), d.h. sie hat einen Betrag, aber keine Richtung.
Eine Kraft ist eine vektorielle Größe (Vektor), d.h. sie hat einen Betrag und eine Richtung im dreidimensionalen Raum. Vektoren werden zeichnerisch durch Pfeile dargestellt. Sie können zeichnerisch addiert werden.

Addition von Kräften

$$\vec{F} = \vec{F_1} + \vec{F_2}$$

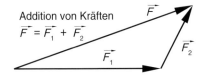

Arbeit und Energie

Unter Energie versteht man üblicherweise die in einem physikalischen System gespeicherte Arbeit, bzw. die Fähigkeit, Arbeit zu verrichten (Arbeitsvermögen). Energie kann in verschiedenen Formen auftreten, z.B. als mechanische, elektrische oder thermische Energie.

Die verschiedenen Energieformen können ineinander umgewandelt werden, die Gesamtenergie in einem geschlossenen System bleibt dabei konstant. Arbeit und Energie haben die gleiche Einheit, z. B. Nm (Newtonmeter), Ws (Wattsekunde), J (Joule).

Mechanische Arbeit

Die mechanische Arbeit ist das Produkt aus der Kraft und dem in Kraftrichtung zurückgelegten Weg.

Gleiche Richtung von Kraft und Weg

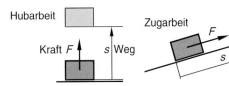

Hubarbeit

Kraft F s Weg

Zugarbeit

mechanische Arbeit

$$W = F \cdot s$$

$[W] = \text{N} \cdot \text{m}$

Gleichwertigkeit (Äquivalenz) verschiedener Energieformen:
$1 \, \text{Nm} = 1 \, \text{Ws} = 1 \, \text{J}$

Verschiedene Richtung von Kraft und Weg

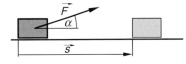

Haben Kraftvektor und zugehöriger Weg unterschiedliche Richtungen, so ist die zugehörige Arbeit gleich dem Skalarprodukt beider Vektoren. Die Arbeit ist eine skalare Größe.

$$W = \vec{F} \cdot \vec{s}$$

$$W = F \cdot s \cdot \cos\alpha$$

Potenzielle und kinetische Energie (Energieerhaltungssatz)

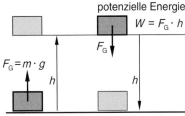

potenzielle Energie

$$W = F_G \cdot h$$

$F_G = m \cdot g$

kinetische Energie

$$W = \frac{1}{2} \cdot m \cdot v^2$$

Beim Aufprall (ohne Reibung):

$$\frac{1}{2} \cdot m \cdot v^2 = F_G \cdot h = m \cdot g \cdot h$$

$$v_{\text{Aufprall}} = \sqrt{2 \cdot g \cdot h}$$

| zum Heben des Körpers muss Energie aufgebracht werden | der gehobene Körper enthält diese Energie als potenzielle Energie (Lageenergie) | beim Fallen wird die potenzielle in kinetische Energie (Bewegungsenergie) umgewandelt | Direkt vor dem Aufprall ist die kinetische Energie gleich der ursprünglichen potenziellen Energie. Beim Aufprall wird die kinetische Energie in Verformungsenergie umgewandelt. |

Kraft und Drehmoment (Kraftmoment)

Das Drehmoment ist das Produkt aus der Kraft und dem senkrecht dazu stehenden Kraftarm (Hebelarm).

Prinzip

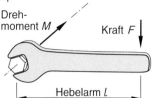

Je nach Lage des Drehpunktes unterscheidet man ein- und zweiseitige Hebel:

Einseitiger Hebel

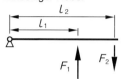

Zweiseitiger Hebel

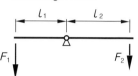

Drehmoment als Vektor

Drehmomente haben einen Betrag und eine Richtung, d.h. es sind Vektoren. Die Richtung des Vektors ist senkrecht zur Kraftrichtung und senkrecht zur Richtung des Kraftarmes. Man unterscheidet rechtsdrehende und linksdrehende Drehmomente.

Rechtsdrehendes Moment

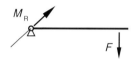

Linksdrehendes Moment

Bei der Berechnung des Drehmomentes ist der Winkel zwischen Kraftvektor und zugehörigem Hebelarm zu beachten.

Für $\alpha \neq 90°$

$$M = F \cdot l \cdot \sin \alpha$$

Sonderfall: $\alpha = 90°$

$$M = F \cdot l$$

Allgemein wird das Drehmoment als Vektorprodukt berechnet.

$$\vec{M} = \vec{F} \times \vec{l}$$

Hebelgesetz

Ein Hebel ist im Gleichgewicht, wenn gilt:
die Summe aller rechtsdrehenden Drehmomente ist gleich der Summe aller linksdrehenden Drehmomente, bzw.:
die Summe aller Drehmomente ist null, wobei alle rechtsdrehenden Momente positiv, alle linksdrehenden Momente negativ gezählt werden.

Zweiarmiger Hebel

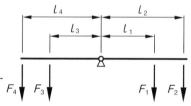

Gleichgewichtsbedingungen

$$F_1 \cdot l_1 + F_2 \cdot l_2 = F_3 \cdot l_3 + F_4 \cdot l_4$$

bzw.

$$\Sigma M_{\text{rechts}} = \Sigma M_{\text{links}}$$

$$F_1 \cdot l_1 + F_2 \cdot l_2 - F_3 \cdot l_3 - F_4 \cdot l_4 = 0$$

bzw.

$$\Sigma M_{\text{rechts}} - \Sigma M_{\text{links}} = 0$$

Berechnung von Auflagekräften

Zur Berechnung der Auflagekräfte F_A und F_B wird willkürlich ein Auflagepunkt als Drehpunkt angenommen, z.B. Punkt A.
Dann ist die Summe aller durch die Lasten F_1, F_2 usw. verursachten Drehmomente gleich dem Drehmoment aus der Auflagekraft F_B und der Gesamtlänge L.

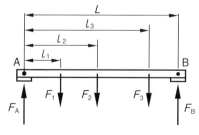

Gewählter Drehpunkt A

$$F_1 \cdot l_1 + F_2 \cdot l_2 + F_3 \cdot l_3 = F_B \cdot L$$

daraus folgt:

$$F_B = \frac{F_1 \cdot l_1 + F_2 \cdot l_2 + F_3 \cdot l_3}{L}$$

und:

$$F_A = F_1 + F_2 + F_3 - F_B$$

2.3 Arbeit, Leistung, Wirkungsgrad

Arbeit und Leistung

Definition der Leistung

Unter Leistung versteht man ganz allgemein die pro Zeiteinheit verrichtete Arbeit.

$$P = \frac{W}{t}$$

Für die mechanische Leistung folgt aus $P = \frac{W}{t}$

$$P = \frac{F \cdot s}{t} = F \cdot v$$

Einheit: $[P] = \dfrac{N \cdot m}{s} = W$ (Watt)

P Leistung (P power, Leistung)
$[P]$ = W (Watt)

W Arbeit (W work, Arbeit)
$[W]$ = Ws (Wattsekunde), Nm (Newtonmeter)

t Zeit (t time, Zeit)
$[t]$ = s (Sekunde)

F Kraft (F force, Kraft)
$[F]$ = N (Newton)

s Weg (s Strecke)
$[s]$ = m (Meter)

v Geschwindigkeit (v velocity, Geschwindigkeit)
$[v]$ = m/s (Meter pro Sekunde)

Die SI-Einheit der Leistung ist das Watt. Sie erhielt ihren Namen zu Ehren des britischen Ingenieurs und Erfinders James Watt (1736-1819).
James Watt hat wesentlichen Anteil an der Erfindung und Verbesserung der Dampfmaschine. Durch seine Erfindungen konnten Dampfmaschinen wirtschaftlich zum Antrieb von Pumpen und Maschinen eingesetzt werden. Die ursprüngliche Einheit der Leistung, die Pferdestärke (PS) ist im SI-System nicht mehr erlaubt, wird aber in der Autowerbung noch gerne verwendet.
Umrechnung: 1 PS = 735,5 W.
Englisch: Horsepower (hp). Umrechnung: 1 hp = 745,7 W.

James Watt (1736-1819)

Leistung und Drehmoment

Beispiel: Motor mit Riementrieb

Die von Wellen, Zahnrädern, Riemenscheiben abgegebene bzw. aufgenommene Leistung P ist vom Drehmoment M und der Drehfrequenz (Drehzahl) n abhängig.

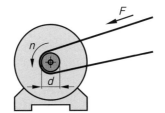

Aus $\quad P = \dfrac{F \cdot s}{t} = F \cdot v$

folgt mit $\quad v = d \cdot \pi \cdot n$

$$P = F \cdot \underbrace{\frac{d}{2}}_{\text{Drehmoment } M} \cdot \underbrace{2 \cdot \pi \cdot n}_{\omega \ \text{Winkel-geschwindigkeit}}$$

Damit ist: $\boxed{P = M \cdot \omega}$

$[M]$ = Nm

$[\omega] = \dfrac{1}{s}$

Energieerhaltung

Der ständig wachsende Bedarf an Energie hat die Menschen immer wieder veranlasst, eine Maschine zu erfinden, die mehr Energie abgibt, als sie aufnimmt. Für ein derartiges Perpetuum mobile (lateinisch: dauernd beweglich) gibt es zahllose phantasievolle Beispiele, die aber alle eines gemeinsam haben: sie funktionieren nur mit Tricks und Schwindeleien.
Dass ein Perpetuum mobile prinzipiell nicht möglich ist, wurde zuerst von dem deutschen Mathematiker Gottfried Wilhelm Leibnitz (1646-1716) und dem englichen Mathematiker und Physiker Sir Isaac Newton (1643-1727) zweifelsfrei bewiesen.

Wesentliche Beiträge zur Berechnung von Energiezuständen stammen von dem deutschen Arzt und Physiker Robert Mayer (1814-1878). Auf seinen Forschungen basiert die Erkenntnis, dass Energie weder erzeugt noch vernichtet, sondern lediglich von einer Form in eine andere Form umgewandelt werden kann (Gesetz von der Erhaltung der Energie). Im Jahre 1842 berechnete er als Erster das mechanische Äquivalent der Wärmeenergie.

Für die Umwandlung zwischen mechanischer, elektrischer und thermischer Energie gilt:

Robert Mayer (1814-78)

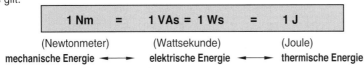

| 1 Nm | = | 1 VAs = 1 Ws | = | 1 J |

(Newtonmeter) (Wattsekunde) (Joule)
mechanische Energie ⟷ elektrische Energie ⟷ thermische Energie

Verluste und Wirkungsgrad

Verluste

Beim Betrieb von Maschinen und Geräten treten neben der gewünschten Energiewandlung stets auch unerwünschte Verluste auf. Diese Verlustleistung zeigt sich meist in Form von Wärme. Sie entsteht z.B. durch
- Stromfluss in Wicklungen („Kupferverluste") und Widerständen,
- Wirbelströme in Eisenblechen („Eisenverluste") und anderen Metallteilen,
- Ummagnetisierung von Eisenteilen („Eisenverluste"),
- Lagerreibung,
- Reibung durch Luftströmungen.

Die Verlustleistung führt insbesondere zu starker Erwärmung der Betriebsmittel und zu erhöhten Betriebskosten. Die Verlustwärme muss üblicherweise durch Kühlung abgeführt werden, damit die zulässige Betriebstemperatur nicht überschritten wird.

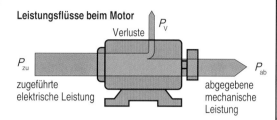

Leistungsflüsse beim Motor

P_V Verluste

P_zu zugeführte elektrische Leistung

P_ab abgegebene mechanische Leistung

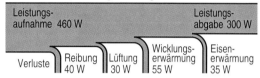

300-Watt-Motor, Leistungsflussdiagramm

Leistungsaufnahme 460 W — Leistungsabgabe 300 W

Verluste: Reibung 40 W | Lüftung 30 W | Wicklungserwärmung 55 W | Eisenerwärmung 35 W

Wirkungsgrad

Leistungswirkungsgrad

Mit Wirkungsgrad meint man meist den Leistungswirkungsgrad eines Energiewandlers, d.h. das Verhältnis von abgegebener zu aufgenommener Leistung.

Wegen der Verluste muss der Wirkungsgrad η (lies: Eta) immer kleiner oder maximal gleich 1 bzw. 100 % sein.

Wirkungsgrad von Aggregaten

Treibt in einer Anlage ein Betriebsmittel das folgende, so ist der Gesamtwirkungsgrad des Aggregats gleich dem Produkt der Einzelwirkungsgrade. Der Gesamtwirkungsgrad ist kleiner als der kleinste Einzelwirkungsgrad.

Wirkungsgrad von Anlagen

Werden mehrere Betriebsmittel parallel in einer Anlage betrieben, so ist der Gesamtwirkungsgrad gleich dem Mittelwert der Einzelwirkungsgrade. Die einzelnen Wirkungsgrade werden dabei entsprechend der Leistung der Betriebsmittel gewichtet.

Jahreswirkungsgrad

Für wirtschaftliche Überlegungen ist meist nicht der Leistungs-, sondern der Jahreswirkungsgrad von Bedeutung. Er ist das Verhältnis der abgegebenen zur aufgenommenen Arbeit in einer gewissen Zeitspanne (z.B. Jahr).

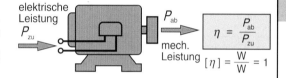

elektrische Leistung P_zu

P_ab mech. Leistung

$$\eta = \frac{P_\text{ab}}{P_\text{zu}}$$

$$[\eta] = \frac{W}{W} = 1$$

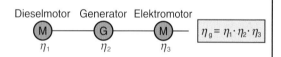

Dieselmotor η_1 Generator η_2 Elektromotor η_3

$$\eta_\text{g} = \eta_1 \cdot \eta_2 \cdot \eta_3$$

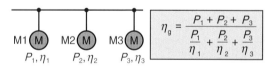

M1 P_1, η_1 M2 P_2, η_2 M3 P_3, η_3

$$\eta_\text{g} = \frac{P_1 + P_2 + P_3}{\dfrac{P_1}{\eta_1} + \dfrac{P_2}{\eta_2} + \dfrac{P_3}{\eta_3}}$$

η_a Jahreswirkungsgrad (a annum, Jahr)

$\Sigma\, W_\text{ab}$ Arbeitsabgabe/Jahr

$\Sigma\, W_\text{v}$ Verlustarbeit/Jahr

$$\eta_\text{a} = \frac{\Sigma\, W_\text{ab}}{\Sigma\, W_\text{ab} + \Sigma\, W_\text{v}}$$

Federkraft, hookesches Gesetz, Federarbeit

Federn verformen sich bei Druck- bzw. Zugbelastung gemäß dem hookeschen Gesetz elastisch. Die hierfür aufgewandte Arbeit (Federarbeit) wird in der Feder gespeichert und bei Entlastung wieder abgegeben. Das Verhalten von Federn wird durch die Federkonstante D (Federrate R) bestimmt. Man versteht darunter das Verhältnis von Federkraft F zum dadurch verursachten Federweg s. (Hooksches Gesetz siehe auch Seite 68).

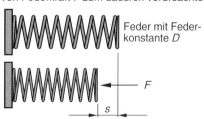

Feder mit Federkonstante D

F

s

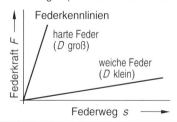

Federkennlinien

harte Feder (D groß)

weiche Feder (D klein)

Federkraft F —

Federweg s —

Federkraft

$$F = D \cdot s$$

D Federkonstante
$[D] = N/mm$

Federarbeit

$$W = \frac{1}{2} \cdot F \cdot s = \frac{1}{2} \cdot D \cdot s^2$$

2.4 Bewegungslehre I

Kinematik

Die Bewegungslehre ist ein Teilgebiet der klassischen Physik. Sie kann in die Gebiete Kinematik und Kinetik aufgegliedert werden.
Die Kinematik untersucht die Bewegung der Körper ohne Berücksichtigung der Kräfte bzw. Momente, welche die Bewegung verursachen. Technisch bedeutend sind die Translationsbewegungen (fortschreitende Bewegungen) und die Rotationsbewegungen (Drehbewegungen).
Die Bewegungen können gleichförmig, beschleunigt bzw. abgebremst oder periodisch wiederkehrend sein.

Geradlinige Bewegung (Translation)

Gleichförmige Bewegung

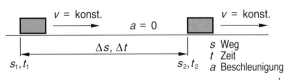

s Weg
t Zeit
a Beschleunigung

Gleichförmige Geschwindigkeit

$$v = \frac{s_2 - s_1}{t_2 - t_1} = \frac{\Delta s}{\Delta t}$$

bzw. $v = \dfrac{s}{t}$

mit $t_1 = 0$, $s_1 = 0$

v Geschwindigkeit, velocity

$[v] = \dfrac{m}{s}$

Geschwindigkeits-Zeit-Diagramm

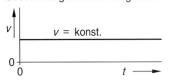

Weg-Zeit-Diagramm

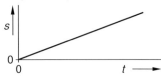

Zurückgelegter Weg

$$s = v \cdot t$$

$[s] = \dfrac{m}{s} \cdot s = m$

v Geschwindigkeit
t Zeit

Beschleunigte und verzögerte Bewegung

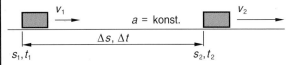

Gleichförmige Beschleunigung

$$a = \frac{v_2 - v_1}{t_2 - t_1} = \frac{\Delta v}{\Delta t}$$

bzw. $a = \dfrac{v}{t}$

mit $t_1 = 0$, $v_1 = 0$

a Beschleunigung, acceleration

$[a] = \dfrac{m}{s^2}$

Anfangsgeschwindigkeit null, gleichmäßige Beschleunigung

Geschwindigkeits-Zeit-Diagramm

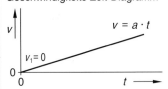

Weg-Zeit-Diagramm

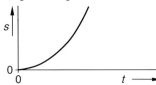

Geschwindigkeit

$$v = a \cdot t$$

$[v] = \dfrac{m}{s^2} \cdot s = \dfrac{m}{s}$

Zurückgelegter Weg

$$s = \frac{1}{2} \cdot v \cdot t = \frac{1}{2} \cdot a \cdot t^2$$

Anfangsgeschwindigkeit ungleich null, gleichmäßgie Beschleunigung

Geschwindigkeits-Zeit-Diagramm

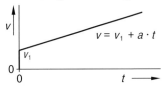

Weg-Zeit-Diagramm

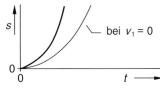

bei $v_1 = 0$

Geschwindigkeit

$$v = v_1 + a \cdot t$$

Zurückgelegter Weg

$$s = v_1 \cdot t + \frac{1}{2} \cdot a \cdot t^2$$

Gleichmäßige Verzögerung (Abbremsung)

Geschwindigkeits-Zeit-Diagramm

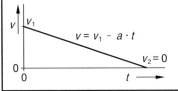

Weg-Zeit-Diagramm

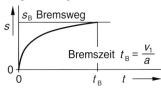

s_B Bremsweg

Bremszeit $t_B = \dfrac{v_1}{a}$

Geschwindigkeit

$$v = v_1 - a \cdot t$$

a wird als positiver Wert eingesetzt

Bremsweg

$$s_B = v_1 \cdot t_B - \frac{1}{2} a \cdot t_B^2 = \frac{v^2}{2a}$$

Drehbewegung (Rotation)

Gleichförmige Bewegung

Nach Abschluss des Hochlaufvorgangs erreichen rotierende Maschinen eine feste, gleichförmige Drehfrequenz (Drehzahl). Dies ist der stationäre Zustand.

Wichtige Kenngrößen:
- n Drehfrequenz
- T Umlaufzeit
- ω Winkelgeschwindigkeit
- v Umfangsgeschwindigkeit

$$T = \frac{1}{n} \longrightarrow n = \frac{1}{T}$$

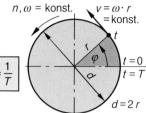

$n, \omega = $ konst. $v = \omega \cdot r = $ konst.

$d = 2\,r$

Winkelgeschwindigkeit
$$\omega = \frac{2\pi}{T} = 2\pi \cdot n$$
$$[\,\omega\,] = 1/\mathrm{s} \quad (\mathrm{rad/s})$$

Drehwinkel φ im Bogenmaß
$$\varphi = \omega \cdot t$$

Umfangsgeschwindigk.
$$v = \omega \cdot r = \pi \cdot d \cdot n$$
$$[\,v\,] = \mathrm{m/s} = 60\ \mathrm{m/min}$$

Beschleunigte und verzögerte Bewegung

Ungleichförmige, d.h. beschleunigte oder verzögerte Rotationsbewegungen entstehen z.B. beim Hochlaufen und Abbremsen von Motoren und Antrieben.
Dabei interessiert insbesondere die Anlaufzeit (Hochlaufzeit) des Antriebs.
Zum Beschleunigen einer rotierenden Masse wird Energie benötigt; sie wird beim Abbremsen wieder frei gesetzt.
(Beschleunigungsmoment siehe Seite 59)

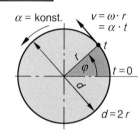

$\alpha = $ konst. $v = \omega \cdot r = \alpha \cdot t$

$d = 2\,r$

Winkelbeschleunigung
$$\alpha = \frac{\Delta \omega}{\Delta t} = \frac{2\pi \cdot \Delta n}{\Delta t}$$
$$[\,\alpha\,] = 1/\mathrm{s}^2 \ (\mathrm{rad/s}^2)$$

Drehwinkel φ im Bogenmaß
$$\varphi = \frac{1}{2} \cdot \alpha \cdot t^2$$

Hochlaufzeit von $n_0 = 0$ auf Drehfr. n
$$t_H = \frac{\omega}{\alpha} = \frac{2\pi \cdot n}{\alpha}$$

2

Geschwindigkeiten an Maschinen

Drehen

Beim Drehen bewegt sich der Drehmeißel mit der Vorschubgeschwindigkeit v_F entlang der Drehachse.
Die Vorschubgeschwindigkeit ist abhängig vom Vorschub f und der Drehfrequenz n.

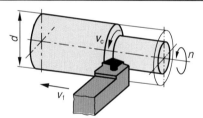

Vorschubgeschw.
$$v_f = n \cdot f$$

Schnittgeschw.
$$v_c = \pi \cdot d \cdot n$$

f Vorschub in mm pro Umdrehung

Fräsen

Beim Fräsen bewegen sich Frästisch und Werkstück mit der Vorschubgeschwindigkeit v_F.
Die Vorschubgeschwindigkeit ist abhängig vom Vorschub f_z je Schneide, der Schneidenzahl des Fräsers und der Drehfrequenz n.

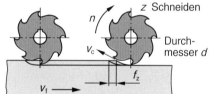

z Schneiden

Durchmesser d

Vorschubgeschw.
$$v_f = n \cdot f$$

Schnittgeschw.
$$v_c = \pi \cdot d \cdot n$$

f_z Vorschub in mm pro Schneide

Gewindetrieb

Gewindetriebe wandeln eine Rotations- in eine Translationsbewegung.
Die Geschwindigkeit der Translationsbewegung v_F (Vorschubgeschwindigkeit) ist abhängig von der Gewindesteigung P und der Drehfrequenz n des Gewindes.

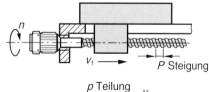

P Steigung

Vorschubgeschwindigkeit
$$v_f = n \cdot P$$

Zahnstangentrieb

Gewindetriebe wandeln Rotations- und Translationsbewegung ineinander um.
Die Geschwindigkeit der Translationsbewegung v_F (Vorschubgeschwindigkeit) ist abhängig von der Teilung der Zahnstange p und der Drehfrequenz n des Zahnrades.

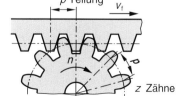

p Teilung

z Zähne

Vorschubgeschwindigkeit
$$v_f = n \cdot z \cdot p$$
oder
$$v_f = \pi \cdot d \cdot n$$

2.5 Bewegungslehre II

Kinetik

Die Kinetik ist das Teilgebiet der Bewegungslehre, das sich mit den Kräften und Momenten beschäftigt, durch welche die Bewegungen verursacht werden.

Wesentliche Erkenntnisse stammen von dem italienischen Mathematiker, Physiker und Philosoph Galileo Galilei (1564 – 1642). Er entdeckte durch reine Gedankenexperimente die Fallgesetze und die Gesetze für das Fadenpendel. Ob er am Schiefen Turm von Pisa Experimente zur Bestätigung seiner Fallgesetze unternahm, ist nicht bewiesen.

Neben Galilei gilt der englische Mathematiker, Physiker und Astronom Sir Isaac Newton (1643 – 1727) als Begründer der klassischen theoretischen Physik. Zu seinen wichtigsten Werken gehören die drei Grundgesetze der klassischen Mechanik (newtonsche Axiome):

Galilei (1564-1642)

1. **Trägheitsgesetz**
   Jeder Körper verharrt in Ruhe bzw. in gleichförmig geradliniger Bewegung, solange er nicht durch äußere Kräfte gestört wird.
2. **Dynamisches Grundgesetz**
   Die Bewegungsänderung eines Körpers (Beschleunigung) ist proportional und gleichgerichtet zur einwirkenden Kraft.
   Es gilt: Kraft ist gleich Masse mal Beschleunigung ($F = m \cdot a$).
3. **Wechselwirkungsgesetz, Reaktionsgesetz**
   Die von zwei Körpern aufeinander ausgeübten Kräfte sind gleich groß und entgegengerichtet (Kraft = Gegenkraft, actio = reactio).

Newton (1643-1727)

Geradlinige Bewegung (Translation)

Kraft, lineare Beschleunigung, Energie

Wirkt auf eine bewegliche Masse eine Kraft ein, so ändert sich der Bewegungszustand der Masse, d.h. sie wird beschleunigt bzw. verzögert.

Ohne Reibung ist die Beschleunigungs- bzw. Verzögerungskraft gleich der einwirkenden Kraft.

$$F_b = F$$

Eine eventuell vorhandene Reibungskraft F_R

vermindert die Beschleunigungskraft

$$F_b = F - F_R$$

$$F_R = \mu \cdot F_N \qquad F_G = F_N = m \cdot g$$
(F_N = Normalkraft)

erhöht die Verzögerungskraft

$$F_b = -F - F_R$$

$$F_R = \mu \cdot F_N \qquad F_N = m \cdot g$$

Jeder bewegte Körper enthält Bewegungsenergie (kinetische Energie). Sie steigt quadratisch mit der Geschwindigkeit. Sie muss beim Beschleunigen zugeführt werden und kann beim Abbremsen zurück gewonnen werden.

Beschleunigungskraft

$$F_b = m \cdot a$$

$$[F] = kg \cdot \frac{m}{s^2} = N$$
(1 N = 1 Newton)

Beschleunigung

$$a = \frac{F_b}{m}$$

a positiv: Beschleunigung
a negativ: Verzögerung

Berechnung von Weg, Zeit und Geschwindigkeit siehe Seite 56.

Berechnung von Weg, Zeit und Geschwindigkeit siehe Seite 56.

Kinetische Energie

$$W_{kin} = \frac{1}{2} m \cdot v^2$$

Freier Fall

Der freie Fall ist ein Sonderfall der gleichmäßig beschleunigten Bewegung.

Dabei ist:

$a = g = 9{,}81 \text{ m/s}^2$
(Fallbeschleunigung)

$x = 0$ — Ausgangslage
$g = 9{,}81 \text{ m/s}^2$
h Fallhöhe
$x = h$ — Aufprall

Geschwindigkeit an der Stelle x

$$v = g \cdot t = \sqrt{2 \cdot g \cdot x}$$

Zeit bis zum Aufprall

$$t_h = \sqrt{\frac{2 \cdot h}{g}}$$

Aufprallgeschwindigkeit

$$v_h = g \cdot t_h = \sqrt{2 \cdot g \cdot h}$$

Schiefe Ebene

Auf einer schiefen Ebene kann die Gewichtskraft F_G eines Körpers in eine Normalkraft F_N senkrecht zur Ebene und eine Hangabtriebskraft F_H parallel zur Ebene zerlegt werden. Die Reibungskraft ist proportional zur Normalkraft und zur Reibungszahl μ.

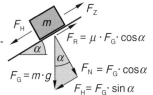

$$F_R = \mu \cdot F_G \cdot \cos\alpha$$
$$F_G = m \cdot g$$
$$F_N = F_G \cdot \cos\alpha$$
$$F_H = F_G \cdot \sin\alpha$$

Notwendige Zugkraft F_Z bei v = konstant

$$F_Z = F_G (\sin\alpha + \mu \cdot \cos\alpha)$$

Beschleunigungskraft, wenn Körper rutscht

$$F_b = F_G (\sin\alpha - \mu \cdot \cos\alpha)$$

Haftreibwinkel, bei dem der Körper gerade rutscht

$$\tan\alpha = \mu$$

Drehbewegung (Rotation)

Zentrifugalkraft

Soll ein Massepunkt mit gleichförmiger Geschwindigkeit auf einer Kreisbahn umlaufen, so muss eine Radialkraft senkrecht zur Bewegungsrichtung angreifen. Ihr entgegen wirkt die Zentrifugalkraft.

F_z Zentrifugalkraft, F_r Radialkraft (Zentripetalkraft), m Masse, d Kreisdurchmesser, r Kreisradius n Drehfrequenz, v Geschwindigkeit, ω Winkelgeschwindigkeit.

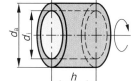

Zentrifugalkraft

$$F_z = m \cdot r \cdot \omega^2$$
$$= m \cdot r \cdot 4\pi^2 \cdot n^2$$
$$= \frac{m \cdot v^2}{r}$$

$$F_z = F_r$$

Radius $r = \dfrac{d}{2}$

Massenträgheitsmoment

Bei der Rotation von Massen spielt das Massenträgheitsmoment J der Masse eine wesentliche Rolle. Das Massenträgheitsmoment ist abhängig von der Masse und der räumlichen Verteilung der Masse.

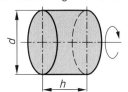

Vollzylinder

$$J = \frac{1}{8}\, m \cdot d^2$$

J Massenträgheitsmoment $[J] = \text{kg} \cdot \text{m}^2$
m Masse $[m] = \text{kg}$

Hohlzylinder

$$J = \frac{1}{8}\, m \cdot (d_a^2 + d_i^2)$$

Berechnung der Masse m siehe Seite 50

Drehmoment, Winkelbeschleunigung, Energie

Beschleunigungs-moment:

$$M_b = M - M_L$$

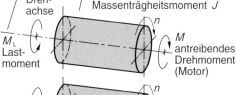

Dreh-achse

M_L Last-moment

rotierende Masse mit Massenträgheitsmoment J

M antreibendes Drehmoment (Motor)

Hochlaufzeit von n_1 auf Drehfrequenz n_2

$$t_H = \frac{J \cdot 2\pi \cdot (n_2 - n_1)}{M_b}$$

Verzögerungs-moment:

$$M_b = -M - M_L$$

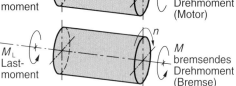

M_L Last-moment

M bremsendes Drehmoment (Bremse)

Bremszeit von n_2 auf Drehfrequenz n_1

$$t_B = \frac{J \cdot 2\pi \cdot (n_1 - n_2)}{M_b}$$

Jeder rotierende Körper enthält Bewegungsenergie (kinetische Energie, Rotationsenergie). Die Energie muss beim Beschleunigen zugeführt werden und kann beim Abbremsen zurück gewonnen werden.

Kinetische Energie

$$W_{kin} = \frac{1}{2}\, J \cdot \omega^2$$

Trägheitsmoment und Ersatzträgheitsmoment

Antriebe enthalten meist Translations- und Rotationsbewegungen. Da der Antrieb meist mit Elektromotoren erfolgt (Rotation), ist es sinnvoll, alle translatorischen Größen in gleichwertige Rotationsgrößen umzuwandeln. Insbesondere wird die Trägheitskraft einer linear bewegten Masse in ein fiktives Massenträgheitsmoment umgerechnet.

Seiltrommel mit Last

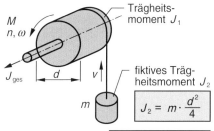

Trägheits-moment J_1

fiktives Träg-heitsmoment J_2

$$J_2 = m \cdot \frac{d^2}{4}$$

Gesamt-trägheitsmoment

$$J_{ges} = J_1 + m \cdot \frac{d^2}{4}$$

Antrieb über verlustfreie Spindel

Masse m

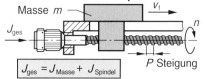

P Steigung

$$J_{ges} = J_{Masse} + J_{Spindel}$$

Fiktives Trägheits-moment der Masse

$$J_{Masse} = m \cdot \left(\frac{P}{2\pi}\right)^2$$

Antrieb über verlustfreies Getriebe

z_1, n_1

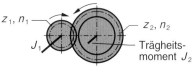

z_2, n_2

J_1

Trägheits-moment J_2

Transformiertes Trägheitsmoment

$$J_1 = J_2 \left(\frac{n_2}{n_1}\right)^2 = J_2 \left(\frac{z_1}{z_2}\right)^2$$

2.6 Einfache Maschinen

Zahnradtriebe

Mit Zahnradtrieben werden Drehbewegungen form-schlüssig von einer auf eine andere Welle übertragen, wobei sich die Drehrichtung ändert.
Zahnradtriebe wirken als Drehfrequenzwandler bzw. Drehmomentwandler.
Die Zähnezahl der ineinander greifenden Zahnräder bestimmt die Übersetzung der Drehfrequenz (Dreh-zahl) und des Drehmomentes.

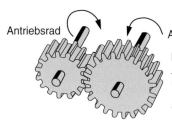

Antriebsrad   Abtriebsrad

Bezeichnungen
z Zähnezahl
d Durchmesser
 (Teilkreisdurchm.)
n Drehfrequenz

Aufbau von Zahnrädern

Zahnräder sind komplizierte Maschinenteile, die durch eine Vielzahl von Parametern geometrisch bestimmt sind. Die wichtigsten Parameter sind:

m Modul, z.B. 1 mm, 2 mm
 (Modul = Zahnkopfhöhe)
p Teilung
d Teilkreisdurchmesser
d_a Kofkreisdurchmesser
d_f Fußkreisdurchmesser
z Zähnezahl
h Zahnhöhe
h_a Zahnkopfhöhe
h_f Zahnfußhöhe
c Kopfspiel

Modul
$$m = \frac{p}{\pi} = \frac{d}{z}$$

Zahnkopfhöhe $h_a = m$
Kopfspiel $c = 0{,}1 \cdot m ... 0{,}3 \cdot m$
Daraus folgt:

Teilung $\qquad p = \pi \cdot m$

Teilkreis-durchmesser $\quad d = m \cdot z = \frac{z \cdot p}{\pi}$

Kopfkreisd. $\quad d_a = d + 2 \cdot m$

Fußkreisd. $\quad d_f = d - 2 \cdot (m - c)$

Ein- und zweistufige Getriebe

Einstufiger Antrieb

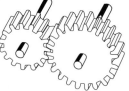
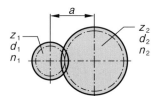

z_1
d_1
n_1

z_2
d_2
n_2

Zweistufiger Antrieb

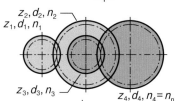

z_2, d_2, n_2
z_1, d_1, n_1

z_3, d_3, n_3
$z_4, d_4, n_4 = n_n$

Schneckentrieb

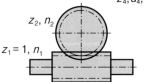

z_2, n_2

$z_1 = 1, n_1$

Achsabstand

$$a = \frac{d_1 + d_2}{2} = \frac{m \cdot (z_1 + z_2)}{2}$$

Antriebs-formel
$$n_1 \cdot z_1 = n_2 \cdot z_2$$

Über-setzungs-verhältnis
$$i = \frac{n_1}{n_2} = \frac{z_2}{z_1}$$

Gesamtübersetzung bei mehrfacher Übersetzung
$$i_{ges} = \frac{n_1}{n_n} = \frac{z_2}{z_1} \cdot \frac{z_4}{z_3} \cdot ... = i_1 \cdot i_2 \cdot ...$$

Über-setzungs-verhältnis
$$i = \frac{n_1}{n_2} = \frac{z_2}{z_1}$$

Beim Schneckentrieb treibt die Schnecke das Zahnrad an.
Bei eingängigen Schnecken ist $z_1 = 1$, bei zweigängigen $z_1 = 2$.

Drehmomentwandlung

Beim Zahnradtrieb wirkt an der Eingriff-stelle auf beide Zähne die Kraft F.
Daraus folgt: $M_1 \cdot d_2 = M_2 \cdot d_1$.
Die Drehmomente beider Räder ver-halten sich somit wie die Durchmesser, bzw. umgekehrt wie die Drehfrequenzen.
Diese Drehmomentwandlung erfolgt sinngemäß auch bei Riementrieben.

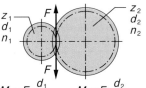

z_1
d_1
n_1

z_2
d_2
n_2

$M_1 = F \cdot \dfrac{d_1}{2}$ $\qquad M_2 = F \cdot \dfrac{d_2}{2}$

Drehmomentwandlung
$$\frac{M_1}{M_2} = \frac{d_1}{d_2} = \frac{z_1}{z_2} = \frac{n_2}{n_1} = \frac{1}{i}$$

Mehrfach-über-setzung:
$$\frac{M_1}{M_n} = \frac{n_n}{n_1} = \frac{1}{i_{ges}}$$

Riementriebe

Riementriebe sind Zugmittelgetriebe. Sie können Drehmomente und Bewegungen auch bei hohen Drehfrequenzen und großen Achsabständen übertragen. Die Riemen können als Flachriemen oder Keilriemen ausgeführt sein. Riemen ermöglichen eine elastische, geräusch- und schwingungsdämpfende Kraftübertragung. Nachteilig ist der Riemenschlupf (Rutschen des Riemens auf der Riemenscheibe). Durch gezahnte Riemen und Scheiben (Zahnriementrieb, Synchronriementrieb) wird eine schlupflose Übertragung gewährleistet.

Einfacher Riementrieb

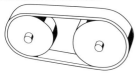
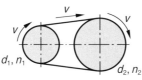

d Durchmesser der Riemenscheibe
n Drehfrequenz

Riemengeschwindigkeit ohne Schlupf

$$v = d_1 \cdot \pi \cdot n_1 = d_2 \cdot \pi \cdot n_2$$

Übersetzungsverhältnis

$$i = \frac{n_1}{n_2} = \frac{d_2}{d_1}$$

Mehrfacher Riementrieb

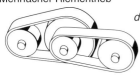

$n_2 = n_3$

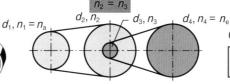

Gesamtübersetzungsverhältnis

$$i = \frac{n_a}{n_e} = \frac{d_2}{d_1} \cdot \frac{d_4}{d_3} \cdots = i_1 \cdot i_2 \cdots$$

Rollen, Flaschenzüge, Winden

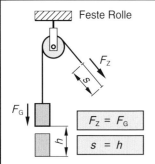

Feste Rolle

$$F_Z = F_G$$

$$s = h$$

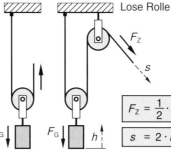

Lose Rolle

$$F_Z = \frac{1}{2} \cdot F_G$$

$$s = 2 \cdot h$$

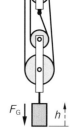

Flaschenzug

4 Rollen

$$F_Z = \frac{1}{4} \cdot F_G$$

$$s = 4 \cdot h$$

N Rollen

$$F_Z = \frac{1}{N} \cdot F_G$$

$$s = N \cdot h$$

F_G Gewichtskraft h Hubhöhe N Anzahl der tragenden Seilstränge
F_Z Zugkraft s Zugweg (= Rollenzahl, feste + lose Rollen)

Einfache Winde

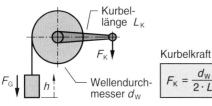

Kurbellänge L_K

Wellendurchmesser d_W

Kurbelkraft

$$F_K = \frac{d_W}{2 \cdot L_K} \cdot F_G$$

Räderwinde

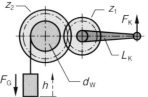

Kurbelkraft

$$F_K = \frac{d_W}{2 \cdot L_K} \cdot \frac{z_1}{z_2} \cdot F_G$$

Schiefe Ebene, Keil

Keile werden z.B. zum Heben von Lasten eingesetzt. Dabei kann mit einer kleinen Kraft F_1 eine große Kraft F_2 erzeugt werden. Entscheidend für die Kraftverstärkung ist der Neigungswinkel β.
Es gilt: Neigung $1 : x = \tan \beta$

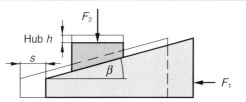

Kraftverstärkung

$$F_2 = \frac{F_1}{\tan \beta}$$

Hub

$$h = s \cdot \tan \beta$$

2.7 Temperatur und Wärme

Temperaturskalen

Die Temperatur ist ein Maß für den Wärmezustand eines Stoffes.

Die Temperatur wird im Alltag in °C (Grad Celsius) gemessen, für technische und wissenschaftliche Zwecke in K (Kelvin), in englischsprachigen Ländern auch in °F (Grad Fahrenheit).

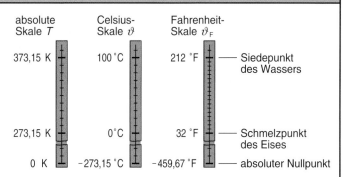

absolute Skale T	Celsius-Skale ϑ	Fahrenheit-Skale ϑ_F	
373,15 K	100 °C	212 °F	Siedepunkt des Wassers
273,15 K	0 °C	32 °F	Schmelzpunkt des Eises
0 K	−273,15 °C	−459,67 °F	absoluter Nullpunkt

Grad Celsius ⟶ Kelvin

$$T = \vartheta + 273{,}15 \ \text{K}$$

Grad Celsius ⟶ Fahrenh.

$$\vartheta_F = \frac{9}{5} \cdot \vartheta + 32 \ °F$$

Temperatureinflüsse auf Metalle

Bei Metallen sind die Atome in einer Gitterstruktur angeordnet. Zwischen den festen positiven Restatomen (Ionen) befinden sich die frei beweglichen negativen Elektronen („Elektronengas").

Steigt die Temperatur des Werkstoffes, so gerät das Gitter zunehmend in Schwingungen. Das Volumen steigt an und die Beweglichkeit der Elektronen (Leitfähigkeit) sinkt, d.h. der elektrische Widerstand steigt.

Erwärmung
Metallgitter schwingt

Ausdehnung der Länge bzw. des Volumens

Erhöhung des elektrischen Widerstandes

Ausdehnung bei Temperaturerhöhung

Alle Werkstoffe dehnen sich bei Erwärmung (Temperaturzunahme) aus. Der Längenausdehnungskoeffizient α gibt die Längenzunahme der Längeneinheit bei 1 K (1 °C) Temperaturerhöhung an, der Volumenausdehnungskoeffizient γ gibt die Volumenzunahme der Volumeneinheit bei 1 K (1 °C) Temperaturerhöhung an.

Längenausdehnung

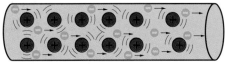

$$\Delta l = l_k \cdot \alpha \cdot \Delta \vartheta$$

Δl Längenänderung
l_k Anfangslänge

α Längenausdehnungskoeffizient
$\Delta \vartheta$ Temperaturzunahme

Stoff	α in 1/K	Stoff	γ in 1/K
Aluminium	$23{,}8 \cdot 10^{-6}$	Alkohol	$1{,}10 \cdot 10^{-3}$
Bronze	$17{,}5 \cdot 10^{-6}$	Benzol	$1{,}06 \cdot 10^{-3}$
Eisen	$12{,}3 \cdot 10^{-6}$	Glyzerin	$0{,}50 \cdot 10^{-3}$
Glas (ca.)	$6{,}5 \cdot 10^{-6}$	Petroleum	$0{,}99 \cdot 10^{-3}$
Gold	$14{,}2 \cdot 10^{-6}$	Quecksilber	$0{,}18 \cdot 10^{-3}$
Grafit	$7{,}9 \cdot 10^{-6}$		
Kupfer	$16{,}5 \cdot 10^{-6}$	Feste Stoffe $\gamma \approx 3 \cdot \alpha$	
Nickel	$13{,}0 \cdot 10^{-6}$		
Silber	$19{,}5 \cdot 10^{-6}$	Alle Gase $\gamma \approx \dfrac{1}{273} \cdot \dfrac{1}{K}$	
Wolfram	$4{,}5 \cdot 10^{-6}$		

Volumenausdehnung

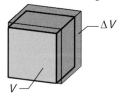

$$\Delta V = V_k \cdot \gamma \cdot \Delta \vartheta$$

ΔV Volumenänderung
V_k Anfangsvolumen
γ Volumenausdehnungskoeffizient
$\Delta \vartheta$ Temperaturzunahme

Widerstandsänderung bei Temperaturerhöhung

Bei Metallen steigt der elektrische Widerstand ungefähr linear mit der Temperatur an. Der Temperaturbeiwert ist bei reinen Metallen ungefähr $\alpha = 0{,}004/\text{K} = 0{,}4 \ \%/\text{K}$. Der Temperaturbeiwert wird in Tabellenbüchern für die Temperatur $\vartheta = 20 \ °C$ angegeben. Für andere Temperaturwerte kann er umgerechnet werden.

Widerstandszunahme

$$\Delta R = R_{20} \cdot \alpha_{20} \cdot \Delta \vartheta$$

Weitere Werte und Informationen siehe Seite 80.

R_{20} Widerstand bei 20 °C
α_{20} Temperaturbeiwert
$\Delta \vartheta$ Temperaturzunahme

Wärmeeigenschaften von Stoffen

Allgemeine Eigenschaften
Viele Eigenschaften eines Stoffes hängen direkt oder indirekt vom Wärmezustand (Temperatur) des Körpers ab. Die Temperatur bestimmt insbesondere den Aggregatzustand, d.h. wie fest die Atome bzw. Moleküle in ihrem Verband zusammenhalten (Kohäsionskraft).
Die drei klassischen Aggregatzustände sind: fest, flüssig und gasförmig. Körper, bei denen die Atome ionisiert sind, bilden ein so genanntes Plasma. Der Plasmazustand gilt als vierter Aggregatzustand.
Zur Kennzeichnung der Wärmeeigenschaften eines Stoffes dienen die Begriffe Wärmemenge, spezifische Wärmekapazität, spezifische Schmelz- und spezifische Verdampfungswärme.
Für die Energiegewinnung ist der Brennwert eines Stoffes von Bedeutung.

Anomalie des Wassers
Fast alle Stoffe dehnen sich oberhalb des Schmelzpunktes mit zunehmender Temperatur aus.
Im Gegensatz dazu zieht sich Wasser im Bereich zwischen 0 °C und 4 °C zusammen und hat bei 4 °C seine größte Dichte ($\rho = 1 \, kg/dm^3$). Oberhalb von 4 °C verhält es sich „normal", d.h. es dehnt sich aus.
Beim Übergang zu Eis bei 0 °C nimmt das Volumen zu, das leichtere Eis schwimmt deshalb auf dem Wasser.
Diese „Anomalie des Wassers" (griechisch: anomalos = uneben) hat für die Natur große Bedeutung, z.B. gefrieren Gewässer nicht von unten her zu.

2

Aggregatzustände

Stoffe können in vier Aggregatzuständen vorkommen:
- fest
- flüssig
- gasförmig
- ionisiert.

Der Übergang zum nächsten Zustand erfolgt bei einer jeweils charakteristischen Temperatur. Zum Schmelzen und Sieden wird eine bestimmte Wärmemenge benötigt.

Kennwerte der Aggregatzustände (Mittelwerte bei Normaldruck 1,013 bar)

Werkstoff	$\vartheta_{Schmelz}$ in °C	ϑ_{Siede} in °C	$q_{Schmelz}$ in kJ/kg	$q_{Verdampf}$ in kJ/kg	ϱ (bei 20 °C) in g/cm^3
Wasserstoff	− 259	− 253	59	461	0,0006
Quecksilber	− 39	357	12	300	13,5
Wasser	0	100	334	2256	1 (bei 4 °C)
Aluminium	660	2500	356	11700	2,7
Gold	1063	2950	67	1760	19,3
Kupfer	1083	2595	210	4650	8,9
Eisen	1539	3070	270	6350	7,9
Wolfram	3422	5550	192	4800	19,3

Wärmespeicherung

Die spezifische Wärmekapazität ist die Wärmemenge, die 1 kg eines Stoffes um 1 K (1 °C) erwärmt. Wasserstoff hat von allen Stoffen die höchste spezifische Wärmekapazität (14,24 kJ/kg · K), gefolgt von Wasser mit 4,19 kJ/kg · K.

Spez. Wärmekapazität von Werkstoffen (Mittelw.)

Werkstoff	c in $\frac{kJ}{kg \cdot K}$	Werkstoff	c in $\frac{kJ}{kg \cdot K}$
Aluminium	0,90	Quecksilber	0,14
Blei	0,13	Heizöl	2,07
Eisen	0,47	Holz	2,1...2,9
Gold	0,13	Eis	2,09
Grafit	0,71	Wasser	4,18
Kupfer	0,38	Wasserstoff	14,24

$$Q = m \cdot c \cdot \Delta \vartheta$$

Wird dem Körper Wärme zugeführt, so steigt die Temperatur, beim Abkühlen wird die Wärme wieder frei.

Wärmeleitung

Alle Stoffe leiten die Wärme. Der Wärmeleitwert gibt an, welcher Wärmestrom Φ (Wärmeleistung, gemessen in Watt) durch einen Querschnitt von 1 m^2 eines 1 m langen Körpers strömt, wenn der Temperaturunterschied 1 K beträgt.

Wärmeleitfähigkeit von Werkstoffen (Mittelwerte)

Werkstoff	λ in $\frac{W}{m \cdot K}$	Werkstoff	λ in $\frac{W}{m \cdot K}$
Aluminium	210	PVC	0,16
Blei	35	Hartschaum	0,02...0,06
Eisen	80	Luft	0,02
Gold	310	Holz	0,1...0,3
Grafit	168	Eis	2,3
Kupfer	384	Wasser	0,60

$$\Phi = \frac{\lambda \cdot A \cdot \Delta \vartheta}{s}$$

Wärmestrom Φ

Wärmeenergie

Alle Stoffe leiten die Wärme, dabei geht der Wärmestrom stets von der hohen zur niedrigen Temperatur. Der Wärmeleitwert gibt an, welche Wärmeleistung (in Watt) bei einer Temperaturdifferenz von 1 K durch die Fläche 1 m^2 strömt.

Spezifische Heizwerte von Brennstoffen (Mittelwerte)

Brennstoff	H_u in $\frac{MJ}{kg}$	Brennstoff	H_u in $\frac{MJ}{kg}$
Holz	15...17	Benzin	43
Biomasse	14...18	Diesel	41...43
Braunkohle	16...20	Heizöl	40...43
Koks	30	Erdgas	34...36
Steinkohle	30...34	Acetylen	57
Spiritus	27	Propan	93

Feste Stoffe

$$Q = m \cdot H_u$$

Flüssige Stoffe

$$Q = V \cdot H_u$$

H_u spez. Heizwert (Brennwert)

2.8 Reibung

Reibung

Werden zwei Werkstücke gegeneinander bewegt, so tritt Reibung auf.

Reibung bewirkt vor allem:
- Energieumwandlung in Wärme (Reibungsverluste)
- Abnützung (Verschleiß) der beteiligten Werkstoffe.

Die durch die Reibung erzeugte Reibungskraft hängt insbesondere ab
- von der Normalkraft
- von der Werkstoffpaarung
- von der Reibungsart
- von Oberflächen- und Schmierzustand.

Normalkraft und Reibungskraft

Normalkraft
ist die senkrecht auf eine Ebene wirkende Kraft

Reibungskraft
ist das Produkt aus Normalkraft und Reibungszahl

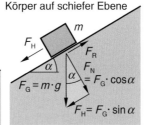

Körper auf waagrechter Ebene

Gewichtskraft = Normalkraft
$F_G = F_N = m \cdot g$

F_R Reibungskraft

Körper auf schiefer Ebene

$F_G = m \cdot g$
$F_N = F_G \cdot \cos\alpha$
$F_H = F_G \cdot \sin\alpha$

Normalkraft bei

waagrechter Ebene
$$F_N = m \cdot g$$

schiefer Ebene
$$F_N = m \cdot g \cdot \cos\alpha$$

Reibungskraft
$$F_R = \mu \cdot F_N$$

Die Reibungskraft hängt von der Normalkraft F_N und der Reibungszahl α ab, nicht aber von der Reibungsfläche. Ist die Zugkraft F_Z bzw. die Hangabtriebskraft F_H größer als die Reibungskraft F_R, so bewegt sich der Körper.

Reibungsarten

Haftreibung
Ist die Kraft F_Z, die einen Körper antreibt kleiner als die mögliche Reibungskraft F_R, so bewegt sich der Körper nicht, es besteht Haftreibung.

Gleitreibung
Ist die Kraft, die einen Körper antreibt gleich bzw. größer als die Reibungskraft, so bewegt sich der Körper gleichförmig ($F_Z = F_R$) bzw. er wird beschleunigt ($F_Z > F_R$), es herrscht Gleitreibung.

Rollreibung
Rollt ein runder Körper (Kugel, Walze) auf einem anderen ab, so wird die Bewegung durch Rollreibung abgebremst.

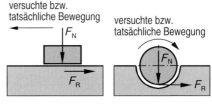

versuchte bzw. tatsächliche Bewegung

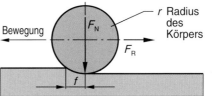

versuchte bzw. tatsächliche Bewegung

r Radius des Körpers

Bewegung

Reibungskraft bei Haftreibung
$$F_R = \mu_{\text{Haft}} \cdot F_N$$

Reibungskraft bei Gleitreibung
$$F_R = \mu_{\text{Gleit}} \cdot F_N$$

Bezeichnungen:
$\mu_{\text{Haft}} = \mu_0$, $\mu_{\text{Gleit}} = \mu$

Reibungskraft bei Rollreibung
$$F_R = \frac{f \cdot F_N}{r}$$

Werkstoffpaarung	Haftreibungszahl μ_0 trocken geschmiert (Mittelwerte)		Gleitreibungszahl μ trocken geschmiert (Mittelwerte)		Rollreibung f in mm (Mittelwerte)	
Stahl – Stahl	0,20	0,10	0,15	0,05	Stahl	
Stahl – Polyamid	0,30	0,15	0,30	0,10	auf Stahl weich	0,5
Stahl – Cu-Sn-Leg.	0,20	0,10	0,10	0,05	hart	0,01
Wälzlager	–	–	–	0,002	Reifen auf Asphalt	4,5

Reibungsleistung, Reibungsmoment

Um die Reibung zu überwinden, muss Reibungsleistung aufgewandt werden. Sie wird in Wärme umgewandelt. Bei linearer Bewegung eines Körpers mit Geschwindigkeit v gilt:

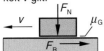

Welle in Gleitlager

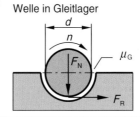

Reibungsleistung
$$P_R = F_R \cdot v = \mu_G \cdot F_N \cdot v$$

Reibungsmoment
$$M_R = \frac{\mu_G \cdot F_N \cdot d}{2}$$

Reibungsleistung
$$P_R = M_R \cdot 2 \cdot \pi \cdot n$$

Druck in Flüssigkeiten und Gasen

Druck ist der Quotient aus dem Betrag einer senkrecht auf eine Fläche wirkenden Kraft F und der Größe A dieser Fläche. (Druck = Kraft pro Flächeneinheit). Einheiten sind das Pascal (Pa) und das Bar (bar). Bei Luftdruckangaben im Wetterbericht wird üblicherweise die Einheit hPa (Hektopascal) verwendet.

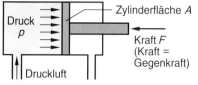

Druck p

Zylinderfläche A

Kraft F (Kraft = Gegenkraft)

Druckluft

Druck

$$p = \frac{F}{A}$$

$$[p] = \frac{1\,\text{N}}{\text{m}^2} = 1\,\text{Pa} = 10^{-5}\,\text{bar}$$

$$1\,\text{bar} = 10^5\,\text{Pa} = 10\,\frac{\text{N}}{\text{cm}^2}$$

$$1\,\text{mbar} = 100\,\text{Pa} = 1\,\text{hPa}$$

Atmosphärische Druckangaben

Für Druckangaben werden die Begriffe Absolutdruck p_{abs}, absoluter Atmosphärendruck p_{amb}, Druckdifferenz Δp, und atmosphärische Druckdifferenz p_e verwendet.

p_{abs} Absolutdruck ist der Druck gegenüber dem Druck null im leeren Raum (Vakuum)

p_{amb} absoluter Atmosphärendruck ist der in der Umgebung herrschende absolute Luftdruck (amb, englisch ambient = umgebend)

p_e Druckdifferenz zum atmosphärischen Luftdruck (p_e positiv = Überdruck, p_e negativ = Unterdruck).

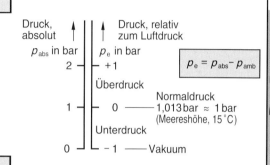

Druck, absolut
p_{abs} in bar

Druck, relativ zum Luftdruck
p_e in bar

+1
Überdruck

Normaldruck
1,013 bar ≈ 1 bar
(Meereshöhe, 15 °C)

Unterdruck

–1 —— Vakuum

$$p_e = p_{abs} - p_{amb}$$

Hydrostatischer Druck und Auftrieb

Der hydrostatische Druck ist der im Innern einer Flüssigkeit herrschende Druck. Er ist in jede Richtung gleich groß. Der Druck wird durch die Gewichtskraft der Flüssigkeit verursacht. Er ist von der Dichte der Flüssigkeit und der Flüssigkeitstiefe abhängig.

Die Auftriebskraft, die ein schwimmender oder völlig eingetauchter Körper in einer Flüssigkeit erfährt, ist gleich der Gewichtskraft der von dem Körper verdrängten Flüssigkeit.

Das Gesetz wurde bereits von dem griechischen Mechaniker und Mathematiker Archimedes um 250 v. Chr. entdeckt.

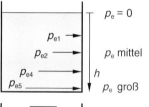

$p_e = 0$

p_{e1}
p_{e2}
p_{e4}
p_{e5}

p_e mittel

p_e groß

h

Hydrostatischer Druck p_e

$$p_e = \varrho \cdot g \cdot h$$

ϱ Dichte der Flüssigk. ($\varrho_{Wasser} = 1\,\text{kg/dm}^3$)

g Fallbeschleunigung ($g \approx 10\,\text{m/s}^2$)

h Flüssigkeitstiefe

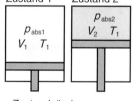

V

Körper teilweise eingetaucht

V

Körper völlig untergetaucht

Auftriebskraft F_A

$$F_A = \varrho \cdot g \cdot V$$

ϱ Dichte der Flüssigk.

g Fallbeschleunigung

V Eintauchvolumen

Zustandsänderung bei Gasen

Ändern sich in einer abgeschlossenen Menge eines idealen Gases die Größen Volumen (V), Druck (p) und absolute Temperatur (T), so bleibt der Wert von $p \cdot V / T$ immer konstant (allgemeine Gasgleichung). Bei realen Gasen (z.B. Luft) stimmt diese Gleichung nur näherungsweise.

Wird bei der Zustandsänderung eines idealen Gases eine der drei Größen Volumen, Druck oder Temperatur konstant gehalten, so ergeben sich folgende Sonderfälle:
1. konstantes Volumen: das Verhältnis von absolutem Druck zu absoluter Temperatur bleibt konstant
2. konstanter Druck: das Verhältnis von Volumen zu absoluter Temperatur bleibt konstant
3. konstante Temperatur: das Produkt aus absolutem Druck und Volumen bleibt konstant.

Verdichtung eines Gases

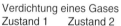

Zustand 1

p_{abs1}
V_1 T_1

Zustand 2

p_{abs2}
V_2 T_1

Allgemeine Gasgleichung

$$\frac{p_{abs1} \cdot V_1}{T_1} = \frac{p_{abs2} \cdot V_2}{T_2}$$

p_{abs} absoluter Druck

V Volumen

T abs. Temperatur

Zustandsänderung

bei konstantem Volumen

$$\frac{p_{abs1}}{T_1} = \frac{p_{abs2}}{T_2}$$

bei konstantem Druck

$$\frac{V_1}{T_1} = \frac{V_2}{T_2}$$

bei konstanter Temperatur

$$p_{abs1} \cdot V_1 = p_{abs2} \cdot V_2$$

2.10 Hydraulik und Pneumatik

Hydraulik und Pneumatik

Antrieb und Steuerung von Maschinen erfolgt häufig hydraulisch oder pneumatisch. Bei der Hydraulik werden Druckflüssigkeiten, bei der Pneumatik hingegen Druckluft eingesetzt. Die Gesetzmäßigkeiten der Hydraulik und der Pneumatik sind ähnlich.

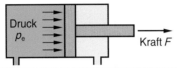

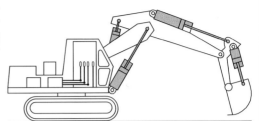

Kolbenkräfte

Mit hydraulischen und pneumatischen Zylindern lassen sich große Kolbenkräfte erzeugen. Wesentlich sind Druck und Kolbenfläche. Die Reibungsverluste im Zylinder können durch einen Wirkungsgrad berücksichtigt werden.

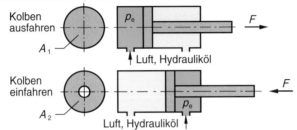

Kolben ausfahren

A_1

Luft, Hydrauliköl

Kolben einfahren

A_2

Luft, Hydrauliköl

Kraft beim Ausfahren

$$F = p_e \cdot A_1 \cdot \eta$$

Kraft beim Einfahren

$$F = p_e \cdot A_2 \cdot \eta$$

p_e Überdruck
A_1, A_2 Kolbenflächen
η Wirkungsgrad

Kraftübersetzung, hydraulische Presse

Druck breitet sich in abgeschlossenen Flüssigkeiten bzw. Gasen gleichmäßig aus. Er kann deshalb von Kolben 1 auf Kolben 2 übertragen werden und zur Kraftverstärkung benutzt werden.

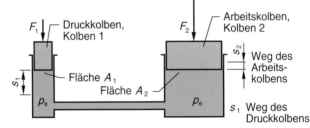

F_1 Druckkolben, Kolben 1
F_2 Arbeitskolben, Kolben 2
s_2 Weg des Arbeitskolbens
Fläche A_1
Fläche A_2
s_1 Weg des Druckkolbens

Kräfte und Flächen

$$\frac{F_1}{F_2} = \frac{A_1}{A_2} = i$$

Kräfte und Hubwege

$$\frac{F_1}{F_2} = \frac{s_2}{s_1} = i$$

i Übersetzungsverhältnis

Druckübersetzung

Durch Hintereinanderschalten von zwei Kolben kann der Druck im zweiten Kolben verstärkt werden.
Entsprechend wird auch die Kolbenkraft verstärkt.

Eingangsdruck   verstärkter Druck

p_{e1}
F_1
A_1
p_{e2}
$F_2 = F_1$
A_2
A_3
F_3

Verstärkter Druck

$$p_{e2} = p_{e1} \cdot \frac{A_1}{A_2} \cdot \eta$$

η Wirkungsgrad des Druckübersetzers

Kraft

$$F_3 = p_{e2} \cdot A_3$$

Volumenströme und Kolbengeschwindigkeit

Der Volumenstrom des Mediums (Flüssigkeit, Gas) ist auch in Rohrleitungen mit wechselnden Querschnitten überall gleich.
Die Kolbengeschwindigkeit ist abhängig vom Volumenstrom und der wirksamen Kolbenfläche.

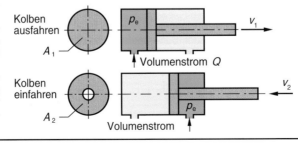

Kolben ausfahren

A_1

p_e
v_1
Volumenstrom Q

Kolben einfahren

A_2

p_e
v_2
Volumenstrom

Volumenstrom

$$Q = A \cdot v$$

$$[Q] = \frac{dm^3}{min} = \frac{l}{min}$$

Kolbengeschwindigk.

$$v_1 = \frac{Q}{A_1} \qquad v_2 = \frac{Q}{A_2}$$

Luftverbrauch in Pneumatikanlagen

Das Verdichten der Luft für pneumatische Steuerungen erfolgt in Kolben-, Membran- oder Schraubverdichtern. Die verdichtete Luft muss dann gespeichert, gekühlt und von Luftfeuchtigkeit befreit werden.

Je nach Anzahl, Größe und Arbeitsdruck der Zylinder muss die Anlage eine gewisse Mindestmenge an Druckluft liefern. Die Bestimmung des Luftverbrauchs kann rechnerisch oder mithilfe von Diagrammen erfolgen.

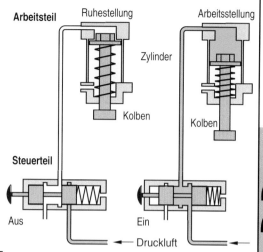

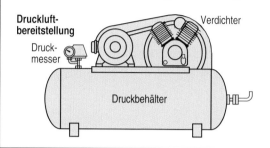

Luftverbrauch, Berechnung

Einfachwirkender Zylinder

Das Ausfahren erfolgt durch Druckluft, das Einfahren mithilfe von Federkraft.

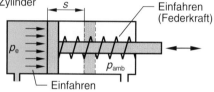

Doppeltwirkender Zylinder

Das Aus- und das Einfahren erfolgt mithilfe von Druckluft.

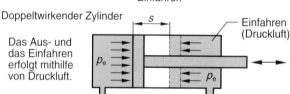

einfach-wirkender Zylinder
$$Q = A \cdot s \cdot n \cdot \frac{p_e + p_{amb}}{p_{amb}}$$

doppelt-wirkender Zylinder
$$Q \approx 2 \cdot A \cdot s \cdot n \cdot \frac{p_e + p_{amb}}{p_{amb}}$$

Q Luftverbrauch
A Kolbenfläche
s Hubweg
n Hubzahl
p_{amb} Luftdruck (Umgebung)
p_e Überdruck (Zylinder)

Luftverbrauch, Bestimmung aus Diagramm

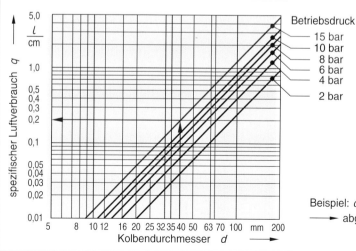

Betriebsdruck
— 15 bar
— 10 bar
— 8 bar
— 6 bar
— 4 bar
— 2 bar

einfach-wirkender Zylinder
$$Q = q \cdot s \cdot n$$

doppelt-wirkender Zylinder
$$Q \approx 2 \cdot q \cdot s \cdot n$$

Q Luftverbrauch
q spezifischer Luftverbrauch je cm Kolbenhub
s Hubweg
n Hubzahl

Beispiel: $d = 40$ mm, $p_e = 15$ bar

→ abgelesen: spezifischer Luftverbrauch $q = 0,2$ l/cm Kolbenhub.

2.11 Beanspruchung und Festigkeit

Grundlagen der Festigkeitslehre

Grundbegriffe

Spannung

Unter (mechanischer) Spannung σ versteht man die Kraft F, die auf eine bestimmte Querschnittsfläche S einwirkt. Je nach Beanspruchungsart unterscheidet man Zug-, Druck-, Scher-, Biege- und Torsionsspannung.
Die mechanische Spannung darf nicht mit der elektrischen Spannung verwechselt werden.

Beispiel: Zugspannung σ_Z

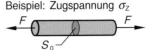

Bei Krafteinwirkung ändert sich der Querschnitt S. Die Spannungsberechnung bezieht sich immer auf den Ausgangsquerschnitt S_0.

Spannung
$$\sigma = \frac{F}{S_0}$$
$$[\sigma] = \frac{N}{mm^2}$$

Verlängerung und Dehnung

Unter der Einwirkung einer Kraft verändern feste Körper ihre Form. Ein auf Zug beanspruchter Stab z.B. erfährt eine Längenänderung Δl.
Meist wird die Längenänderung Δl auf die Ursprungslänge l_0 bezogen. Dieses Verhältnis heißt Dehnung ε.

Dehnung
$$\varepsilon = \frac{\Delta l}{l_0} \cdot 100\,\%$$

Hookesches Gesetz

Bei Zugbeanspruchung eines Stabes wird der Stab verlängert. Die Formänderung kann elastisch oder plastisch sein. Im elastischen Bereich ist die Dehnung proportional zur Spannung (hookesches Gesetz). Der Proportionalitätsfaktor heißt Elastizitätsmodul E. Nach Aufhören der Krafteinwirkung nimmt der Stab wieder seine Ursprungsform an.
Im plastischen Bereich ist der Zusammenhang zwischen Spannung und Dehnung nicht linear. Die Verformung bleibt auch nach Beendigung der Krafteinwirkung.

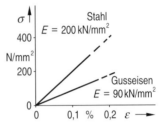

hookesches Gesetz
$$\sigma = E \cdot \varepsilon$$
E Elastizitäts-
modul
$[E] = N / mm^2$

Werkstoff	Stahl	Gusseisen	Cu-Legierung	Al-Legierung	Ti-Legierung	Beton	Duroplaste	Thermoplaste
E-Modul in kN/mm²	195...215	75...175	95...150	60...80	110...130	10...40	0,35...35	0,3...3

Spannungs-Dehnungs-Diagramm

Für die Praxis ist „Zug" die wichtigste mechanische Beanspruchung. Die mechanischen Kennwerte werden mithilfe eines Zugversuchs an genormten Prüflingen durchgeführt.
Beim Zugversuch wird die Spannung in Abhängigkeit von der Dehnung bestimmt, dabei wird die Dehnung so lange erhöht, bis die Probe reißt. Die Auswertung des Versuchs führt zum Spannungs-Dehnungs-Diagramm. Je nach Material erhält man Kennlinien mit oder ohne ausgeprägter Streckgrenze.

Unlegierte Baustähle haben eine ausgeprägte Streckgrenze. Die Kennlinie hat drei Bereiche:
- Im Anfangsbereich steigt die Spannung linear mit der Dehnung ($\sigma = E \cdot \varepsilon$, hookesches Gesetz).
- Nach Erreichen der Streckgrenze R_e verlängert sich die Probe stark bei gleichbleibender Zugkraft. Danach steigt die Spannung bis zum Maximalwert, der so genannten Zugfestigkeit R_m.
- Nach Überschreiten der Zugfestigkeit R_m sinkt die Spannung, die Probe schnürt sich ein und reißt. Die bleibende Dehnung heißt Bruchdehnung A.

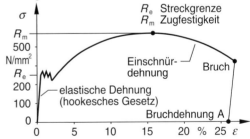

Gehärteter Stahl sowie Aluminium und Kupfer-Werkstoffe haben keine ausgeprägte Streckgrenze. Ersatzweise nimmt man für Festigkeitsberechnungen die 0,2 %-Dehngrenze ($R_{p0,2}$). Das ist die Spannung, bei der die Zugprobe nach Entlastung eine bleibende Dehnung von 0,2 % hinterlässt.
Die 0,2 %-Dehngrenze wird bestimmt, indem man durch $\varepsilon = 0,2\,\%$ eine Paralle zum geraden Anfangsteil der Spannungs-Dehnungs-Kurve legt.
Im nebenstehenden Beispiel ist die 0,2 %-Dehngrenze $R_{p0,2} = 165\,N/mm^2$.

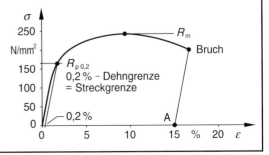

Belastung und Festigkeit

Belastungsfälle

Mechanische Werkstücke können durch gleich bleibende Kräfte (statisch) oder durch ständig wechselnde Kräfte (dynamisch) belastet sein. Man unterscheidet insbesondere folgende drei Fälle:

Lastfall I, statische Last

Größe und Richtung der Belastung sind für längere Zeit gleichbleibend.

Lastfall II, schwellende Last

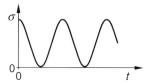

Die Belastung wechselt ständig in kurzer Zeit zwischen null und einem Höchstwert.

Lastfall III, wechselnde Last

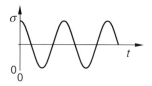

Die Belastung wechselt periodisch zwischen einem positiven und einem negativen Höchstwert.

Beanspruchungsarten

Auf Werkstücke können sechs verschiedene Belastungsarten einwirken: Zug, Druck, Scherung (Schub), Biegung, Verdrehung (Torsion) und Knickung. Tritt nur eine Belastungsart auf, so ist die Belastung einachsig, treten mehrere Belastungsarten gleichzeitig auf, so ist die Belastung mehrachsig.

Zug ↓ Dehnung ε 	Zugspannung $\sigma_z = \dfrac{F}{S}$	zulässige Zugspannung $\sigma_{z\,zul} = \dfrac{R_e}{v}$ Streckgrenze R_e Sicherheitszahl v	Um die mechanische Festigkeit eines Bauteils zu gewährleisten, darf die zulässige Spannung σ_{zul} nicht überschritten werden.
Druck ↓ Stauchung ε_d 	Druckspannung $\sigma_d = \dfrac{F}{S}$	zulässige Druckspannung $\sigma_{d\,zul} = \dfrac{\sigma_{dF}}{v}$ Quetschgrenze σ_{dF} Sicherheitszahl v	σ_{zul} hängt vom Werkstoff und vom Belastungsfall ab (statische, dynamische Last).
Scherung (Schub) ↓ Schiebung γ 	Schubspannung $\tau_a = \dfrac{F}{S}$	zulässige Scherspannung $\tau_{a\,zul} = 0{,}8 \cdot \sigma_{z\,zul}$ Streckgrenze R_e Sicherheitszahl v	Eine angemessene Sicherheitszahl ist zu berücksichtigen. Zahlenbeispiele siehe Seite 70.

Biegung
 ↓
 Krümmung

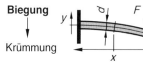

An der Stelle x Biegemoment $M_b = F \cdot x$ Maximale Zug-, bzw. Druckspg.

Zugspannung
neutrale Faser
Druckspannung

$$\sigma = \frac{M_b}{I} \cdot y$$

$$\sigma = \frac{M_b}{I} \cdot \frac{d}{2} = \frac{M_b}{W}$$

I axiales Flächenmoment 2. Grades, W_b axiales Widerstandsmoment (s. S. 70)

Verdrehung (Torsion)
 ↓
 Drillung ϑ

An der Stelle x Torsionsspannung   Maximale Torsionsspannung

Achse

$$\tau_t = \frac{M_t}{I} \cdot y$$

$$\tau_t = \frac{M_t}{I} \cdot \frac{d}{2} = \frac{M_t}{W_p}$$

I axiales Flächenmoment 2. Grades, W_p polares Widerstandsmoment (siehe S. 70)

Knickung
 ↓
 Einknicken

$l_k = 2 \cdot l$ $l_k = 0{,}7 \cdot l$ $l_k = 0{,}5 \cdot l$

Zulässige Knickkraft für schlanke Bauteile im elastischen Bereich

E Elastizitätsmodul
I axiales Flächenmoment
l_k freie Knicklänge
v Sicherheitszahl

$$F_{k\,zul} = \frac{\pi^2 \cdot E \cdot I}{l_k^2 \cdot v}$$

l_k ist davon abhängig, wie der Stab eingespannt ist

2.11 Beanspruchung und Festigkeit

Berechnungsgrundlagen

Flächen- und Widerstandsmomente von Profilen

Querschnittsform	Berechnung von Biegung und Knickung		Berechnung der Torsion
	Flächenmoment 2. Grades I	axiales Widerstandsmoment W	polares Widerstandsmoment W
Rund	$I_x = I_y = \dfrac{\pi}{64} \cdot d^4$	$W_x = W_y = \dfrac{\pi}{32} \cdot d^3$	$W_p = \dfrac{\pi}{16} \cdot d^3$
Rohr	$I_x = I_y = \dfrac{\pi}{64} \cdot (D^4 - d^4)$	$W_x = W_y = \dfrac{\pi \cdot (D^4 - d^4)}{32 \cdot D}$	$W_p = \dfrac{\pi \cdot (D^4 - d^4)}{16 \cdot D}$
Vierkant	$I_x = \dfrac{1}{12} \cdot b \cdot h^3$ $I_y = \dfrac{1}{12} \cdot h \cdot b^3$	$W_x = \dfrac{1}{6} \cdot b \cdot h^2$ $W_y = \dfrac{1}{6} \cdot h \cdot b^2$	–
Vierkantrohr	$I_x = \dfrac{1}{12} \cdot (B \cdot H^3 - b \cdot h^3)$ $I_x = \dfrac{1}{12} \cdot (H \cdot B^3 - h \cdot b^3)$	$W_x = \dfrac{(B \cdot H^3 - b \cdot h^3)}{6 \cdot H}$ $W_y = \dfrac{(H \cdot B^3 - h \cdot d^3)}{6 \cdot B}$	–

Biegebelastungsfalle, Biegemoment und Durchbiegung

Belastung mit Einzellast F

Belastung mit verteilter Last $F = F' \cdot l$

Träger einseitig eingespannt

$$M_b = F \cdot l \qquad f = \frac{F \cdot l^3}{3 \cdot E \cdot I}$$

$$M_b = \frac{F \cdot l}{2} \qquad f = \frac{F \cdot l^3}{8 \cdot E \cdot I}$$

auf zwei Stützen

$$M_b = \frac{F \cdot l}{4} \qquad f = \frac{F \cdot l^3}{48 \cdot E \cdot I}$$

$$M_b = \frac{F \cdot l}{8} \qquad f = \frac{5 \cdot F \cdot l^3}{384 \cdot E \cdot I}$$

beidseitig eingespannt

$$M_b = \frac{F \cdot l}{8} \qquad f = \frac{F \cdot l^3}{192 \cdot E \cdot I}$$

$$M_b = \frac{F \cdot l}{12} \qquad f = \frac{F \cdot l^3}{384 \cdot E \cdot I}$$

E Elastizitätsmodul (s. Seite 68), I axiales Flächenmoment 2. Ordnung

Zulässige Spannungen

Werkstoff (Kurzname)	Zug			Druck			Biegung			Last Lastfall (Seite 69)	Andere Belastungsarten:
	I	II	III	I	II	III	I	II	III		
S 235 JR	125	80	60	125	80	60	140	85	65	Zulässige Spannung	Torsion
E 295	175	115	80	175	115	80	185	125	85		bei Stahl: $\tau_t \approx 0{,}6 \cdot \sigma_{z\,zul}$
25 CrMo4	325	220	150	325	210	140	345	230	155	σ_{zul} in $\dfrac{N}{mm^2}$	bei Al und Al-Legierungen: $\tau_t \approx 0{,}7 \cdot \sigma_{z\,zul}$
GS-45	125	80	60	140	90	60	140	90	60		Abscherung: $\tau_t \approx 0{,}8 \cdot \sigma_{z\,zul}$
EN-AC-AlSi12a	40	20	15	50	20	15	45	25	15	bei 2-facher Sicherheit	
EN-AW-AlMg3	100	70	55	100	70	55	110	75	55		

3 Formeln der Elektrotechnik

3.1	Strom, Spannung, Widerstand	72
3.2	Grundschaltungen mit Widerständen	74
3.3	Widerstandsnetzwerke I	76
3.4	Widerstandsnetzwerke II	78
3.5	Veränderliche Widerstände	80
3.6	Elektrische Arbeit und Leistung	82
3.7	Gewinnung elektrischer Energie	84
3.8	Elektrisches Feld und Kondensator I	86
3.9	Elektrisches Feld und Kondensator II	88
3.10	Schaltvorgänge am Kondensator	90
3.11	Magnetisches Feld und Spule	92
3.12	Magnetischer Kreis	94
3.13	Magnetwerkstoffe	95
3.14	Induktion und Induktivität	96
3.15	Schaltvorgänge an der Spule	98
3.16	Kräfte im Magnetfeld	100
3.17	Wechsel- und Drehstrom	101
3.18	R, C, L im Wechselstromkreis	102
3.19	Pässe, Filter, Schwingkreise	104
3.20	Leistung bei Wechselstrom	106
3.21	Drehstrom	108
3.22	Transformatoren	110
3.23	Drehstromtransformatoren	112
3.24	Drehstromantriebe	113
3.25	Leitungsberechnung I	114
3.26	Leitungsberechnung II	116
3.27	Leitungsschutzorgane	118
3.28	Licht und Beleuchtung	120
3.29	Antennentechnik	121
3.30	Wachstumsgesetze	122

3.1 Strom, Spannung, Widerstand

Elektrische Ladung und Strom

Atomaufbau und elektrische Ladung

Elektrische Vorgänge beruhen immer auf der Anwesenheit von elektrischen Ladungen. Man unterscheidet positive Ladungen (Quellen) und negative Ladungen (Senken). Bewegte Ladungen bilden einen „elektrischen Strom". Die Gesetzmäßigkeiten, wie Anziehung und Abstoßung der Ladungen, wurden bereits um 1785 von dem französischen Physiker und Ingenieur Charles Augustin de Coulomb erkannt (coulombsches Gesetz). Ihm zu Ehren wird die Ladungseinheit Coulomb (C) genannt.

Charles Augustin de Coulomb (1736-1806)

Niels Bohr
(1885-1962)

Das Auftreten der Ladungen kann mit dem von dem dänischen Physiker Niels Bohr um 1913 entwickelten „bohrschen Atommodell" anschaulich dargestellt werden. Danach enthält ein Atomkern positive Ladungen (Protonen). Um den Kern bewegen sich negative Ladungen (Elektronen). Diese Ladungen sind die kleinsten, nicht weiter teilbaren Ladungsmengen. Sie heißen Elementarladungen.

Bohrsches Atommodell
(Beispiel Kohlenstoffatom)

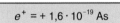

Elektronenbahn

Elektron

Atomkern
(Protonen
+ Neutronen)

Elektronenmasse	$m_e = 9,11 \cdot 10^{-31}$ kg
Elektronenladung	$e^- = -1,6 \cdot 10^{-19}$ As
Protonenmasse $\approx$ Neutronenmasse	$m_p = 1,67 \cdot 10^{-27}$ kg
Protonenladung ($e_{Neutron} = 0$)	$e^+ = +1,6 \cdot 10^{-19}$ As

Elektrischer Strom und Stromdichte

Die Erforschung des elektrischen Stromes wurde maßgeblich von dem französischen Mathematiker André-Marie Ampère beeinflusst. Er baute auf den Forschungen des dänischen Physikers Oersted auf, der den Elektromagnetismus entdeckt hatte.
Ampère begründete die Elektrodynamik und legte damit den Grundstein für technische Erfindungen wie Motoren, Schütze, Relais. Ihm zu Ehren wird die Stromeinheit Ampere genannt.

André-Marie Ampère
(1775-1836)

Elektrischer Strom

$$I = \frac{\Delta Q}{\Delta t}$$

I Strom, Stromstärke
Q elektrische Ladung
t Zeit

$$[I] = \frac{C}{s} = \frac{As}{s} = A$$

Die Einheit Ampere (A) ist eine Basiseinheit

Elektronenstrom, technische Stromrichtung
Unter Strom versteht man das Fließen von elektr. Ladungen ($I = \Delta Q / \Delta t$). In metallischen Leitungen bilden negative Elektronen den Stromfluss, in Flüssigkeiten und Halbleitern können auch positive Ionen einen Stromfluss bilden.
Aus historischen Gründen ist die technische Stromrichtung entgegengesetzt zur Fließrichtung der Elektronen festgelegt.

Elektrische Stromdichte

Inhomogene Strömung

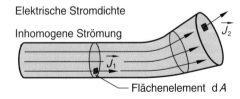

Flächenelement dA

Elektrische Stromdichte
Der Strom I, bezogen auf einen gleichmäßig durchströmten Querschnitt A, heißt Stromdichte J. Die Stromdichte wird in A/mm^2 bzw. in A/m^2 gemessen.
Einem Strom in einem beliebig geformten Leiter kann insgesamt keine eindeutige Richtung zugeordnet werden: der Strom ist ein Skalar. Die Stromdichte hingegen ist ein Vektor.
Die in einem Leiter zulässige Stromdichte hängt von der Kühlung ab. Bei Wicklungen von Kleintransformatoren beträgt sie z.B. 1 A/mm^2 bis 5 A/mm^2.

homogene Strömung

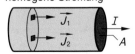

$$J = \frac{I}{A}$$

J Stromdichte
I Stromstärke
A Fläche

$$[J] = \frac{A}{mm^2}$$

Spannung, Strom, Widerstand

Spannung, Feldstärke, Potenzial

Spannung entsteht prinzipiell durch Trennen von elektrischen Ladungen. Beim Trennen der Ladungen durch Zufuhr von äußerer Energie erhalten die elektrischen Ladungen ein bestimmtes Arbeitsvermögen (Potenzial), die Potenzialdifferenz ist die elektrische Spannung.
Im Raum zwischen verschiedenen Ladungen herrscht ein elektrisches Feld, das durch Feldlinien dargestellt werden kann. Dieses Feld übt Kräfte auf alle elektrischen Ladungen aus, die Kraft pro Ladungseinheit heißt elektrische Feldstärke. Wesentlichen Anteil an der Erforschung der elektrischen Grundlagen hatte der italienische Physiker Alessandro Volta. Er erfand u.a. den Plattenkondensator und die erste Form von galvanischen Elementen (Spannungserzeugern). Nach ihm wurde die Einheit Volt (V) benannt.

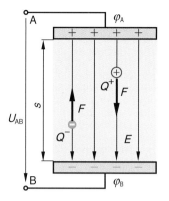
Alessandro Volta (1745-1827)

Spannung und Potenzial
$$U_{AB} = \varphi_A - \varphi_B$$

Spannung und Feldstärke
$$U_{AB} = E \cdot s$$

allgemein
$$U_{AB} = \int_A^B \vec{E} \cdot d\vec{s}$$

Spannung und Energie
$$U = \frac{W}{Q}$$

Kraft und Feldstärke
$$E = \frac{F}{Q}$$

Elektrischer Widerstand, Leiterwiderstand

Die Gesetze der Stromleitung in metallischen Leitungen wurden von dem deutschen Physiker und Gymnasiallehrer Georg Simon Ohm erforscht. Er entdeckte, dass der Strom in einem Draht proportional mit der Spannung und dem Leiterquerschnitt zunahm und proportional mit der Leiterlänge abnahm, und dass die Werkstoffeigenschaften einen wesentlichen Einfluss hatten.
Nach ihm wurde die Einheit des Widerstandes Ohm (Ω) benannt.

Georg Simon Ohm (1789-1854)

R ohmscher Widerstand
$[R] = \Omega$ (Ohm)
G elektrischer Leitwert
$[G] = $ S (Siemens)

dabei gilt: $1\,\text{S} = \frac{1}{\Omega}$

ϱ spezifischer Widerst.
$[\varrho] = \frac{\Omega \cdot \text{mm}^2}{\text{m}}$

γ Leitfähigkeit
$[\gamma] = \frac{\text{m}}{\Omega \cdot \text{mm}^2} = \frac{\text{S} \cdot \text{m}}{\text{mm}^2}$

l Leiterlänge
$[l] = $ m
A Leiterquerschnitt
$[A] = \text{mm}^2$

Elektrischer Widerstand
$$R = \frac{\varrho \cdot l}{A} = \frac{l}{\gamma \cdot A}$$

$$[R] = \frac{\frac{\Omega \cdot \text{mm}^2}{\text{m}} \cdot \text{m}}{\text{mm}^2} = \Omega$$

Leitwert und Widerstand
$$G = \frac{1}{R}$$

Elektrischer Leitwert
$$G = \frac{A}{\varrho \cdot l} = \frac{\gamma \cdot A}{l}$$

$$[G] = \frac{\text{mm}^2}{\frac{\Omega \cdot \text{mm}^2}{\text{m}} \cdot \text{m}} = \frac{1}{\Omega} = \text{S}$$

— Materialkonstante ϱ bzw. γ
— Leiterquerschnitt A
Leiterlänge l

Spezifischer Widerstand technisch genutzter Werkstoffe bei 20 °C

Werkstoff	Zusammensetzung	ϱ_{20} in $\Omega \cdot \text{mm}^2/\text{m}$	Werkstoff	Zusammensetzung	ϱ_{20} in $\Omega \cdot \text{mm}^2/\text{m}$
Silber (Ag)	reine Metalle (bereits kleine Verunreinigungen verändern den spezifischen Widerstand)	1/62 = 0,0161	CuMn 12 Ni	12% Mn, 2% Ni, Rest Cu	0,43
Kupfer (Cu)		1/56 = 0,0179	CuNi 44	44% Ni, 1% Mn, Rest Cu	0,49
Aluminium (Al)		1/36 = 0,0278	NiCr 80 20	80% Ni, 20% Cr	1,12
Eisen (Fe)		1/10 = 0,1	CrAl 20 5	20% Cr, 5% Al, Rest Fe	1,37
Gold (Au)		1/46 = 0,022	Kohle (Grafit)	gepresstes Grafitpulver	6 bis 15

Ohmsches Gesetz

Das ohmsche Gesetz beschreibt den Zusammenhang zwischen Strom, Spannung und Widerstand.
Das Gesetz („Gesetz der Stromleitung") wurde nach langwierigen Versuchen im Jahre 1826 von dem Kölner Gymnasiallehrer Georg Simon Ohm (1789-1854) entdeckt.

$$I = \frac{U}{R} \qquad R = \frac{U}{I} \qquad U = I \cdot R$$

$$[I] = \frac{V}{\Omega} = A \qquad [R] = \frac{V}{A} = \Omega \qquad [U] = A \cdot \Omega = V$$

3.2 Grundschaltungen mit Widerständen

Grundlagen der Stromkreisberechnung

Zählpfeile und Zählpfeilsysteme

Spannungen und Ströme werden durch Zählpfeile dargestellt. Sie geben die positive Zählrichtung an: in Pfeilrichtung ist der Wert positiv, gegen die Pfeilrichtung ist er negativ zu zählen.
Im meist angewandten „Verbraucher-Zählpfeilsystem" gilt: der positive Spannungspfeil zeigt in die gleiche Richtung wie der positive Strompfeil. Im Spannungserzeuger haben beide Pfeile die entgegengesetzte Richtung.
Spannungszählpfeile werden zwischen zwei Potenziale oder neben ein Bauteil gesetzt. Die Pfeile können geradlinig oder bogenförmig sein.
Stromzählpfeile werden neben die Leitung oder ein Bauteil oder direkt in die Leitung gesetzt.
Zählpfeile dürfen nicht mit Vektoren oder Zeigern (Wechselstromtechnik) verwechselt werden.

Beispiel für Spannungs-Zählpfeile

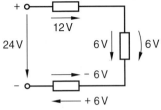

Beispiel für Strom-Zählpfeile

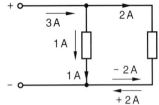

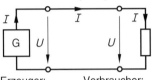

Verbraucher-Zählpfeilsystem

Erzeuger: Zählpfeile sind gegensinnig

Verbraucher: Zählpfeile sind gleichsinnug

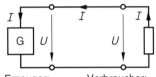

Erzeuger-Zählpfeilsystem

Erzeuger: Zählpfeile sind gleichsinnig

Verbraucher: Zählpfeile sind gegensinnig

Knoten- und Maschenregel

Stromverzweigung in Schaltungen

Die „Gesetze der Stromverzweigung" wurden von dem deutschen Physiker Gustav Robert Kirchhoff im Jahre 1845 endeckt. Die nach ihm benannten „kirchhoffschen Regeln" ermöglichen die Berechnung von Spannungen und Strömen in Reihen- und Parallelschaltung. Neben dem ohmschen Gesetz bilden die kirchhoffschen Regeln (Knoten- und Maschenregel) die Grundlage zur Berechnung von allgemeinen Stromkreisen.

G. R. Kirchhoff
(1824-1887)

Knoten und Maschen

Alle Stromkreise lassen sich in zwei Hauptelemente aufteilen:
1. in Knoten (Knotenpunkte)
2. in Maschen (Netzmaschen).
Knoten sind dabei Verbindungspunkte von Leitungen, Maschen sind geschlossene Umläufe in einer Schaltung.

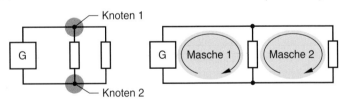

Knotenregel (1. kirchhoffsche Regel)

Über die Knoten einer Schaltung fließen Ströme vom einen zum anderen Schaltungsteil. In diesen Knoten können Ladungen weder entstehen noch verschwinden oder gespeichert werden.
Daraus folgt: Die Summe aller Ströme in einem Knoten ist in jedem Augenblick null.

Knotenregel

$$I_1 + I_2 + I_3 = 0$$

in Kurzform

$$\sum_{i=1}^{n} I_i = 0$$

Maschenregel (2. kirchhoffsche Regel)

Über die Maschen einer Schaltung wird das elektrische Potenzial der Ladungen ab- bzw. aufgebaut. Nach einem vollen Umlauf in einer Masche ist die Ladung wieder auf ihrem Ausgangspotenzial.
Daraus folgt: Die Summe aller Spannungen in einer Masche ist in jedem Augenblick null.

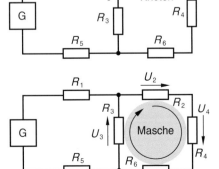

Maschenregel

$$U_2 + U_4 + U_6 + U_3 = 0$$

in Kurzform

$$\sum_{i=1}^{n} U_i = 0$$

Grundschaltungen

Gesetze der Reihenschaltung

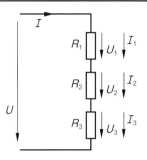

In der Reihenschaltung fließt durch jeden Widerstand der gleiche Strom.

$$I = I_1 = I_2 = I_3$$

Die Gesamtspannung ist gleich der Summe der Teilspannungen.

$$U = U_1 + U_2 + U_3$$

Die Teilspannungen verhalten sich wie die zugehörigen Teilwiderstände.

$$\frac{U_1}{U_2} = \frac{R_1}{R_2}$$

Der Gesamtwiderstand (Ersatzwiderstand) ist gleich der Summe der Teilwiderstände.

$$R = R_1 + R_2 + R_3$$

Gesetze der Parallelschaltung

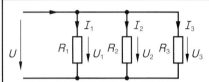

In der Parallelschaltung liegt an jedem Widerstand die gleiche Spannung.

$$U = U_1 = U_2 = U_3$$

Der Gesamtstrom ist gleich der Summe der Teilströme.

$$I = I_1 + I_2 + I_3$$

Bei der Parallelschaltung ist es meist sinnvoll, mit den Leitwerten G, statt mit den Widerständen R zu rechnen:

$$G_1 = \frac{1}{R_1} \qquad G_2 = \frac{1}{R_2} \qquad G_3 = \frac{1}{R_3}$$

Die Teilströme verhalten sich wie die zugehörigen Teilleitwerte bzw. umgekehrt wie die zugehörigen Teilwiderstände.

$$\frac{I_1}{I_2} = \frac{G_1}{G_2} = \frac{R_2}{R_1}$$

Der Gesamtleitwert (Ersatzleitwert) ist gleich der Summe der Teilleitwerte.

$$G = G_1 + G_2 + G_3$$

Spannungsteiler und Brückenschaltung

Unbelasteter Spannungsteiler

Fester Teiler   Verstellbarer Teiler

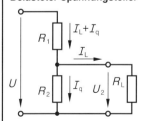

Brückenschaltung

Eine Brückenschaltung besteht im Prinzip aus zwei parallel geschalteten Spannungsteilern. Zwischen den Abgriffen der beiden Teiler kann die Brückenspannung abgegriffen werden.

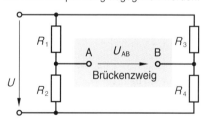

Leerlaufspannung

Abgriff: $\alpha = \dfrac{R_2}{R_1 + R_2} = \dfrac{R_2}{R_{ges}}$

$$U_{20} = \frac{R_2}{R_1 + R_2} \cdot U = \alpha \cdot U$$

Für die Brückenspannung einer nicht belasteten Brücke gilt:

Brückenspannung $\quad U_{AB} = \left(\dfrac{R_2}{R_1 + R_2} - \dfrac{R_4}{R_3 + R_4} \right) \cdot U$

Belasteter Spannungsteiler

Lastspannung

$$U_2 = \frac{R_2 \cdot R_L \cdot U}{R_1 \cdot R_2 + R_2 \cdot R_L + R_L \cdot R_1}$$

Querstromverhältnis

$$q = \frac{I_q}{I_L} = \frac{R_L}{R_2}$$

Ist die Brückenspannung $U_{AB} = 0$, so heißt die Brücke "abgeglichen".

U Speisespannung, U_2 abgegriffene Spannung
I_L Laststrom, I_q Querstrom, q Querstromverhältnis

Abgleichbedingung

$$\frac{R_1}{R_2} = \frac{R_3}{R_4}$$

3.3 Widerstandsnetzwerke I

Stromkreise und Netzwerke

Quellen und Verbraucher können durch Reihen- und Parallelschaltung zu beliebigen Schaltungen bzw. Netzwerken zusammengeschaltet werden. Enthält die Schaltung nur eine Spannungsquelle und keine Brückenzweige, so kann die Schaltung mit Knoten- und Maschenregel sowie dem ohmschen Gesetz berechnet werden. Bei mehreren Quellen und Brückenzweigen sind zusätzliche Berechnungsverfahren notwendig.
Beispiele:

Unverzweigter Stromkreis   Verzweigter Stromkreis   Brückenschaltung

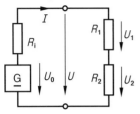
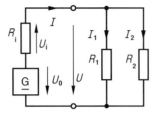
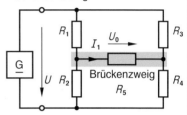

Allgemeines Netzwerk

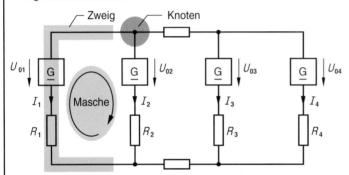

Ein allgemeines Netzwerk besteht aus **m** Zweigen, die durch **n** Knoten miteinander verbunden sind. Ein derartiges Netzwerk kann in **z** voneinander unabhängige Maschen aufgeteilt werden.

Dabei gilt: $\boxed{z = m - n + 1}$

Im Beispiel:
$m = 6$ (Zweige)
$n = 4$ (Knoten)
$z = 6 - 4 + 1 = 3$

Zur Berechnung mithilfe von Knoten- und Maschenregel sind **m** voneinander unabhängige Gleichungen nötig.

Ersatzquellen

Reale Energiequelle

Eine reale Quelle liefert eine Lastspannung U_L und einen Laststrom I_L. Sie kann als Spannungs- oder als Stromquelle betrachtet werden.

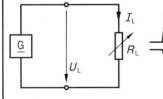

Ersatzspannungsquelle

Innenwiderstand R_i

ideale Spannungsquelle mit $R_i = 0$, eingeprägte Spannung U_0

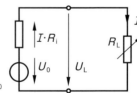

Spannung am Lastwiderstand

$$U_L = U_0 - I_L \cdot R_i$$

Eine elektrische Quelle kann als Spannungsquelle betrachtet werden. Die reale Spannungsquelle kann als Reihenschaltung einer idealen Spannungsquelle und einem Innenwiderstand dargestellt werden.

Ersatzstromquelle

ideale Stromquelle mit $R_i = \infty$, $G_i = 0$ eingeprägter Strom I_0

Innenwiderstand R_i

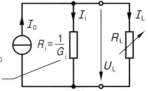

Strom im Lastwiderstand

$$I_L = I_0 - \frac{U_L}{R_i}$$

Eine elektrische Quelle kann als Stromquelle betrachtet werden. Die reale Stromquelle kann als Parallelschaltung aus einer idealen Stromquelle und einem Innenleitwert (Innenwiderstand) dargestellt werden.

Spannungsteiler als Ersatzspannungsquelle

Belasteter Spannungsteiler

U_L und I_L sind zu berechnen

Spannungsteiler

Last

Ersatzspannungsquelle

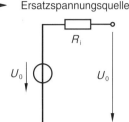

Leerlaufspannung

$$U_0 = \frac{R_2}{R_1 + R_2} \cdot U$$

Innenwiderstand

$$R_i = \frac{R_1 \cdot R_2}{R_1 + R_2}$$

U_L und I_L werden mithilfe der Ersatzspannungsquelle berechnet:

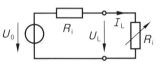

Laststrom

$$I_L = \frac{U_0}{R_i + R_L}$$

Lastspannung

$$U_L = I_L \cdot R_L$$

Brückenschaltung als Ersatzspannungsquelle

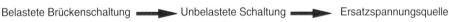

Belastete Brückenschaltung → Unbelastete Schaltung → Ersatzspannungsquelle

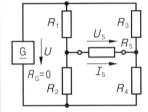

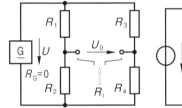

Leerlaufspannung

$$U_0 = \left(\frac{R_2}{R_1 + R_2} - \frac{R_4}{R_3 + R_4} \right) \cdot U$$

Innenwiderstand

$$R_i = \frac{R_1 \cdot R_2}{R_1 + R_2} + \frac{R_3 \cdot R_4}{R_3 + R_4}$$

U_5 und I_5 werden wie beim Spannungsteiler mithilfe der Ersatzspannungsquelle berechnet:

$$I_5 = \frac{U_0}{R_i + R_5} \qquad U_5 = I_5 \cdot R_5 = \frac{R_5}{R_i + R_5} \cdot U_0$$

Vergleich der Ersatzquellen

Spannungsteiler, Schaltung	Ersatzspannungsquelle	Ersatzstromquelle
	Äquivalenzbedingungen: $R_{i \text{ Spannungsquelle}} = R_{i \text{ Stromquelle}}$ $U_0 = I_0 \cdot R_i$	

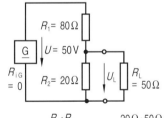

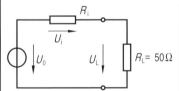

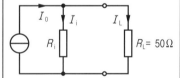

$R_{ges.} = R_1 + \frac{R_2 \cdot R_L}{R_2 + R_L} = 80\,\Omega + \frac{20\,\Omega \cdot 50\,\Omega}{20\,\Omega + 50\,\Omega}$

$R_{ges.} = 94,29\,\Omega$

$I_{ges.} = \frac{U}{R_{ges.}} = \frac{50\,V}{94,29\,\Omega} = 0,53\,A$

$U_1 = R_1 \cdot I_{ges.} = 80\,\Omega \cdot 0,53\,A = 42,42\,V$

$U_L = U - U_1 = 50\,V - 42,42\,V = 7,6\,V$

$I_L = \frac{U_L}{R_L} = \frac{7,6\,V}{50\,\Omega} = 0,152\,A$

$U_0 = \frac{R_2}{R_1 + R_2} \cdot U = \frac{20\,\Omega}{80\,\Omega + 20\,\Omega} \cdot 50\,V$

$U_0 = 10\,V$

$R_i = \frac{R_1 \cdot R_2}{R_1 + R_2} = \frac{80\,\Omega \cdot 20\,\Omega}{80\,\Omega + 20\,\Omega} = 16\,\Omega$

$I_L = \frac{U_0}{R_i + R_L} = \frac{10\,V}{16\,\Omega + 50\,\Omega} = 0,152\,A$

$U_L = I_L \cdot R_L = 0,152\,A \cdot 50\,\Omega = 7,6\,V$

$I_0 = \frac{U}{R_1} = \frac{50\,V}{80\,\Omega} = 0,625\,A$

$R_i = \frac{R_1 \cdot R_2}{R_1 + R_2} = \frac{80\,\Omega \cdot 20\,\Omega}{80\,\Omega + 20\,\Omega} = 16\,\Omega$

$U_L = \frac{R_L \cdot R_i}{R_L + R_i} \cdot I_0$

$\quad = \frac{50\,\Omega \cdot 16\,\Omega}{50\,\Omega + 16\,\Omega} \cdot 0,625\,A = 7,6\,V$

$I_L = \frac{U_L}{R_L} = \frac{7,6\,V}{50\,\Omega} = 0,152\,A$

3.4 Widerstandsnetzwerke II

Maschenstromverfahren (Kreisstromverfahren)

Jedes lineare Netzwerk kann durch Anwendung von Maschen- und Knotenregel berechnet werden. Bei m Zweigen sind dazu auch m Gleichungen nötig.
Durch Einführung von so genannten Maschenströmen (Kreisströmen) wird die Zahl der Gleichungen reduziert. Dazu wird das Netzwerk in voneinander unabhängige Maschen aufgeteilt. Die Maschenströme werden dann mithilfe der Maschenregel berechnet. Danach werden aus den Maschenströmen die Zweigströme bestimmt.

Berechnung

Aus der Maschengleichung $\sum U = 0$ folgt

für Masche A: $-U_1 + U_2 + (I_A - I_B) \cdot R_2 + I_A \cdot R_1 = 0$

oder $\quad I_A = \dfrac{(U_1 - U_2) + I_B \cdot R_2}{R_1 + R_2}$ (Gleichung 1)

für Masche B: $-U_2 + U_3 + I_B \cdot R_3 - (I_A - I_B) \cdot R_2 = 0$

oder $\quad I_A = \dfrac{(U_3 - U_2) + I_B \cdot (R_2 + R_3)}{R_2}$ (Gleichung 2)

Netzwerk mit 2 unabhängigen Maschen

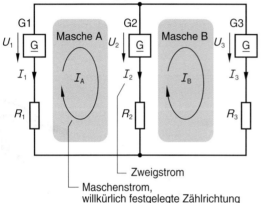

Durch Gleichsetzen von Gleichung 1 und Gleichung 2 erhält man die Maschenströme:

$$I_A = \frac{U_1 \cdot (R_2 + R_3) - U_2 \cdot R_3 - U_3 \cdot R_2}{\sum R \cdot R}$$

$$I_B = \frac{U_1 \cdot R_2 + U_2 \cdot R_1 - U_3 \cdot (R_1 + R_2)}{\sum R \cdot R}$$

$$\sum R \cdot R = R_1 \cdot R_2 + R_2 \cdot R_3 + R_3 \cdot R_1$$

Für die Zweigströme erhält man:

$$I_1 = -I_A \qquad I_2 = I_A - I_B \qquad I_3 = I_B$$

Zweigstrom

Maschenstrom, willkürlich festgelegte Zählrichtung

Knotenspannungsverfahren

Die Zahl der für die Berechnung eines Netzwerkes nötigen Gleichungen kann außer mit dem Maschenstromverfahren auch mit dem Knotenspannungsverfahren reduziert werden. Dabei versteht man unter Knotenspannung die Spannung (Potenzialdifferenz) zwischen zwei Knoten.
Für die Berechnung wird einem Knoten willkürlich das Potenzial $\varphi_A = 0$ zugeordnet, die Potenziale der anderen Knoten werden hierauf bezogen. Die Zweigströme werden dann als Funktion der Knotenspannung ausgedrückt. Mithilfe der Knotenregel kann dann das Potenzial φ_B und damit die Knotenspannung U_{BA} bestimmt werden.

Netzwerk mit 2 Knoten

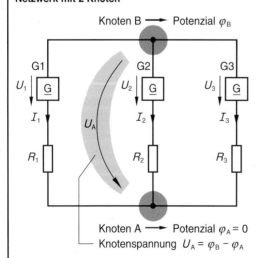

Knoten A $\longrightarrow$ Potenzial $\varphi_A = 0$
Knotenspannung $U_A = \varphi_B - \varphi_A$

Die drei Zweigströme lassen sich über die gewählte Knotenspannung $U_{BA} = \varphi_B$ wie folgt ausdrücken:

Zweig 1: $\quad I_1 = \dfrac{\varphi_B - U_1}{R_1}$

Zweig 2: $\quad I_2 = \dfrac{\varphi_B - U_2}{R_2}$

Zweig 3: $\quad I_3 = \dfrac{\varphi_B - U_3}{R_3}$

Knotenregel: $I_1 + I_1 + I_1 = 0$

$$\frac{\varphi_B - U_1}{R_1} + \frac{\varphi_B - U_2}{R_2} + \frac{\varphi_B - U_3}{R_3} = 0$$

Durch Umformen erhält man:

$$\varphi_B = \frac{U_1 \cdot R_2 R_3 + U_2 \cdot R_3 R_1 + U_3 \cdot R_1 R_2}{\sum R \cdot R}$$

mit $\sum R \cdot R = R_1 \cdot R_2 + R_2 \cdot R_3 + R_3 \cdot R_1$

Die Zweigströme werden mit $\quad I_1 = \dfrac{\varphi_B - U_1}{R_1} \quad$ usw. berechnet.

Überlagerungsverfahren

Bei der Berechnung umfangreicher Netzwerke besteht die Schwierigkeit auch darin, dass mehrere Spannungs-quellen zusammenwirken und somit zu unübersichtlichen Verhältnissen führen.

Das Problem kann bei linearen Netzwerken dadurch gelöst werden, dass Schritt für Schritt jede Spannungsquel-le für sich betrachtet wird und alle anderen dabei in Gedanken jeweils kurzgeschlossen werden. Die dadurch berechneten Teil-Zweigströme werden zum Schluss addiert.

Berechnung in 4 Schritten

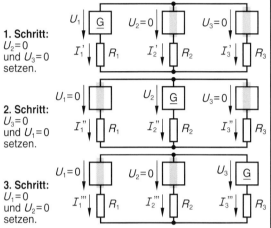

1. Schritt:
$U_2 = 0$
und $U_3 = 0$
setzen.

2. Schritt:
$U_3 = 0$
und $U_1 = 0$
setzen.

3. Schritt:
$U_1 = 0$
und $U_2 = 0$
setzen.

4. Schritt: Zweigströme I_1, I_2 und I_3 berechnen.

Spannung U_1 aktiv, Spannungen U_2 und U_3 gleich null gesetzt		
$I_1' = -\dfrac{U_1 \cdot (R_2 + R_3)}{\sum R \cdot R}$	$I_2' = \dfrac{U_1 \cdot R_3}{\sum R \cdot R}$	$I_3' = \dfrac{U_1 \cdot R_2}{\sum R \cdot R}$

Spannung U_2 aktiv, Spannungen U_3 und U_1 gleich null gesetzt		
$I_1'' = \dfrac{U_2 \cdot R_3}{\sum R \cdot R}$	$I_2'' = -\dfrac{U_2 \cdot (R_3 + R_1)}{\sum R \cdot R}$	$I_3'' = \dfrac{U_2 \cdot R_1}{\sum R \cdot R}$

Spannung U_3 aktiv, Spannungen U_1 und U_2 gleich null gesetzt		
$I_1''' = \dfrac{U_3 \cdot R_2}{\sum R \cdot R}$	$I_2''' = \dfrac{U_3 \cdot R_1}{\sum R \cdot R}$	$I_3''' = -\dfrac{U_3 \cdot (R_1 + R_2)}{\sum R \cdot R}$

| $I_1 = I_1' + I_1'' + I_1'''$ | $I_2 = I_2' + I_2'' + I_2'''$ | $I_3 = I_3' + I_3'' + I_3'''$ |

Dreieck-Stern-Umwandlung

Belastete Brückenschaltungen sind, falls die Brücke nicht abgeglichen ist (siehe Seite 74), nur schwer berechen-bar, weil die Schaltung wegen des Brückenzweiges nicht auf eine Grundschaltung (Reihen- oder Parallelschaltung) reduziert werden kann.

Eine Möglichkeit zur Bestimmung von Brückenspannung und Brückenstrom besteht, wenn eine in der Brücken-schaltung enthaltene „Dreieckschaltung" in eine elektrisch gleichwertige (äquivalente) „Sternschaltung" umgewan-delt wird. Die Sternschaltung kann auf Grundschaltun-gen zurück geführt werden, die Spannung U_{23} kann somit in der Sternschaltung berechnet und in der ursprüngli-chen Dreieckschaltung verwendet werden.

Dreieck-Stern-Umwandlungen können in allen Schaltun-gen mit aneinander hängenden Maschen sinnvoll sein.

Belastete Brückenschaltung

Δ – Schaltung

Ersatzschaltung

Y-Schaltung

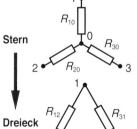

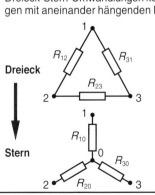

Dreieck

Stern

Berechnung der
Stern-Widerstände

$$R_{10} = \frac{R_{12} \cdot R_{31}}{R_{12} + R_{23} + R_{31}}$$

$$R_{20} = \frac{R_{23} \cdot R_{12}}{R_{12} + R_{23} + R_{31}}$$

$$R_{30} = \frac{R_{31} \cdot R_{23}}{R_{12} + R_{23} + R_{31}}$$

Stern

Dreieck

Berechnung der
Dreieck-Widerstände

$$R_{12} = \frac{R_{10} \cdot R_{20}}{R_{30}} + R_{10} + R_{20}$$

$$R_{23} = \frac{R_{20} \cdot R_{30}}{R_{10}} + R_{20} + R_{30}$$

$$R_{31} = \frac{R_{30} \cdot R_{10}}{R_{20}} + R_{30} + R_{10}$$

3.5 Veränderliche Widerstände

Physikalische Einflüsse

Der Widerstandswert von elektrischen Widerständen kann nur in Ausnahmefällen als konstant angenommen werden. Üblicherweise ändert sich der Widerstand unter dem Einfluss bestimmter physikalischer Größen.
Wichtige Einflussgrößen sind z.B. die Temperatur ϑ (Thermistoren), die Spannung U (Varistoren), die Lichtstärke E (Fotowiderstände) und die magnetische Feldstärke B (Feldplatten). Die Abhängigkeit kann linear oder nichtlinear sein.

Schaltzeichen für veränderliche Widerstände

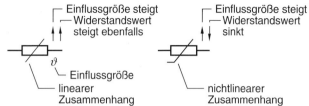

Metallwiderstand und Temperatur

Linearer Temperaturbeiwert
Wird Metall erwärmt, so gerät das Metallgitter zunehmend in Schwingungen. Dadurch wird der Elektronenfluss behindert, d.h. der elektrische Widerstand steigt. Bis in den Temperaturbereich von etwa 100 °C ist die Widerstandszunahme nahezu linear. Sie kann mit dem linearen Temperaturbeiwert α berechnet werden.

Die Temperaturbeiwerte α reiner Metalle liegen für die übliche Bezugstemperatur von 20 °C alle bei ungefähr 0,004/K bzw. 0,4 %/K.
Durch Legieren verschiedener Metalle können aber α-Werte von nahezu null erreicht werden (z.B. CuNi 44, Handelsname Konstantan).

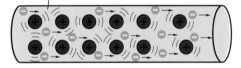
Schwingungen des Gitters (Wärmebewegung) erhöhen den Widerstand

Widerstandszunahme

$$\Delta R = R_{20} \cdot \alpha_{20} \cdot \Delta \vartheta$$

$$[\Delta R] = \Omega \cdot \frac{1}{K} \cdot K = \Omega$$

Erwärmter Widerstand

$$R_\vartheta = R_{20} + \Delta R$$
$$= R_{20} \cdot (1 + \alpha_{20} \cdot \Delta \vartheta)$$

R_{20} Widerstand bei 20 °C
R_ϑ Widerstand bei ϑ °C
α_{20} Temperaturbeiwert
$\Delta \vartheta$ Temperaturzunahme

$[R_{20}] = [R_\vartheta] = \Omega$
$[\alpha_{20}] = 1/K = 1/°C$
$[\Delta \vartheta] = K = °C$

Temperaturbeiwerte bei 20°C			
Werkstoff	α in 1/K	Werkstoff	α in 1/K
Kupfer	0,0039	Wolfram	0,0046
Aluminium	0,0041	Silber	0,0041
Gold	0,0040	CuNi 44	± 0,00004
Platin	0,0039	CuMn 12 Ni	± 0,00001
Eisen (rein)	0,0065	Kohle	− 0,0008

Die in Tabellenbüchern angegeben Temperaturbeiwerte gelten für die Temperatur 20°C.
Für andere Temperaturen ϑ_1 können die dafür geltenden Temperaturbeiwerte nach folgender Formel berechnet werden:

Temperaturbeiwert bei ϑ_1

$$\alpha_{\vartheta 1} = \frac{\alpha_{20}}{1 + \alpha_{20} (\vartheta_1 - 20°C)}$$

Quadratischer Temperaturbeiwert
Wird ein Metalldraht im Temperaturbereich bis etwa 100 °C erwärmt, so steigt der Widerstandswert nahezu linear mit der Temperaturzunahme.
Bei stärkerer Erwärmung steigt der Widerstandswert überproportional an. Dies kann durch einen quadratischen Temperaturbeiwert β berücksichtigt werden.

Bei Erwärmung um mehr als 100°C

$$R_\vartheta = R_{20} \cdot (1 + \alpha_{20} \cdot \Delta \vartheta + \beta \cdot \Delta \vartheta^2)$$

Dabei gilt: $\beta \approx 10^{-6} \frac{1}{K^2}$

Supraleitung

In der Nähe des absoluten Nullpunktes sinkt bei vielen Werkstoffen der Widerstand sprungartig auf unmessbar kleine Werte. Anwendung: Bau von Magnetspulen mit hoher magnetischer Induktion. Die Tabelle zeigt die „Sprungtemperatur" T_{Sp} einiger wichtiger Werkstoffe:

Werkstoff	T_{Sp} in K	Werkstoff	T_{Sp} in K
Aluminium	1,14	Blei	7,26
Zinn	3,69	Niob	9,2
Quecksilber	4,17	Niobnitrid	> 20,0

Widerstandsverhalten bei tiefen Temperaturen

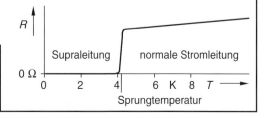

Nichtmetallische Widerstände

Temperaturabhängige Widerstände (Thermistoren)

Thermistoren sind Bauteile, deren Widerstand je nach Dotierung mit der Temperatur stark zunimmt (Kaltleiter, PTC-Widerstände, **PTC** = **P**ositive **T**emperature **C**oefficient) oder stark abnimmt (Heißleiter, NTC-Widerstände, **NTC** = **N**egative **T**emperature **C**oefficient). Die Erwärmung des Bauteils kann durch die Umgebungstemperatur (Fremderwärmung) oder den Stromfluss (Eigenerwärmung) erfolgen.

Kaltleiter (PTC-Widerstände)

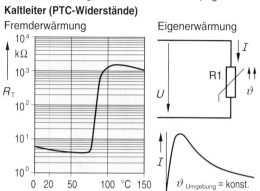

Heißleiter (NTC-Widerstände)

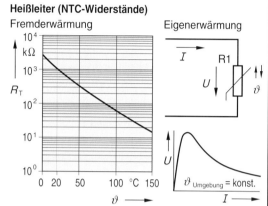

Anwendung: Überlastschutz, Motorschutz

Anw.: Temperaturfühler, Einschaltstrombegrenzung

Spannungsabhängige Widerstände (Varistoren)

Varistoren sind spannungsabhängige Widerstände (VDR-Widerstände, **VDR** = **V**oltage **D**ependent **R**esistor). Ihr Widerstand bricht bei Überspannung in sehr kurzer Zeit (ca. 50 ns) von einigen MΩ auf wenige Ω zusammen. Die Durchbruchspannung liegt je nach Bauart zwischen 10 V und einigen kV.
Anwendung: Schutz von Anlagen gegen Überspannung, z.B. Blitzschutz.

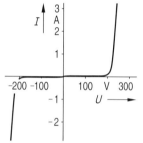

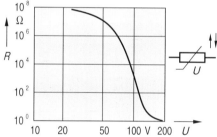

Lichtabhängige Widerstände (Fotowiderstände)

Fotowiderstände sind lichtabhängige Widerstände (LDR-Widerstände, **LDR** = **L**ight **D**ependent **R**esistor).
Der Widerstandswert ohne Lichteinwirkung heißt Dunkelwiderstand R_0. Er ist meist größer als 10 MΩ. Bei Lichteinwirkung sinkt der Hellwiderstand auf Werte unter 1 kΩ, die Änderung erfolgt relativ träge.
Richtwerte für Beleuchtungsstärken E: volles Sonnenlicht 50 000 lx, gut beleuchteter Arbeitsplatz 1000 lx, Vollmond 0,2 lx.
Anwendung: Messung der Beleuchtungsstärke.

Magnetfeldabhängige Widerstände (Feldplatten)

Feldplatten sind magnetfeldabhängige Widerstände (MDR-Widerstände, **MDR** = **M**agnetical **D**ependent **R**esistor).
Der Widerstandswert ohne magnetische Einwirkung heißt Grundwiderstand R_0. Er beträgt je nach Bautyp 10 Ω bis 5 kΩ.
Der Widerstand R_B des Bauteils steigt ungefähr quadratisch mit der einwirkenden magnetischen Flussdichte B.
Anwendung: Kontaktlos steuerbare Widerstände, Messung von Magnetfeldern, Drehfrequenz- und Drehsinnerfassung, Feldplattenpotenziometer, lineare Weggeber.

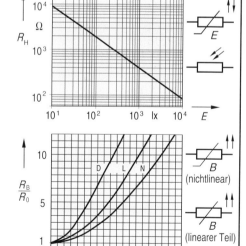

3.6 Elektrische Arbeit und Leistung

Leistungsaufnahme von Widerständen

Berechnung der Leistung

Die in einem Betriebsmittel umgesetzte Arbeit W ist proportional zu der elektrischen Ladungsmenge Q, die durch das Betriebsmittel geflossen ist und der dabei überwundenen Potenzialdifferenz $\varphi_1 - \varphi_2$ (Spannung U). Da die durch das Betriebsmittel geflossene Ladungsmenge gleich dem Produkt aus Stromstärke und Betriebszeit ist, gilt für die elektrische Arbeit: $W = Q \cdot U = I \cdot t \cdot U = U \cdot I \cdot t$.
Die Leistung ist allgemein definiert als die pro Zeiteinheit verrichtete Arbeit; für die elektrische Leistung folgt daraus: $P = W/t = U \cdot I$.
Bei einem Betriebsmittel mit dem Widerstand R besteht der Zusammenhang $U = I \cdot R$ (ohmsches Gesetz).
Somit gilt für die elektrische Leistung: $P = U^2/R = I^2 \cdot R$.

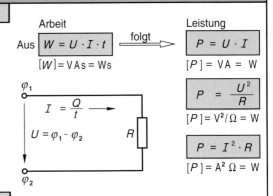

Arbeit

Aus $\boxed{W = U \cdot I \cdot t}$ $\xRightarrow{\text{folgt}}$

$[W] = \text{VAs} = \text{Ws}$

Leistung

$\boxed{P = U \cdot I}$

$[P] = \text{VA} = \text{W}$

$\boxed{P = \dfrac{U^2}{R}}$

$[P] = \text{V}^2/\Omega = \text{W}$

$\boxed{P = I^2 \cdot R}$

$[P] = \text{A}^2\,\Omega = \text{W}$

$I = \dfrac{Q}{t}$

$U = \varphi_1 - \varphi_2$

Messung der Leistung und Arbeit

Die Messung der Leistung kann indirekt über Strom- und Spannungsmesser oder direkt mit Leistungsmessern erfolgen. Bei Wechselströmen muss zwischen Wirk- Blind- und Scheinleistung unterschieden werden (siehe Seite 106). Die durchschnittliche Wirkleistung kann auch mit dem Elektrizitätszähler und der Zählerkonstante ermittelt werden.
Die Messung der elektrischen Arbeit erfolgt meist mit dem Elektrizitätszähler. Ein Zählwerk zeigt direkt die bezogene Arbeit ($W = P \cdot t$) an.

Leistungsmessung
indirekt $\longrightarrow P = U \cdot I$ direkt

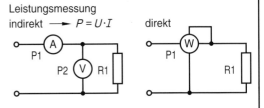

Zählwerk

Zählerscheibe mit Positionsmarkierung

Leistungsschild Zählerkonstante $c_Z = 300/\text{kWh}$

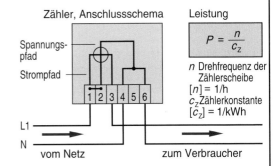

Zähler, Anschlussschema

Spannungspfad

Strompfad

L1

N   vom Netz

zum Verbraucher

Leistung

$\boxed{P = \dfrac{n}{c_Z}}$

n Drehfrequenz der Zählerscheibe
$[n] = 1/\text{h}$
c_Z Zählerkonstante
$[c_Z] = 1/\text{kWh}$

Leistungshyperbel

Elektrische Leistung ist gleich dem Produkt aus Spannung und Strom: $P = U \cdot I$. Eine bestimmte Leistung z. B. $P = 1\,\text{W}$, kann durch $U = 1\,\text{V}$ und $I = 1\,\text{A}$ zustande kommen, aber ebenso aus $U = 2\,\text{V}$ und $I = 0{,}5\,\text{A}$.
Alle U-I-Wertepaare, die zur gleichen Leistung führen, ergeben in der grafischen Darstellung eine Hyperbel, die so genannte Leistungshyperbel. Für jeden Punkt der Leistungshyperbel gilt: $U \cdot I = P = $ konstant.
Mithilfe von Leistungshyperbeln lassen sich die zulässigen Spannungen bzw. Ströme für Widerstände mit vorgegebener zulässiger Leistung ermitteln.
Ablesebeispiel: Widerstand $2{,}2\,\text{k}\Omega$
zulässige Leistung $1{,}5\,\text{W}$
höchste zulässige Spannung $58\,\text{V}$
höchster zulässiger Strom $26{,}5\,\text{mA}$.
Der Bereich unter der Leistungshyperbel ist der Arbeitsbereich des Widerstandes, der Bereich oberhalb der Hyperbel ist der „verbotene Bereich".

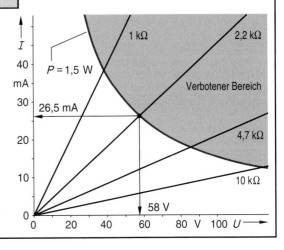

Belastete Spannungsquelle, Leistungsanpassung

Wird einer realen Spannungsquelle Leistung entnommen, so erzeugt der Strom wegen R_i einen Spannungsfall in der Quelle. Bei zunehmendem Laststrom bzw. kleiner werdendem Lastwiderstand steigt zunächst die abgegebene Leistung und sinkt dann wieder. Die von der Quelle abgegebene Leistung ist am größten bei $R_L = R_i$ (Anpassung), bzw. wenn der Laststrom gleich dem halben Kurzschlussstrom ist.

Lastspannung bzw.

$$U_L = U_0 - I_L \cdot R_i \qquad U_L = \frac{R_L}{R_i + R_L} \cdot U_0$$

Laststrom

$$I_L = \frac{U_0}{R_i + R_L}$$

Leistung

$$P_L = \frac{R_L \cdot U_0^2}{(R_i + R_L)^2}$$

Maximale Leistung (Leistungsanpassung) wenn gilt

$$R_L = R_i$$

Leistung bei Anpassung ($R_L = R_i$)

$$P_{L\,max} = \frac{U_0^2}{4 \cdot R_i}$$

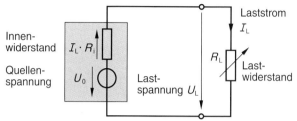

Beispiel: $U_0 = 10\,V$, $R_i = 10\,\Omega$

Die grafische Darstellung $P_L = f(R_L)$ zeigt, dass die maximale Leistung bei $R_L = R_i$ abgegeben wird. Die grafische Darstellung $P_L = f(I_L)$ zeigt, dass die maximale Leistung fließt, wenn der Laststrom gleich dem halben Kurzschlussstrom ist.

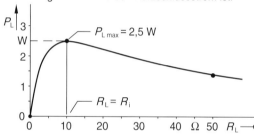

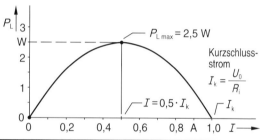

Bestimmung des Innenwiderstandes

Der Innenwiderstand von Spannungsquellen kann nicht direkt mit einem Widerstandsmessgerät (Ohmmeter) bestimmt werden, weil das Messgerät zerstört würde. Die Bestimmung erfolgt mithilfe von zwei Messungen bei unterschiedlicher Last. Eine Lastmessung kann dabei auch eine Leerlaufmessung sein. Bei hochohmigen Spannungsquellen kann eine Messung auch als Kurzschlussmessung ausgeführt werden.

Innenwiderstand

$$R_i = \frac{U_0 - U_L}{I_L}$$

$$R_i = \frac{U_{L1} - U_{L2}}{I_{L2} - I_{L1}}$$

$$R_i = \frac{U_0}{I_k}$$

Leerlaufmessung

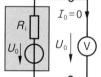

Messung bei Last 1

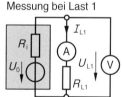

Messung bei Last 2

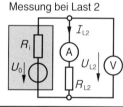

Kurzschlussm.

Verluste und Wirkungsgrad siehe auch Seite 55

Da jede Energiewandlung mit Verlusten verbunden ist, muss die abgegebene Leistung kleiner als die aufgenommene Leistung sein. Das Verhältnis von abgegebener zu aufgenommener Leistung heißt Wirkungsgrad bzw. Leistungswirkungsgrad. Der Wirkungsgrad bei einer Energiewandlung ist immer kleiner als 1 bzw. kleiner als 100 %.

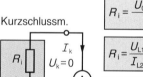

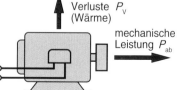

Verluste P_V (Wärme)

mechanische Leistung P_{ab}

P_{zu} Elektrische Leistung

Wirkungsgrad

$$\eta = \frac{P_{ab}}{P_{zu}}$$

$$\eta = \frac{P_{ab}}{P_{zu} + P_V}$$

$$[\eta] = \frac{W}{W} = 1$$

3.7 Gewinnung elektrischer Energie

Induktive Spannungserzeugung

Die Erzeugung elektrischer Spannung erfolgt prinzipiell durch Trennung von elektrischen Ladungen. Diese Ladungstrennung kann mithilfe verschieder Prinzipien erfolgen. Am wirkungsvollsten ist die Spannungserzeugung durch das von Michael Faraday (1791-1867) entdeckte Induktionsprinzip. Wesentlichen Anteil an der Entwicklung der elektrischen Energietechnik hatte der deutsche Erfinder und Unternehmer Werner von Siemens im Jahr 1866 durch die Entwicklung eines Gleichstromgenerators („Dynamomaschine") mit dessen elektrischer Energie z.B. Straßenbahnen angetrieben und Beleuchtungsanlagen gespeist wurden.

W. von Siemens (1816-1892) Nicola Tesla (1856-1943)

Ab 1890 wurde die Gleichstromtechnik schrittweise durch die Wechselstrom- bzw. Drehstromtechnik abgelöst. Meilensteine der Entwicklung waren die erste Drehstrom-Fernübertragung von Lauffen am Neckar nach Frankfurt (Oscar von Miller) und der Bau der Niagara-Kraftwerke (George Westinghouse). Bedeutende Impulse für die Entwicklung von Drehstrommaschinen kamen insbesondere von dem serbisch-amerikanischen Physiker Nicola Tesla, F. A. Haselwander und M. Dolivo Dobrowolski.

Elektrische Energie wird nach derzeitigem Stand der Technik zu fast 100 % von Drehstrom-Synchrongeneratoren geliefert. Die Generatoren können angetrieben werden durch:
- Dampfturbinen
  (Kernkraftwerke, Kohle-, Gas- und Ölkraftwerke)
- Wasserturbinen
  (Laufwasser-, Speicherkraftwerke)
- Windkonverter.

Für Notstromaggregate werden Dieselmotoren eingesetzt.

Strommix in Deutschland
Stand: 2008, Werte gerundet

Braunkohle 24 %
Steinkohle 22 %
Kernenergie 23 %
13 % Erdgas
6 % Wind
4 % Biomasse
4 % Wasserkraft
0,6 % Fotovoltaik
Sonstiges

Dampfturbinen

Wärmekraftwerke wandeln die Wärme von Kernenergie bzw. von fossilen Brennstoffen in mechanische und dann in elektrische Energie.

Der thermodynamische Wirkungsgrad (carnotscher Wirkungsgrad) liegt bei etwa 65 %, in der Praxis werden etwa 42 % erreicht.

Leistungen:
Kernkraftwerke bis 1 300 MW
Gas-, Kohlekraftw. bis 600 MW.

Wärme durch Kernenergie, Kohle, Öl, Gas

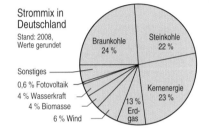

Beispiel:
T_o = 823 K
Turbine
Dampf
Generator
G 3~
T_u = 313 K
Kondensator
Speisewasserpumpe
Wasser

Thermodynamischer Wirkungsgrad

$$\eta_{Th} = \frac{T_o - T_u}{T_o}$$

$$\eta_{Th} = \frac{T_o - T_u}{T_o}$$

$$= \frac{823\,K - 313\,K}{823\,K} \approx 62\%$$

In der Praxis:
$$\eta_{max} \approx 42\%$$

Wasserturbinen

Die Leistung von Wasserkraftwerken hängt von der Durchflussmenge und der Fallhöhe bzw. der Durchflussgeschwindigkeit ab.

Für deutsche Verhältnisse gilt:
Laufwasserkraftw. ca. 20 MW
Speicherkraftwerke bis 1 GW.
Wirkungsgrad bis 95 %.

Freistrahlturbine (für große Fallhöhen)

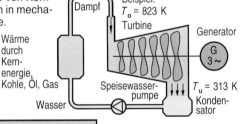

Wasser

Rohrturbine (für kleine Fallhöhen)

Generator mit Getriebe

Wasser

$\eta_{Turbine} \approx 90\%$ bis 95%

Dem Generator zugeführte Leistung

$$P = \frac{\Delta m}{\Delta t} \cdot g \cdot h$$

$$P = \frac{1}{2} \cdot \frac{\Delta m}{\Delta t} \cdot v^2$$

$\frac{\Delta m}{\Delta t}$ Wasserdurchflussmenge
h Fallhöhe
v Fließgeschw.

Windkonverter

Die Leistung von Windkraftanlagen hängt vom Rotordurchmesser (durchströmte Fläche) und der Windgeschwindigkeit in der 3. Potenz ab. Problematisch ist die „Launenhaftigkeit" des Windes. Der theoretisch höchstmögliche Leistungsbeiwert c_p (Wirkungsgrad) des Rotors beträgt etwa 59,3 %.

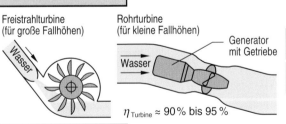

Wind

η_{Rotor} bis 45 % (Leistungsbeiwert)
$\eta_{Anlage} \approx 20\%$ bis 30%

Energiefluss

L+
L−
3~
−
L1
L2
L3

Dem Generator zugeführte Leistung

$$P = \frac{1}{8} \cdot d^2 \cdot \pi \cdot v^3 \cdot \varrho_{Luft}$$

d Rotordurchmesser
v Windgeschwindigk.
$\varrho_{Luft} \approx 1,3\ kg/m^3$ (Dichte)

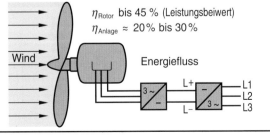

Nicht induktive Spannungserzeugung

Bei der konventionellen Spannungserzeugung durch Induktion ist zum Antrieb des Generators immer mechanische Energie notwendig. Für die Direktumwandlung von Licht- und Wärmeenergie (Energie durch Verbrennung) in elektrische Energie gibt es eine Vielzahl von Möglichkeiten. Bei allen ist der Wirkungsgrad aber relativ klein. Die größten Hoffnungen werden derzeit in die Fotovoltaik und in die Brennstoffzellen gesetzt.

Solarzellen, Fotovoltaik

Solarzellen sind Halbleiterbauelemente, die Lichtstrahlung direkt ohne bewegte Teile in elektrische Energie umwandeln. Der theoretisch höchstmögliche Wirkungsgrad von Solarzellen beträgt etwa 29 %, in der Praxis erreichen serienmäßig gefertigte Zellen einen Wirkungsgrad von 15 %, eine wesentliche Steigerung des Wirkungsgrades ist nicht zu erwarten. Der Wirkungsgrad von Fotovoltaik-Anlagen liegt wegen der zusätzlichen Anlagenverluste nur bei etwa 12 %.
Nach ca. 4 bis 5 Jahren Betrieb hat die Anlage so viel Energie geliefert, wie ihre Herstellung gekostet hat.

Das Energieangebot der Sonne beträgt beim Eintritt in die Atmosphäre ungefähr 1,37 kW/m^2 bei senkrechter Einstrahlung (Solarkonstante). Im günstigsten Fall kommen davon 1 kW/m^2 auf der Erdoberfläche an, im Tagesmittel sind es in Deutschland ca. 110 W/m^2, in Saudi-Arabien etwa 300 W/m^2.
Solarstrom dient vor allem zum Betrieb kleiner Geräte (Parkuhren, Taschenrechner) oder zur Versorgung abgelegener Gebäude. Die Einspeisung in das Netz ist im Prinzip unwirtschaftlich.

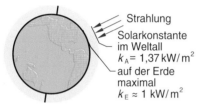

Strahlung
Solarkonstante
im Weltall
$k_A = 1,37$ kW/m^2
auf der Erde
maximal
$k_E \approx 1$ kW/m^2

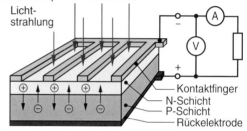

Licht-
strahlung

Kontaktfinger
N-Schicht
P-Schicht
Rückelektrode

Brennstoffzellen

Brennstoffzellen sind Primärelemente, in denen Wasserstoff mit Sauerstoff in einer „sanften Verbrennung" ohne Flamme reagiert. Bei der Verbrennung entsteht elektrische Energie und Wärme.
Wird nur die elektrische Energie genutzt, so lassen sich Wirkungsgrade bis 60 % realisieren, wird in Blockheizkraftwerken (Kraft-Wärme-Kopplung) die elektrische und die thermische Energie genützt, so sind Gesamtwirkungsgrade bis 85 % möglich.
Ungeklärt ist, wie der notwendige Wasser- und Sauerstoff gewonnen werden kann. Möglich ist der Einsatz von Solarenergie zur Elektrolyse von Wasser oder die Verwendung von Erdgas (enthält Wasser- und Sauerstoff).

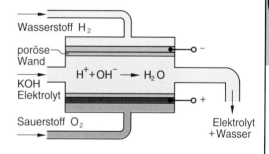

Wasserstoff H$_2$

poröse Wand

$H^+ + OH^- \longrightarrow H_2O$

KOH
Elektrolyt

Sauerstoff O$_2$

Elektrolyt
+ Wasser

Energiespeicherung

Elektrische Energie kann großtechnisch nicht gespeichert werden und muss gleichzeitig „erzeugt" und „verbraucht" werden.
Die durch Solar- bzw. Windenergie erzeugte elektrische Energie fließt sehr unregelmäßig und wird „im Netz gespeichert". Bei den derzeit sehr kleinen Energiemengen ist das unproblematisch, bei steigender Nutzung von Solar- und Windenergie kann dies sehr problematisch werden, weil dadurch Wärmekraftwerke in Reserve gehalten werden müssen, die jederzeit Energielücken ausgleichen müssen.
Ein Ausweg ist die Nutzung der Solar- und Windenergie zur Erzeugung von Wasserstoff und Sauerstoff. Diese Stoffe können gespeichert werden und z.B. zum Betrieb von Brennstoffzellen eingesetzt werden.

Elektrolyse mit Solarenergie, Prinzip

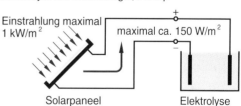

Einstrahlung maximal
1 kW/m^2

maximal ca. 150 W/m^2

Solarpaneel

Elektrolyse

Durch Elektrolyse wird Wasser in Wasserstoff und Sauerstoff zerlegt. Die Gase können gespeichert und bei Bedarf in Brennstoffzellen „verbrannt" werden.

3.8 Elektrisches Feld und Kondensator I

Elektrisches Feld

Grundbegriffe

Das elektrische Feld ist ein Modell zur Erklärung der elektrischen Energieübertragung, es wird durch so genannte Feldlinien dargestellt. Im elektrischen Feld werden auf elektrische Ladungen Kräfte ausgeübt; die auf eine Ladungseinheit ausgeübte Kraft heißt elektrische Feldstärke. Die elektrische Feldstärke ist ein Vektor, sie wird in N/As bzw. in V/m gemessen.

Felder, die an jeder Stelle gleiche Stärke und gleiche Richtung besitzen, heißen homogene Felder, sind Feldstärke und/oder Feldrichtung ortsabhängig, so spricht man von inhomogenen Feldern.

Die elektrischen Feldlinien beginnen immer an einer positiven Ladung (Quelle) und enden an einer negativen Ladung (Senke).

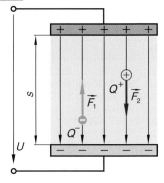

Feldstärke

$$E = \frac{F}{Q}$$

$$[E] = \frac{N}{As}$$

Feldstärke

$$E = \frac{U}{s}$$

$$[E] = \frac{V}{m}$$

$$\frac{1\,V}{m} = \frac{1\,N}{As}$$

Influenz

Ist in einem elektrischen Feld ein metallischer Leiter, so werden die frei beweglichen Elektronen durch die Feldkräfte entgegengesetzt zur Feldrichtung verschoben. Diese Ladungsverschiebung bzw. Ladungstrennung wird als Influenz bezeichnet.

Durch die Ladungstrennung entsteht im Innern des Leiters ein weiteres elektrisches Feld, das dem äußeren Feld entgegenwirkt. Die Ladungsverschiebung ist beendet, wenn das Gegenfeld gleich dem äußeren Feld ist. Das Innere des Leiters ist dann insgesamt feldfrei, d.h. dieser Raum ist gegen das äußere Feld abgeschirmt. Ein solcher Raum heißt faradayscher Käfig.

Ungestörtes Feld Feldüberlagerung Feldfreier Raum

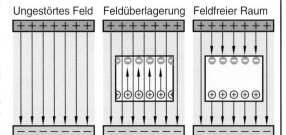

Verschiebungsfluss

Das elektrische Feld, das durch Verschieben von Ladungen entsteht, heißt auch Verschiebungsfluss Ψ (lies: Psi). Der Verschiebungsfluss ist gleich der Menge der getrennten Ladungen. Es gilt: $\Psi = Q$.

Die Feldlinien beginnen an der positiven (Quelle) und enden an der negativen Ladung (Senke). Die Zahl der Feldlinien pro senkrecht durchsetzter Flächeneinheit ist je nach Feldverlauf verschieden groß. Der Verschiebungsfluss pro senkrecht durchsetzter Flächeneinheit heißt Verschiebungsflussdichte D. Es gilt: $D = \Psi/A$.

Die Verschiebungsflussdichte ist ein Vektor, sie ist proportional zur elektrischen Feldstärke E. Im Vakuum gilt die Beziehung: $D = \varepsilon_0 \cdot E$, in anderen Stoffen $D = \varepsilon_0 \cdot \varepsilon_r \cdot E$. Dabei ist ε_0 die elektrische Feldkonstante und ε_r die werkstoffabhängige Permittivitätszahl.

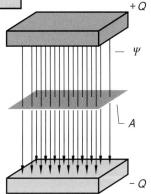

Verschiebungsfluss

$$[\Psi] = As \qquad \Psi = Q$$

Flussdichte

$$[D] = \frac{As}{m^2} \qquad D = \frac{\Psi}{A}$$

Zusammenhang

$$D = \varepsilon_0 \cdot \varepsilon_r \cdot E$$

$$[D] = \frac{As}{Vm} \cdot 1 \cdot \frac{V}{m} = \frac{As}{m^2}$$

Elektr. Feldkonstante

$$\varepsilon_0 = 8{,}85 \cdot 10^{-12}\,\frac{As}{Vm}$$

Technisch genutzte Dielektrika

Werden elektrisch isolierende Werkstoffe in Bauteilen eingesetzt, bei denen starke elektrische Felder auftreten, so werden sie als Dielektrika (Einzahl: Dielektrikum) bezeichnet. Für ein Dielektrikum sind insbesondere die Permittivitätszahl ε_r und die Durchschlagsfestigkeit E_d von Bedeutung.

Werkstoff	ε_r	E_d in kV/mm	Werkstoff	ε_r	E_d in kV/mm
Luft (Normaldruck)	1	2,1	Polyethylen (PE)	2,3	60...90
Wasser (destilliert)	80	–	Polystyrol (PS)	2,3...2,8	50
Naturglimmer	6...8	30...70	Epoxidharz	3,7...4,2	35
Porzellan	5...6	35	Silikonkautschuk	2,5	20...30

Kapazität und Kondensator

Wird an zwei voneinander elektrisch isolierte Platten Spannung angelegt, so sammeln sich auf ihnen elektrische Ladungen. Das Speichervermögen für Ladungen heißt Kapazität.

Wesentliche Erkenntnisse über die Elektrizität erlangte der britische Physiker und Chemiker Michael Faraday. Er entdeckte die magnetische Induktion und konstruierte den ersten Dynamo. Eine anschauliche Darstellung gelang ihm über so genannte „elektrische und magnetische Kraftlinien". Ihm zu Ehren heißt die Einheit der Kapazität Farad (F).

M. Faraday (1791-1867)

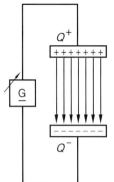

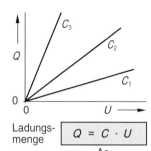

Ladungsmenge

$$Q = C \cdot U$$

$$[Q] = \frac{As}{V} \cdot V = As$$

Kapazität $\quad [C] = \frac{1\,As}{1\,V} = 1\,F$

Plattenkondensator

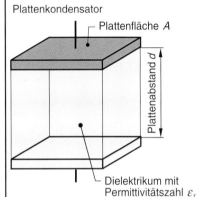

Plattenfläche A

Plattenabstand d

Dielektrikum mit Permittivitätszahl ε_r

Wickelkondensator

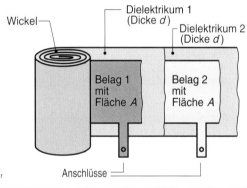

Wickel

Dielektrikum 1 (Dicke d)

Dielektrikum 2 (Dicke d)

Belag 1 mit Fläche A

Belag 2 mit Fläche A

Anschlüsse

Kapazität Plattenkondensator

$$C = \varepsilon_0 \cdot \varepsilon_r \cdot \frac{A}{d}$$

Wickelkondensator

$$C = 2 \cdot \varepsilon_0 \cdot \varepsilon_r \cdot \frac{A}{d}$$

$$[C] = \frac{As}{Vm} \cdot 1 \cdot \frac{m^2}{m} = \frac{As}{V}$$

Feldkonstante

$$\varepsilon_0 = 8.85 \cdot 10^{-12}\,\frac{As}{Vm}$$

3

Schaltung von Kapazitäten

Reihenschaltung

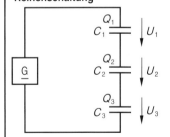

C_1 $\quad Q_1$ $\quad U_1$
C_2 $\quad Q_2$ $\quad U_2$
C_3 $\quad Q_3$ $\quad U_3$

$$Q_1 = Q_2 = Q_3$$

$$\frac{U_1}{U_2} = \frac{C_2}{C_1}$$

$$\frac{1}{C} = \frac{1}{C_1} + \frac{1}{C_2} + \frac{1}{C_3}$$

Parallelschaltung

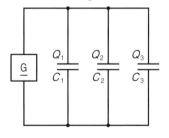

Q_1 $\quad Q_2$ $\quad Q_3$
C_1 $\quad C_2$ $\quad C_3$

$$Q = Q_1 + Q_2 + Q_3$$

$$\frac{Q_1}{Q_2} = \frac{C_1}{C_2}$$

$$C = C_1 + C_2 + C_3$$

Unbelasteter Spannungsteiler

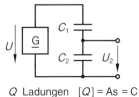

U $\quad C_1$
$\quad C_2 \quad U_2$

unbelastet

$$U_2 = \frac{C_1}{C_1 + C_2} \cdot U$$

Belasteter Spannungsteiler

U $\quad C_1$
$\quad C_2 \quad U_2 \quad C_L$

belastet mit C_L

$$U_2 = \frac{C_1}{C_1 + C_2 + C_L} \cdot U$$

Q Ladungen $[Q] = As = C$ $\qquad$ C Kapazitäten $[C] = As/V = F$ $\qquad$ U Spannungen $[U] = V$

3.9 Elektrisches Feld und Kondensator II

Kapazität technischer Betriebsmittel

Hochspannungskabel, Freileitungen und andere technische Anlagenteile haben eine gewisse Kapazität und wirken damit wie Kondensatoren. Diese Eigenschaft ist meist unerwünscht, weil vor allem bei hohen Spannungen große kapazitive Blindströme fließen können. Um diese Blindströme berücksichtigen zu können, müssen die Kapazitäten von Kabeln und Freileitungen berechnet werden.

Kapazität von Hochspannungskabeln

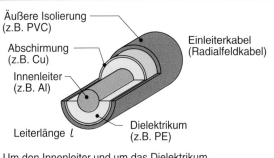

Äußere Isolierung (z.B. PVC)

Einleiterkabel (Radialfeldkabel)

Abschirmung (z.B. Cu)

Innenleiter (z.B. Al)

Leiterlänge l

Dielektrikum (z.B. PE)

Um den Innenleiter und um das Dielektrikum ist eine dünne, schwach leitfähige Schicht gelegt. Sie dient als Leiterglättung, um Spitzen im elektrischen Feld zu verhindern.

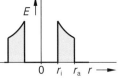

$d_a = 2 \cdot r_a$

$d_i = 2 \cdot r_i$

Radialfeld

E

$0 \quad r_i \quad r_a \quad r \longrightarrow$

Kapazität

$$C = \frac{2\pi \cdot \varepsilon_0 \cdot \varepsilon_r \cdot l}{\ln(d_a/d_i)}$$

Kapazitätsbelag (Kapazität pro Leiterlänge)

$$C' = \frac{2\pi \cdot \varepsilon_0 \cdot \varepsilon_r}{\ln(d_a/d_i)}$$

$[C'] = \text{F/m}$

Feldstärke

$$E = \frac{U}{r \cdot \ln(d_a/d_i)}$$

gültig für: $r_i < r < r_a$

Kapazität und Feldstärke bei Freileitungen

Zwei parallele Freileitungen

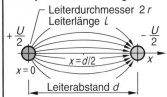

Leiterdurchmesser $2r$
Leiterlänge l

$+\frac{U}{2}$ $-\frac{U}{2}$

$x = d/2$ x

$x = 0$

Leiterabstand d

E

E_{max}

x

$0 \quad r \quad d/2 \quad (d-r) \quad d$

Kapazität zwischen den Leitungen

$$C = \frac{\pi \cdot \varepsilon_0 \cdot l}{\ln\left(\frac{d}{r}\right)}$$

Feldstärke zwischen den Leitungen entlang der x-Achse

$$E = \frac{U}{2 \cdot \ln\left(\frac{d}{r}\right)} \cdot \frac{d}{x(d-x)}$$

gilt für: $r < x < (d-r)$

Die Berechnung der Kapazität und des Feldverlaufs bei parallelen Freileitungen ist für den allgemeinen Fall sehr schwierig. Ist der Abstand d im Vergleich zum Leiterdurchmesser $2r$ hingegen sehr groß, so erhält man die obigen vereinfachten Näherungsformeln.

Einzelleitung über Erde

Leiterlänge l

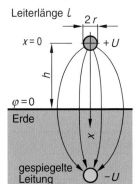

$x = 0$ $2r$

$+U$

h

$\varphi = 0$

Erde

x

gespiegelte Leitung

$-U$

Kapazität zwischen Leitung und Erdboden

$$C = \frac{2 \cdot \pi \cdot \varepsilon_0 \cdot l}{\ln\left(\frac{2 \cdot h}{r}\right)}$$

Feldstärke zwischen Leitung und Erdboden entlang der x-Achse

$$E = \frac{U}{\ln\left(\frac{2h}{r}\right)} \cdot \frac{2h}{x(2h-x)}$$

gilt für: $r < x < h$

Bei der Berechnung einer einzelnen Leitung parallel zum Erdboden denkt man sich die Leitung an der Erdoberfläche gespiegelt; die Erde hat dabei das Potenzial 0. Man erhält damit Formeln, die den Formeln zur Berechnung paralleler Leitungen entsprechen.

Kapazität und Feldstärke bei Kugeln

Konzentrische Kugeln

Kapazität

$$C = \frac{4 \cdot \pi \cdot \varepsilon_0 \cdot \varepsilon_r}{\dfrac{1}{r_1} - \dfrac{1}{r_2}}$$

Feldstärke

$$E = \frac{U}{r^2 \left(\dfrac{1}{r_1} - \dfrac{1}{r_2}\right)}$$

r_1 Radius der Innenkugel
r_2 Radius der Außenkugel
r Abstand vom Zentrum

gültig für: $r_1 < r < r_2$

Die Berechnung von Kapazität und elektrischem Feld bei konzentrischen Kugeln entspricht der Berechnung bei Koaxialkabeln.

Freistehende Kugel

Kapazität

$$C = 4\pi \cdot \varepsilon_0 \cdot r_1$$

Feldstärke

$$E = \frac{U \cdot r_1}{r^2}$$

gültig für: $r > r_1$

Die freistehende Kugel ist ein Sonderfall. Man versteht darunter eine Kugel deren Abstand h von der Erdoberfläche wesentlich größer als ihr Radius r ist.

88

Kräfte im elektrischen Feld

Kräfte zwischen Ladungen, coulombsches Gesetz

Zwischen elektrischen Ladungen bestehen mechanische Kräfte.
Dabei gilt immer: Gleichnamige Ladungen stoßen sich ab,
                    ungleichnamige Ladungen ziehen sich an.
Die Gesetzmäßigkeit wurden von dem französischen Ingenieur
Augustin Coulomb (1736 bis 1806) entdeckt.

Kraft zwischen
Punktladungen

$$F = \frac{Q_1 \cdot Q_2}{4\pi \cdot \varepsilon_0 \cdot \varepsilon_r \cdot r^2}$$

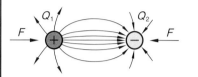
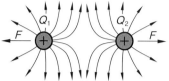

r Ladungsabstand

$$[F] = \frac{As \cdot As}{\frac{As}{Vm} \cdot m^2}$$

$$= \frac{VAs}{m} = \frac{Nm}{m} = N$$

Kraftwirkung auf elektrische Ladungen

Ladungen erfahren im elektrischen Feld eine ablenkende bzw. beschleunigende Kraft. Anwendungen sind z.B. Elektronenstrahlröhren (Fernsehröhre, Oszilloskop) und Elektrofilter zum Reinigen von staubhaltigen Abgasen. Ist die Ladung so klein, dass sie das Feld nicht beeinflusst, so ist die Kraft nach folgender Formel berechenbar:

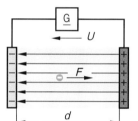

Kraft

$$F = E \cdot Q = \frac{U}{d} \cdot Q$$

Endgeschwindigkeit

$$v_e = \sqrt{\frac{2 \cdot Q \cdot U}{m}}$$

Elementarladung des Elektrons $\quad e = -1{,}602 \cdot 10^{-19}$ C
Ruhemasse des Elektrons $\quad m_e = 9{,}109 \cdot 10^{-31}$ kg

Prinzip der
Elektronenstrahlröhre

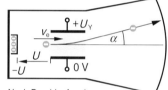

Nach Durchlaufen der
Y-Platten werden die Elektronen
meist nachbeschleunigt. Die Ablenkung
auf dem Bildschirm wird dadurch kleiner.

Strahl-
ablenkung

$$\tan\alpha = \frac{U_Y}{U} \cdot \frac{l}{2 \cdot d}$$

U_Y Ablenkspannung
U Beschleunigungs-
    spannung
l Plattenlänge
d Plattenabstand

Kräfte zwischen geladenen Platten

Platten, zwischen denen el. Spannung anliegt, ziehen sich gegenseitig an. Die Kraft ist proportional zur Plattenfläche und proportional zum Quadrat der angelegten Spannung.
Die Kraftwirkung zwischen Platten wird z.B. bei Lautsprechern und elektrostatischen Messwerken technisch genutzt.

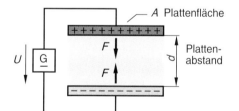

A Plattenfläche

Platten-
abstand

Kraft zwischen
den Platten

$$F = \frac{\varepsilon_0 \cdot \varepsilon_r \cdot A \cdot U^2}{2 \cdot d^2}$$

$$[F] = \frac{\frac{As}{Vm} \cdot m^2 \cdot V^2}{m^2}$$

$$= \frac{VAs}{m} = \frac{Nm}{m} = N$$

Energie im elektrischen Feld

Im elektrischen Feld eines Kondensators ist Energie gespeichert. Je nach Kapazität und Spannung liegt die Energie zwischen 10^{-12} Ws und einigen kWs. Diese Energiemengen reichen aus für z. B. das Glätten von gleichgerichteten Wechselspannungen, sowie die Kompensation induktiver Blindleistungen. Für die elektrische Energieversorgung sind diese Energiemengen allerdings bei weitem zu klein.

Elektrische
Feldstärke E

Volumen des
Feldes V

Kapazität C

Energie und
elektr. Spannung

$$W = \frac{1}{2} \cdot C \cdot U^2$$

Energie und
elektrisches Feld

$$W = \frac{1}{2} \varepsilon_0 \cdot \varepsilon_r \cdot E^2 \cdot V$$

3.10 Schaltvorgänge am Kondensator

Ladung mit konstanter Spannung

Ladevorgang

Der Ladevorgang kann in drei Schritte unterteilt werden:
1. Vor dem Einschalten hat der Kondensator die Spannung $u_C = 0$.
2. Beim Einschalten ist $u_C = 0$, der Strom springt auf den Wert $i = U_B / R_L$.
3. Nach dem Einschalten steigt u_c auf U_B und i sinkt auf null. Der zeitliche Verlauf hängt von der Zeitkonstanten τ_L ab. Der Vorgang gilt nach $5\,\tau_L$ als abgeschlossen.

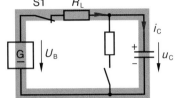

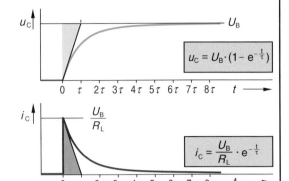

Ladezeit-
konstante

$$\tau_L = R_L \cdot C$$

$$[\tau] = \Omega \cdot \frac{As}{V} = s$$

$$u_C = U_B \cdot \left(1 - e^{-\frac{t}{\tau}}\right)$$

$$i_C = \frac{U_B}{R_L} \cdot e^{-\frac{t}{\tau}}$$

Entladevorgang

Beim Entladen fließt die Ladung des Kondensators über einen Entladewiderstand ab. Dabei sinken Spannung und Strom auf null ab.
Der zeitliche Verlauf hängt von der Entladezeitkonstante τ_E ab. Nach $5\,\tau_E$ gilt der Entladevorgang wie der Ladevorgang als abgeschlossen.

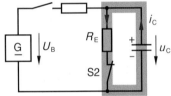

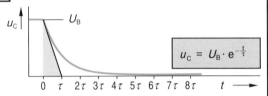

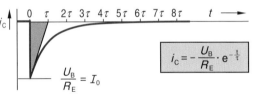

Entladezeit-
konstante

$$\tau_E = R_E \cdot C$$

$$[\tau] = \Omega \cdot \frac{As}{V} = s$$

$$u_C = U_B \cdot e^{-\frac{t}{\tau}}$$

$$\frac{U_B}{R_E} = I_0$$

$$i_C = -\frac{U_B}{R_E} \cdot e^{-\frac{t}{\tau}}$$

Lade- und Entladezeit

Mit den obigen Formeln können die Ladezustände des Kondensators zu jedem Zeitpunkt berechnet werden. Soll hingegen der Zeitpunkt bestimmt werden, zu dem eine bestimmte Ladespannung bzw. ein bestimmter Ladestrom auftreten, so müssen die Formeln nach der Zeit t umgestellt werden. Dies erfolgt mit der „Hut-ab-Regel". Die Rechnung zeigt exemplarisch die Umformung der Spannungsformel nach der Zeit t.

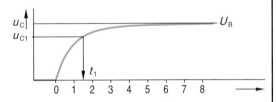

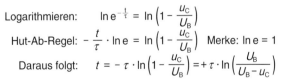

Beispiel: Aus $u_C = U_B \cdot \left(1 - e^{-\frac{t}{\tau}}\right)$

folgt: $\dfrac{u_C}{U_B} = 1 - e^{-\frac{t}{\tau}}$

und: $e^{-\frac{t}{\tau}} = 1 - \dfrac{u_C}{U_B} = \dfrac{U_B - u_C}{U_B}$

Logarithmieren: $\ln e^{-\frac{t}{\tau}} = \ln\left(1 - \dfrac{u_C}{U_B}\right)$

Hut-Ab-Regel: $-\dfrac{t}{\tau} \cdot \ln e = \ln\left(1 - \dfrac{u_C}{U_B}\right)$ Merke: $\ln e = 1$

Daraus folgt: $t = -\tau \cdot \ln\left(1 - \dfrac{u_C}{U_B}\right) = +\tau \cdot \ln\left(\dfrac{U_B}{U_B - u_C}\right)$

Zeit bis zu einem bestimmten Ladezustand

Lade-
spannung
$$t = -\tau \cdot \ln\left(1 - \frac{u_C}{U_B}\right) = +\tau \cdot \ln\left(\frac{U_B}{U_B - u_C}\right)$$

Lade-
strom
$$t = -\tau \cdot \ln\left(\frac{i}{I_0}\right) = +\tau \cdot \ln\left(\frac{I_0}{i}\right)$$

Zeit bis zu einem bestimmten Entladezustand

Entlade-
spannung
$$t = -\tau \cdot \ln\left(\frac{u_C}{U_B}\right) = +\tau \cdot \ln\left(\frac{U_B}{u_C}\right)$$

Entlade-
strom
$$t = -\tau \cdot \ln\left(\frac{i}{I_0}\right) = +\tau \cdot \ln\left(\frac{I_0}{i}\right)$$

© Holland + Josenhans

Kondensator in Netzwerken

Umladevorgänge

Laden und Entladen kann mit unterschiedlichen Zeitkonstanten erfolgen.

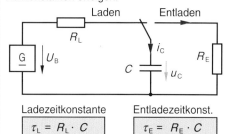

Beispiel: $R_E = 2 \cdot R_L \longrightarrow \tau_E = 2 \cdot \tau_L$

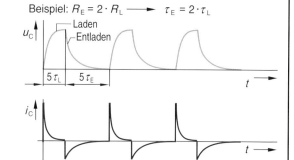

Ladezeitkonstante	Entladezeitkonst.
$\tau_L = R_L \cdot C$	$\tau_E = R_E \cdot C$

Berechnung mit Ersatzspannungsquelle

Schaltung

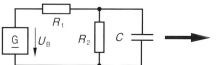

Ersatzschaltung

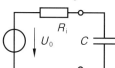

Leerlauf-spannung $\quad U_0 = \dfrac{R_2}{R_1 + R_2} \cdot U_B$

Innen-widerstand $\quad R_i = \dfrac{R_1 \cdot R_2}{R_1 + R_2}$

Zeit-konstante $\quad \tau = R_i \cdot C$

Impulsverformung

RC-Glieder verformen das Eingangssignal. Bei Abnahme am Widerstand und kleiner Zeitkonstante wird die Eingangsspannung differenziert, bei Abnahme am Kondensator und großer Zeitkonstante wird sie integriert.

3

Eingangs-spannung mit $t_i = t_p$

Differenzierglied für $\tau \ll t_i$ **Integrierglied** für $\tau \gg t_i$

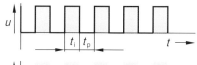

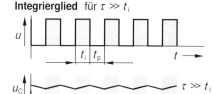

Ausgangs-spannungen

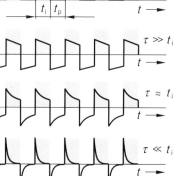

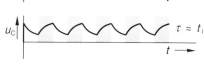

Ladung mit Konstantstrom

Beim Laden mit Konstantstrom steigt die Spannung am Kondensator linear an.

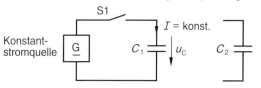

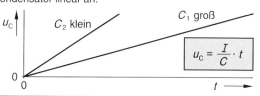

$$u_C = \frac{I}{C} \cdot t$$

3.11 Magnetisches Feld und Spule

Magnetische Grundgrößen

Strom und Magnetismus

Jeder stromdurchflossene Leiter ist von einem zylinderförmigen Magnetfeld umgeben. Die Richtung der Feldlinien wird mithilfe der Rechtsschraubenregel bestimmt.

Räumliche Darstellung

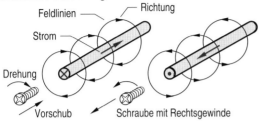

Flächenhafte Darstellung

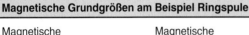

Spulen
Zur Verstärkung des Magnetfeldes werden elektrische Leiter zu Spulen aufgewickelt. Stromdurchflossene Spulen haben ausgeprägte Magnetpole. Die Austrittstelle der Feldlinien heißt Nordpol, die Eintrittstelle Südpol.
Im Innern von langen, dünnen Spulen ist das Magnetfeld gleichförmig (homogen).

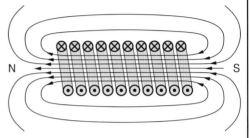

Magnetische Grundgrößen am Beispiel Ringspule

Magnetische Durchflutung Θ

Magnetische Feldstärke H

Induktion (Flussdichte) B und magnetischer Fluss Φ

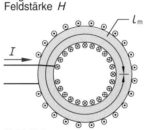

Induktion

$$B = \mu_0 \cdot H$$

$$[B] = \frac{Vs}{m^2} = T$$
(T = Tesla)

Magn. Fluss

$$\Phi = B \cdot A$$

$[\Phi] = Vs = Wb$
(Wb = Weber)

Durchflutung

$$\Theta = I \cdot N \qquad [\Theta] = A$$

Feldstärke

$$H = \frac{I \cdot N}{l_m} \qquad [H] = \frac{A}{m}$$

Magnetische Feldkonstante

$$\mu_0 = 1{,}257 \cdot 10^{-6} \frac{Vs}{Am}$$

I elektr. Strom N Windungszahl l_m mittlere Feldlinienlänge A durchsetzte Querschnittsfläche

Feldstärke bei einfachen Leiteranordnungen

Langer gerader Leiter

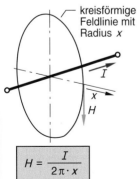

kreisförmige Feldlinie mit Radius x

$$H = \frac{I}{2\pi \cdot x}$$

Kreisförmiger Leiter

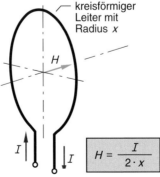

kreisförmiger Leiter mit Radius x

$$H = \frac{I}{2 \cdot x}$$

Lange, dünne Spule (Solenoid)

Bei langen, dünnen Spulen herrscht im Innern der Spule ein homogenes Feld.
(Richtwert: $l > 10 \cdot d$)

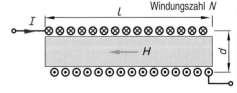

Windungszahl N

Magnetische Feldstärke im Innern der Spule

$$H = \frac{I \cdot N}{l}$$

Eisen im Magnetfeld

Enthält eine Spule einen Eisenkern, so wird das Magnetfeld um den Faktor μ_r verstärkt. Da diese so genannte Permeabilitätszahl keine Konstante ist, wird der Zusammenhang zwischen Induktion B und Feldstärke H aus Kennlinien bestimmt.

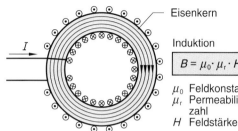

Eisenkern

Induktion

$$B = \mu_0 \cdot \mu_r \cdot H$$

μ_0 Feldkonstante
μ_r Permeabilitätszahl
H Feldstärke

Magnetisierungskennlinie (MK) von Eisen

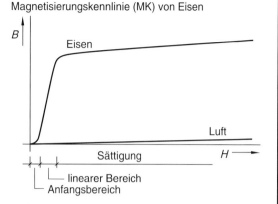

Magnetisierungskennlinien

a) für kleine magnetische Feldstärken

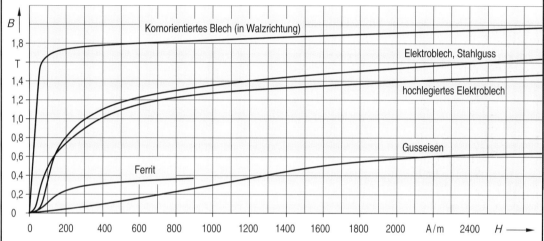

b) für große magnetische Feldstärken

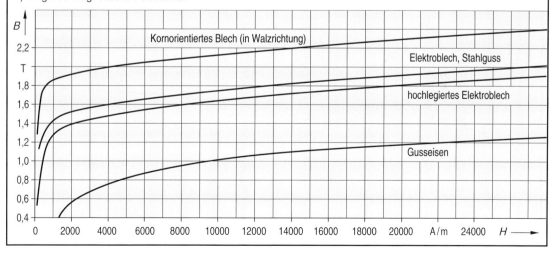

3.12 Magnetischer Kreis

Eisenkern mit Luftspalt

Ohmsches Gesetz im magnetischen Kreis

Elektrischer Stromkreis

elektrischer Widerstand R

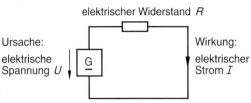

Ursache:
elektrische
Spannung U

Wirkung:
elektrischer
Strom I

Zusammenhang: $\boxed{U = I \cdot R}$

Magnetischer Kreis

magnetischer Widerstand R_m

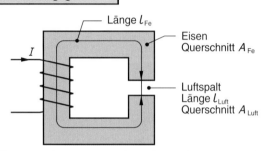

Ursache:
Durchflutung Θ
$\Theta = I \cdot N$
(magnetische
Spannung)

Wirkung:
magnetischer
Fluss Φ

Zusammenhang: $\boxed{\Theta = \Phi \cdot R_m}$

Magnetische Widerstände und Durchflutungsgesetz

Enthält eine Spule einen Eisenkern mit Luftspalt, so muss der Magnetfluss den Eisen- und den Luftwiderstand überwinden. Zur Berechnung ist dabei der Vergleich mit einem elektrischen Stromkreis sinnvoll: im Stromkreis verteilt sich die elektrische Spannung auf die einzelnen Widerstände, im Magnetkreis verteilt sich die Durchflutung auf die magnetischen Teilwiderstände.

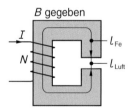

Länge l_{Fe}
Eisen
Querschnitt A_{Fe}
Luftspalt
Länge l_{Luft}
Querschnitt A_{Luft}

Magnetischer Widerstand

in Eisen

$$R_{m\,Fe} = \frac{l_{Fe}}{\mu_0 \cdot \mu_r \cdot A_{Fe}}$$

in Luft

$$R_{m\,Luft} = \frac{l_{Luft}}{\mu_0 \cdot A_{Luft}}$$

$$[R_m] = \frac{m \cdot Am}{Vs \cdot m^2} = \frac{1}{\Omega s}$$

Das Durchflutungsgesetz stellt den Zusammenhang zwischen Durchflutung (magnetischer Spannung) und Induktion dar. In Analogie zur Maschenregel gilt: Die Gesamtdurchflutung ist gleich der Summe der Teildurchflutungen.

$$\Theta_{ges} = \Theta_1 + \Theta_2 + \Theta_3 + \ldots$$

$$I \cdot N = H_1 \cdot l_1 + H_2 \cdot l_2 + \ldots$$

$$I \cdot N = H_{Fe} \cdot l_{Fe} + H_{Luft} \cdot l_{Luft}$$

Magnetischer Kreis, Berechnung

Fall 1: Eisenkern und Induktion gegeben

Die notwendige Durchflutung wird mit
$I \cdot N = H_{Fe} \cdot l_{Fe} + H_{Luft} \cdot l_{Luft}$
berechnet.
Dabei wird H_{Fe} aus der Kennlinie, H_{Luft} nach Formel bestimmt.

B gegeben

I
N
l_{Fe}
l_{Luft}

Ablesen von H_{Fe}

B gegeben
H abgelesen
B in T
H in A/m

Berechnen von H_{Luft}

$$H_{Luft} = \frac{B_{Luft}}{\mu_0}$$

mit
$\mu_0 = 1{,}257 \cdot 10^{-6} \dfrac{Vs}{Am}$

Fall 2: Eisenkern und Durchflutung gegeben

Die Induktion wird grafisch ermittelt.
Dazu wird in die Fe-Kennlinie die Luftkennlinie mit den Endpunkten

$$B_0 = \frac{I \cdot N \cdot \mu_0}{l_{Luft}} \quad \text{und}$$

$$H_0 = \frac{I \cdot N}{l_{Fe}}$$ eingezeichnet. Der Schnittpunkt kennzeichnet die Induktion im Luftspalt bzw. im Eisenkern ($B_{Luft} = B_{Fe}$).

$I \cdot N$ gegeben

I
N
l_{Fe}
l_{Luft}

$B_0 = \dfrac{I \cdot N \cdot \mu_0}{l_{Luft}}$

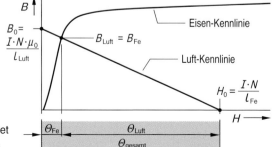

B
$B_{Luft} = B_{Fe}$
Eisen-Kennlinie
Luft-Kennlinie
$H_0 = \dfrac{I \cdot N}{l_{Fe}}$
H
Θ_{Fe}
Θ_{Luft}
Θ_{gesamt}

Magnetisierungs- und Ummagnetisierungskurve

Wird eine eisengefüllte Spule von Strom durchflossen, so wird im Eisen Magnetismus erzeugt. Der Zusammenhang zwischen Feldstärke und Induktion ist nicht linear; er wird deshalb nicht durch eine Formel, sondern durch eine so genannte Magnetisierungskennlinie dargestellt.

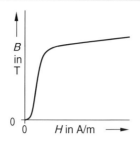

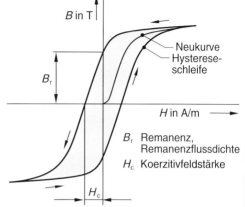

B_r Remanenz, Remanenzflussdichte

H_c Koerzitivfeldstärke

Wird der Strom in einer eisengefüllten Spule reduziert, sinkt die Induktion. Allerdings bleibt nach dem Abschalten ein gewisser Restmagnetismus (Remanenz) übrig. Um den Restmagnetismus auf null zu reduzieren, muss eine bestimmte Gegenfeldstärke aufgebracht werden. Sie heißt Koerzitivfeldstärke. Magnetisieren und Entmagnetisieren werden in der Ummagnetisierungskennlinie (Hystereseschleife) dargestellt.

Weichmagnetische Werkstoffe

Werkstoffe mit kleiner Koerzitivfeldstärke, d.h. mit schmaler Hysteresekurve, heißen „weichmagnetische" Stoffe. Sie haben relativ kleine Ummagnetisierungsverluste und werden deshalb z.B. für Motor- und Transformatorenbleche eingesetzt.

Weichmagnete

Weichmagnetische Werkstoffe haben eine kleine Koerzitivfeldstärke, z.B.:

Reineisen   bis 240 A/m
Fe-Si-Legierung bis 20 A/m
Mn-Zn-Ferrit   bis 35 A/m

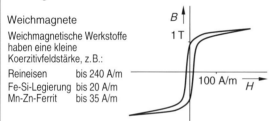

Behandlung	Kurzname	Dicke in mm	Verluste in W/kg		
			1,0 T	1,5 T	1,7 T
kaltgewalzt, nicht kornorientiert, schlussgeglüht	V250-35A	0,35	1,00	2,50	—
	V270-50A	0,50	1,10	2,70	—
	V350-65	0,65	1,50	3,50	—
kaltgewalzt, nicht kornorientiert, nicht schlussgeglüht	—	—	—	—	—
	VH660-50	0,50	2,80	2,7	—
	VH800-65	0,65	3,30	8,00	—
kaltgewalzt, kornorientiert	VM89-27M	0,27	—	0,89	1,40
	VM97-30N	0,30	—	0,97	1,50
	VM111-35N	0,35	—	1,11	1,35

Magnetische Teile können entmagnetisiert werden, wenn die Elementarmagnete wieder in einen ungeordneten Zustand versetzt werden. Man erreicht das z.B. dadurch, dass man das Teil in ein magnetisches Wechselfeld bringt und den Magnetisierungsstrom langsam schwächt.

Den gleichen Effekt erreicht man, indem man das zu entmagnetisierende Teil langsam aus einem Wechselfeld herauszieht. Entmagnetisierung tritt auch ein, wenn das Werkstück über die Curietemperatur (bei Eisen 770 °C) erwärmt wird.

Hartmagnetische Werkstoffe

Werkstoffe mit hoher Koerzitivfeldstärke, d.h. mit breiter Hysteresekurve, heißen „hartmagnetische" Stoffe. Sie werden für Dauermagnete verwendet. Geeignet sind z.B. Legierungen aus Eisen, Nickel, Kobalt, Aluminium.

Hartmagnete

Hartmagnetische Werkstoffe haben eine große Koerzitivfeldstärke, z.B.:

Al-Ni-Co-Legierung bis 150 kA/m
Bariumferrit   bis 350 kA/m

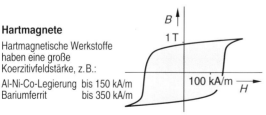

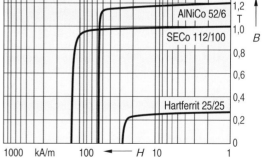

AlNiCo 52/6

SECo 112/100

Hartferrit 25/25

3.14 Induktion und Induktivität

Induktionsgesetz

Induktion einer Leiterschleife

Elektrischer Strom und magnetisches Feld sind untrennbar miteinander verbunden. Es gilt:
1. jede Verschiebung elektrischer Ladungen erzeugt ein Magnetfeld
2. jede Änderung eines Magnetfeldes erzeugt eine Ladungsverschiebung, somit eine elektrische Spannung.

Die so erzeugte Spannung heißt Induktionsspannung. Sie wurde um 1831 von dem englischen Physiker und Chemiker Michael Faraday (1791-1867) entdeckt.

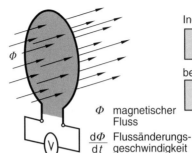

Induzierte Spannung bei 1 Windung

$$u = \frac{\Delta \Phi}{\Delta t} \qquad u = \frac{d\Phi}{dt}$$

bei N Windungen

$$u = N \cdot \frac{\Delta \Phi}{\Delta t} \qquad u = N \cdot \frac{d\Phi}{dt}$$

$$[u] = 1 \cdot \frac{Vs}{s} = V$$

Φ magnetischer Fluss

$\dfrac{d\Phi}{dt}$ Flussänderungsgeschwindigkeit

Hinweis:

$\dfrac{\Delta \Phi}{\Delta t}$ = Differenzenquotient

= Steigung der Sekante

$\dfrac{d\Phi}{dt}$ = Differenzialquotient

= Steigung der Tangente

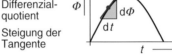

Grenzübergang für $\Delta t \longrightarrow 0$

$$\frac{\Delta \Phi}{\Delta t} \longrightarrow \frac{d\Phi}{dt}$$

Transformatorprinzip, Induktion der Ruhe

Ursache für das Entstehen einer Induktionsspannung ist immer eine Flussänderung $d\Phi/dt$. Diese Flussänderung kann z.B. durch einen zeitlich veränderlichen Strom i_1 in einer Spule 1 erzeugt werden. Durchsetzt dieser Magnetfluss eine zweite Spule 2, so wird in dieser eine Spannung u_2 induziert. Der bei Belastung von Spule 2 fließende Strom i_2 ist so gerichtet, dass er der Änderung des magnetischen Flusses entgegenwirkt (lenzsche Regel).

Die Erzeugung von Spannung nach dem beschriebenen Prinzip wird Transformatorprinzip genannt. Da sich hier keine mechanischen Teile bewegen, spricht man auch von „Induktion der Ruhe".

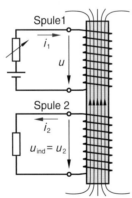

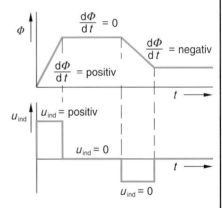

Generatorprinzip, Induktion der Bewegung

Elektrische Spannung wird meist durch „Induktion der Bewegung" erzeugt. Dabei wird z.B. eine Leiterschleife in einem fest stehenden Magnetfeld gedreht. Bei homogenem Magnetfeld und gleichförmiger Drehung hat die induzierte Spannung einen sinusförmigen Verlauf.

Großtechnisch werden Innenpolmaschinen eingesetzt. Dabei dreht sich der Magnet (Polrad) und die induzierte Spannung wird an fest stehenden Spulen abgegriffen.

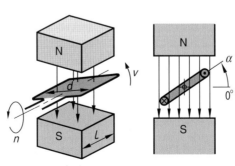

Winkelgeschwindigkeit $\omega = 2\pi \cdot n$

Dreht sich die Leiterschleife mit konstanter Drehfrequenz (Drehzahl), so gilt für die induzierte Spannung:

bei 1 Windung

$$u = B \cdot 2l \cdot v \cdot \sin \alpha$$

bei N Windungen

$$u = B \cdot 2l \cdot v \cdot N \cdot \sin \alpha$$

$$[u] = \frac{Vs}{m^2} \cdot m \cdot \frac{m}{s} = V$$

mit $v = d \cdot \pi \cdot n$
(Umfangsgeschwindigkeit)

Induktion und Induktivität

Stromkreis mit veränderbarem Widerstand

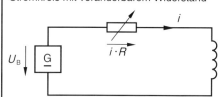

induzierte Spannung

$$u = N \cdot \frac{d\Phi}{dt}$$

J. Henry (1797-1878)

$$u = N \cdot \frac{d\Phi}{dt}$$

$$u = \frac{N \cdot \Phi}{I} \cdot \frac{di}{dt}$$

Mit $\frac{N \cdot \Phi}{I} = L$

$$u = L \cdot \frac{di}{dt}$$

L Induktivität

$$[L] = \frac{Vs}{A} = H \text{ (Henry)}$$

$$[u] = \frac{Vs}{A} \cdot \frac{A}{s} = V$$

Wird in einer Spule der Stromfluss geändert, z.B. durch Verändern eines Vorwiderstandes, so wird in ihr eine Spannung induziert. Diese Spannung heißt Selbstinduktionsspannung; sie wirkt der Stromänderung entgegen (lenzsche Regel).
Die induzierte Spannung hängt von der Stromänderung und von der Induktivität (Selbstinduktionskoeffizient) der Spule ab.
Die Induktivität ist eine Baugröße. Als Einheit der Induktivität gilt das nach dem amerikanischen Physiker Joseph Henry (1797-1878) benannte Henry (H). Es gilt: eine Spule hat die Induktivität 1 H, wenn eine Stromänderung von 1 A/s in ihr die Spannung 1 V induziert.

Induktivität von Spulen und Leiteranordnungen

Ringspule (Toroid)
Ringspulen haben eine klar definierte mittlere Feldlinienlänge. Die Induktivität ist daher mit nebenstehender Formel leicht berechenbar. Für lange, dünne Spulen gilt entsprechendes. Bei kurzen Spulen ist mithilfe eines Korrekturfaktors eine Näherungslösung möglich.

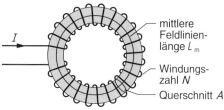

mittlere Feldlinienlänge l_m

Windungszahl N

Querschnitt A

Ringspule

$$L = \frac{\mu_0 \cdot A}{l_m} \cdot N^2$$

Zylinderspule (Solenoid)
Spulen mit $l > 10 \cdot d$ gelten als lang und dünn. Bei kürzeren Spulen muss ein Korrekturfaktor k berücksichtigt werden.

Lange Zylinderspule
Für $l > 10 \cdot d$ gilt:

$$L = \frac{\mu_0 \cdot A}{l} \cdot N^2$$

Kurze Zylinderspule
Für $l < 10 \cdot d$ gilt:

$$L = k \cdot \frac{\mu_0 \cdot A}{l} \cdot N^2$$

Eisenfreie Leiteranordnungen

Einfacher Ring

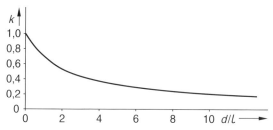

Doppelleitung

Koaxialleitung

L einfache Leiterlänge

$$L = \frac{\mu_0 \cdot D}{2} \cdot \left(\ln \frac{D}{d} + 0{,}25 \right)$$

$$L = \frac{\mu_0 \cdot l}{\pi} \cdot \left(\ln \frac{2a}{d} + 0{,}25 \right)$$

$$L = \frac{\mu_0 \cdot l}{2\pi} \cdot \left(\ln \frac{d_a}{d_i} + 0{,}25 \right)$$

Schalenkern, A_L-Wert
Die im Handel erhältlichen Magnetkerne sind wegen ihres komplexen Aufbaus nur schwer berechenbar. Die Hersteller geben deshalb zu jedem Kern den magnetischen Leitwert mit und ohne Luftspalt an. Dieser Wert heißt Induktivitätsfaktor (Kernfaktor, A_L-Wert). Er gibt die Induktivität für die Windungszahl $N = 1$ an.

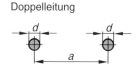

Schalenkern
— oberer Schalenteil

— Spulenkörper

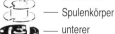

— unterer Schalenteil

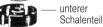

Induktivität und A_L-Wert

$$L = A_L \cdot N^2$$

3.15 Schaltvorgänge an der Spule

Aufbau und Abbau magnetischer Felder

Feldaufbau

Der Feldaufbau kann in drei Schritte unterteilt werden:
1. Vor dem Einschalten fließt der Strom $i_L = 0$.
2. Beim Einschalten ist $i_L = 0$, die Spannung springt auf U_B.
3. Nach dem Einschalten steigt i_L auf U_B/RL und i sinkt auf null. Der zeitliche Verlauf hängt von der Zeitkonstanten τ_L ab.

Der Vorgang gilt nach $5\,\tau_L$ als abgeschlossen.

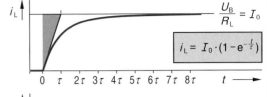

$$\frac{U_B}{R_L} = I_0$$

$$i_L = I_0 \cdot \left(1 - e^{-\frac{t}{\tau}}\right)$$

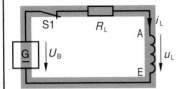

Feldaufbau-zeitkonstante

$$\tau_L = \frac{L}{R_L}$$

$$[\tau] = \frac{Vs}{A \cdot \Omega} = s$$

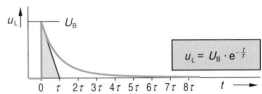

$$u_L = U_B \cdot e^{-\frac{t}{\tau}}$$

Die Zeit bis zum Erreichen eines bestimmten Magnetisierungsstromes bzw. einer bestimmten Induktionsspannung kann grafisch ermittelt oder mit nebenstehenden Formeln berechnet werden.
Herleitung der Formel siehe Seite 90.

Zeit bis Magnetisierungsstrom i_L erreicht ist:

$$t = -\tau \cdot \ln\left(1 - \frac{i_L}{I_0}\right) = +\tau \cdot \ln\left(\frac{I_0}{I_0 - i_L}\right)$$

Zeit bis Induktionsspannung u_L erreicht ist:

$$t = -\tau \cdot \ln\left(\frac{u_L}{U_B}\right) = +\tau \cdot \ln\left(\frac{U_B}{u_L}\right)$$

Feldabbau

Beim Ausschalten des Stromkreises induziert die Spule die (negative) Spannungsspitze $u_s = I_0 \cdot R_E$, weil die im Magnetfeld enthaltene Energie nicht sprungartig abgebaut werden kann und der Strom I_0 zunächst weiter fließen muss. Anschließend sinkt der Strom auf null, der zeitliche Verlauf ist von der Zeitkonstanten τ abhängig.

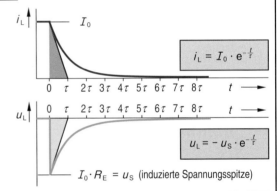

$$i_L = I_0 \cdot e^{-\frac{t}{\tau}}$$

$$u_L = -u_s \cdot e^{-\frac{t}{\tau}}$$

$I_0 \cdot R_E = u_s$ (induzierte Spannungsspitze)

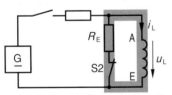

Feldabbau-zeitkonstante

$$\tau_E = \frac{L}{R_E}$$

$$[\tau] = \frac{Vs}{A \cdot \Omega} = s$$

u_L ist negativ (lenzsche Regel)

Die Zeit bis zum Erreichen eines bestimmten Zustandes kann grafisch ermittelt oder mit nebenstehenden Formeln berechnet werden.
Theoretisch sind Feldaufbau und Feldabbau erst nach unendlich langer Zeit abgeschlossen. In der Praxis gelten die Vorgänge nach $5\,\tau$ als beendet.

Zeit bis Magnetisierungsstrom i_L erreicht ist:

$$t = -\tau \cdot \ln\left(\frac{i_L}{I_0}\right) = +\tau \cdot \ln\left(\frac{I_0}{i_L}\right)$$

Zeit bis Induktionsspannung u_L erreicht ist:

$$t = -\tau \cdot \ln\left(\frac{u_L}{u_s}\right) = +\tau \cdot \ln\left(\frac{u_s}{u_L}\right)$$

Sanftes und abruptes Ausschalten von Spulen

Beim „sanften" Ausschalten kann der Strom z.B. über eine Freilaufdiode weiterfließen. Die Ausschalt-zeitkonstante ist $\tau = L/R_2$.

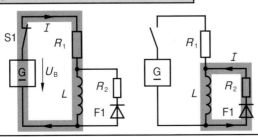

Beim „abrupten" Unterbrechen des Stromkreises fließt der Strom zunächst über einen Lichtbogen weiter. Der Vorgang ist praktisch nicht berechenbar.

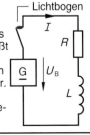

Schaltung von Induktivitäten

Magnetisch nicht gekoppelte Spulen

Induktivitäten können wie andere Bauteile in Reihe oder parallel geschaltet sein. Es gelten dabei im Prinzip die gleichen Gesetze wie bei ohmschen Widerständen. Voraussetzung ist aber, dass die Spulen sich gegenseitig nicht beeinflussen, d.h. dass sie nicht magnetisch bzw. induktiv gekoppelt sind.

Reihenschaltung

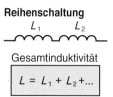

Gesamtinduktivität

$$L = L_1 + L_2 + ...$$

Parallelschaltung

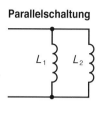

Gesamtinduktivität

$$\frac{1}{L} = \frac{1}{L_1} + \frac{1}{L_2} + ...$$

bei 2 Induktivitäten

$$L = \frac{L_1 \cdot L_2}{L_1 + L_2}$$

Magnetisch gekoppelte Spulen

Sind zwei Spulen in räumlicher Nähe zueinander, so beeinflussen sich die Magnetfelder gegenseitig. Dies kann bei der Berechnung der Gesamtinduktivität durch eine „Gegeninduktivität" M berücksichtigt werden.
Die Gegeninduktivität hängt von den beiden Induktivitäten L1 und L2 ab, sowie von den Streuflüssen bzw. dem Anteil des Flusses, der beide Spulen durchsetzt. Die Streuflüsse werden durch den so genannten Kopplungsfaktor k berücksichtigt.

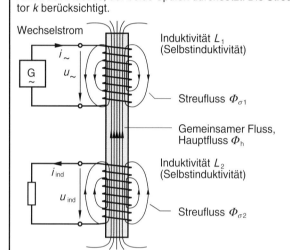

Wechselstrom

Induktivität L_1 (Selbstinduktivität)

Streufluss $\Phi_{\sigma 1}$

Gemeinsamer Fluss, Hauptfluss Φ_h

Induktivität L_2 (Selbstinduktivität)

Streufluss $\Phi_{\sigma 2}$

Gegeninduktivität
bei Kopplungsfaktor k

$$M = k \cdot \sqrt{L_1 \cdot L_2}$$

Reihenschaltung
gleicher Wickelsinn

$$L = L_1 + L_2 + 2M$$

entgegengesetzter W.

$$L = L_1 + L_2 - 2M$$

Parallelschaltung
gleicher Wickelsinn

$$L = \frac{L_1 \cdot L_2 - M^2}{L_1 + L_2 - 2M}$$

entgegengesetzter W.

$$L = \frac{L_1 \cdot L_2 - M^2}{L_1 + L_2 + 2M}$$

Magnetfeld und Energie

Im magnetischen Feld einer Spule ist Energie gespeichert. Je nach Induktivität und Strom kann die Speicherfähigkeit bis zu einigen kWh betragen.
Diese Energiemengen reichen aus z.B. für das Glätten von gleichgerichteten Wechselströmen, nicht aber für eine großtechnische Energieversorgung.

Spule mit Induktivität L

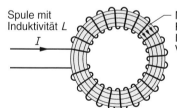

Magnetisches Feld mit Induktion B Volumen V

Energieinhalt

$$W = \frac{1}{2} \cdot L \cdot I^2$$

$$W = \frac{1}{2} \cdot \frac{B^2 \cdot V}{\mu_0 \cdot \mu_r}$$

Vergleich der Energiespeicher

Energie im Magnetfeld	Energie im elektrischen Feld	Bewegungsenergie bei Translation	Bewegungsenergie bei Rotation	Energie in gespannter Feder
$W = \frac{1}{2} \cdot L \cdot I^2$	$W = \frac{1}{2} \cdot C \cdot U^2$	$W = \frac{1}{2} \cdot m \cdot v^2$	$W = \frac{1}{2} \cdot J \cdot \omega^2$	$W = \frac{1}{2} \cdot D \cdot s^2$
$[W] = \frac{Vs}{A} \cdot A^2 = Ws$	$[W] = \frac{As}{V} \cdot V^2 = Ws$	$[W] = kg \cdot \frac{m^2}{s^2} = Nm$	$[W] = kg \cdot m^2 \cdot \frac{1}{s^2} = Nm$	$[W] = \frac{N}{m} \cdot m^2 = Nm$
L Induktivität I Strom	C Kapazität U Spannung	m Masse v Geschwindigkeit	J Trägheitsmoment ω Winkelgeschw.	D Federkonstante s Weg

3.16 Kräfte im Magnetfeld

Berechnung der magnetischen Kräfte

Stromdurchflossene Leiter im Magnetfeld

Stromdurchflossene Leiter erfahren im Magnetfeld eine ablenkende Kraft. Die Kraft wirkt senkrecht zum Feld und senkrecht zur Stromrichtung.

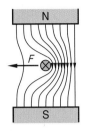

Ablenkkraft

$$F = I \cdot l \cdot B \cdot z$$

$$[F] = A \cdot m \cdot \frac{Vs}{m^2} = N$$

F Kraft
I Strom
l wirksame Leiterlänge
B Induktion
z Leiterzahl

Auf eine stromdurchflossene Leiterschleife wirkt
im Magnetfeld ein Kräftepaar.
Das Kräftepaar entspricht einem Drehmoment.

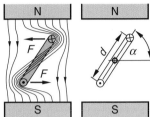

Drehmoment

$$M = I \cdot l \cdot B \cdot N \cdot d \cdot \sin\alpha$$

$$[M] = A \cdot m \cdot \frac{Vs}{m^2} \cdot m = Nm$$

l wirksame Leiterlänge
B Induktion, I Strom
d Spulendurchmesser
N Windungszahl
α Stellung der Spule

Kräfte zwischen stromdurchflossenen Leitern

Parallele, stromdurchflossene
Leiter üben aufeinander Kräfte
aus. Fließt der Strom in beiden
Leitern gleichsinnig, so ziehen
sich die Leiter an, fließen die
Ströme gegensinnig, so stoßen
sich die Leiter ab.
Bei großen Stromstärken, z.B.
in Sammelschienen, können
diese Kräfte sehr groß sein und
müssen bei der Festigkeitsbe-
rechnung berücksichtigt werden.

Anziehende Kräfte

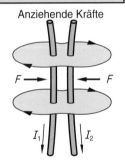

Abstoßende Kräfte

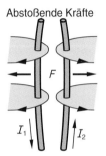

Ablenkkräfte

$$F = \frac{\mu_0 \cdot I_1 \cdot I_2 \cdot l}{2\pi \cdot a}$$

a Leiterabstand
l Leiterlänge
d Leiterdurchmesser

$$\mu_0 = 1,257 \cdot 10^{-6} \frac{Vs}{Am}$$

$$[F] = \frac{\frac{Vs}{Am} \cdot A \cdot A \cdot m}{m} = N$$

Formel gilt, wenn $a \gg d$

Haltekraft von Magneten

Die Kraftwirkung von magnetischen
Feldern wird für verschiedene
Arten von Elektromagneten genutzt,
z.B für Lasthebemagnete, Spann-
vorrichtungen sowie Schütze und
Relais.
Die Kraft-Formel dient zur Berechnung der Kraft zwischen Magnet
und Anker, wenn keine Bewegung
stattfindet. Diese Kraft wird auch als
Haltekraft bezeichnet.

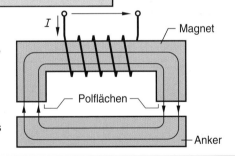

Haltekraft

$$F = \frac{B^2 \cdot A}{2 \cdot \mu_0}$$

A gesamte Polfläche
B Induktion, Flussdichte

$$\mu_0 = 1,257 \cdot 10^{-6} \frac{Vs}{Am}$$

$$[F] = \frac{V^2 \cdot s^2 \cdot m^2}{m^4 \cdot \frac{V \cdot s}{A \cdot m}} = N$$

Anwendung magnetischer Kräfte

Schlaganker
Der Kurzschlussstrom beschleunigt
den Schlaganker und unterstützt die
schnelle Öffnung der Kontakte.

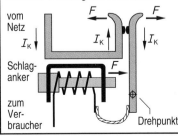

Kontaktkraftverstärkung
Große Ströme drücken die Schalt-
stücke auseinander und verstärken
somit die Kontaktkraft.

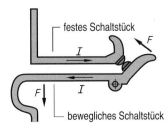

Dynamische Lichtbogenlöschung
Der Lichtbogen wird durch sein eige-
nes Magnetfeld nach außen ge-
drückt und damit gelöscht.

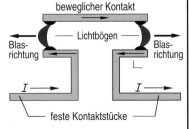

Geschichtliche Entwicklung

Obwohl der erste Wechselstromgenerator bereits im Jahre 1832 erfunden wurde, beschränkte sich die elektrische Energietechnik lange Zeit auf die Verwendung von Gleichstrom. Erst um 1880 begann sich Wechsel- und Drehstrom gegen den Widerstand so bedeutender Erfinder wie Thomas Alva Edison und Werner von Siemens durchzusetzen. Dafür gab es zwei Gründe:
1. Wechsel- bzw. Drehstrom kann auf hohe Spannung transformiert werden und somit wirtschaftlich über große Entfernungen transportiert werden.
2. Mit dreiphasigem Wechselstrom (Drehstrom) können Motoren betrieben werden, die den herkömmlichen Gleichstrommotoren überlegen sind.

Wesentlichen Anteil an der Entwicklung der Wechselstromtechnik hatten Nicola Tesla, Michail Dolivo-Dobrowolsky, der um 1889 den ersten brauchbaren Drehstrommotor entwickelt hatte und Oskar von Miller. Dobrowolsky führte auch den Namen „Drehstrom" ein.

M. Dolivo-Dobrowolsky (1862-1919)

Im Jahr 1891 wurde die erste Fernleitung zwischen Lauffen am Neckar und Frankfurt am Main installiert (etwa 8 kV). Ab etwa 1925 entstanden in ganz Europa Fernleitungen und Verbundsysteme mit Spannungen bis 400 kV.

Die Frequenz der Wechselspannung erhielt zu Ehren des deutschen Physikers Heinrich Rudolf Hertz (1857-1894) die Einheit Hertz (Hz). Technischer Wechselstrom hat in Europa die Frequenz 50 Hz, für Bahnmotoren 16 $\frac{2}{3}$ Hz. In den USA beträgt die Frequenz 60 Hz. Wechsel- bzw. Drehstrom wird in Synchrongeneratoren mit Leistungen bis etwa 1,3 GW erzeugt. Zum Betrieb moderner Drehstrommotoren wird Drehstrom mit variabler Frequenz über elektronische Frequenzumrichter gewonnen.

H. Hertz (1857-94)

Wechselspannung, Wechselstrom

Einphasige Wechselspannung

Technische Wechselspannung bzw. Wechselstrom hat einen sinusförmigen Verlauf mit der Periodendauer $T = 20$ ms, bzw. der Frequenz $f = 50$ Hz. Die Formeln gelten sinngemäß für Spannungen und Ströme. Die Verkettung von drei Strängen ergibt Drehstrom.

Spannungsverlauf	Kreisfrequenz und Frequenz	Periodendauer und Frequenz	Scheitelwert und Effektivwert
$u = \hat{u} \cdot \sin \omega t$	$\omega = 2\pi \cdot f$	$T = 1/f$	$\hat{u} = \sqrt{2} \cdot U$

u Augenblickswert
$\hat{u}$ Scheitelwert

ω Kreisfrequenz
f Frequenz
$[\omega] = 1/s$

T Periodendauer
$[T] = s$
$[f] = 1/s = $ Hz (Hertz)

$\hat{u}$ Scheitelwert
U Effektivwert

3

Außenpolgenerator   Innenpolgenerator

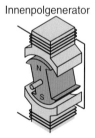

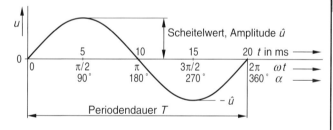

Scheitelwert, Amplitude $\hat{u}$

Periodendauer T

Dreiphasige Wechselspannung, Drehstrom

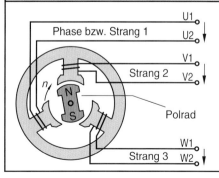

Phase bzw. Strang 1
Strang 2
Polrad
Strang 3

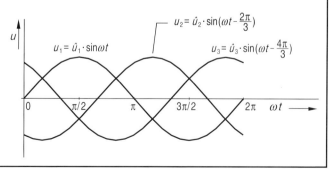

$u_1 = \hat{u}_1 \cdot \sin \omega t$

$u_2 = \hat{u}_2 \cdot \sin(\omega t - \frac{2\pi}{3})$

$u_3 = \hat{u}_3 \cdot \sin(\omega t - \frac{4\pi}{3})$

3.18 R, C, L im Wechselstromkreis

Wirk- und Blindwiderstände

Widerstand und Frequenz

Wirkwiderstand (ohmscher W.)
Drähte setzen dem Strom einen Widerstand entgegen, der von Länge, Querschnitt und Werkstoff abhängig ist. Die Frequenz hat hingegen keinen Einfluss.
Diese Widerstände sind Wirkwiderstände.
Sie wandeln elektrische Energie in Wärme.

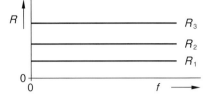

Ohmscher Widerstand

$$R = \frac{\varrho \cdot l}{A}$$

$$[R] = \frac{\Omega \cdot mm^2 \cdot m}{m \cdot mm^2} = \Omega$$

Kapazitiver Blindwiderstand
Kondensatoren setzen dem Strom einen Widerstand entgegen, der mit steigender Frequenz abnimmt.
Die zugeführte elektrische Energie wird nicht in Wärme umgesetzt, sondern in einer Halbperiode gespeichert und in der nächsten Halbperiode wieder abgegeben.

Kapazitiver Blindwiderstand

$$X_C = \frac{1}{2\pi f \cdot C} = \frac{1}{\omega \cdot C}$$

$$[X_C] = \frac{s \cdot V}{1 \cdot As} = \Omega$$

Induktiver Blindwiderstand
Spulen setzen dem Strom einen Widerstand entgegen, der mit steigender Frequenz ebenfalls ansteigt.
Die zugeführte elektrische Energie wird wie beim Kondensator, aber zeitlich verschoben, in einer Halbperiode gespeichert und dann wieder abgegeben.

Induktiver Blindwiderstand

$$X_L = 2\pi f \cdot L = \omega \cdot L$$

$$[X_L] = \frac{1 \cdot Vs}{s \cdot A} = \Omega$$

Komplexe Widerstände, Operatoren

Widerstände im Wechselstromkreis haben nicht nur einen Betrag, sondern auch eine Phasenlage. Derartige Widerstände heißen „komplexe Widerstände". Mit der „komplexen Rechnung" können alle Berechnungen wie im Gleichstromkreis durchgeführt werden.

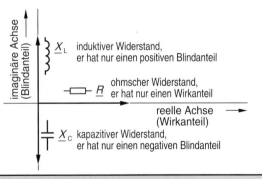

Wirkwiderstand

$$\underline{R} = R\underline{/0°} = R$$

Kapazitiver Blindwiderstand

$$\underline{X}_C = \frac{-j}{\omega C} = \frac{1}{\omega C}\underline{/-90°}$$

Induktiver Blindwiderstand

$$\underline{X}_L = j \cdot \omega L = \omega L\underline{/90°}$$

Ohmsches Gesetz in komplexer Form

Werden Spannungen, Ströme und Widerstände als komplexe Größen dargestellt, so werden Betrag und Phasenlage erfasst. Mit der „komplexen Rechnung" können alle Berechnungen, z.B. Addieren von Spannungen und Strömen oder Berechnungen nach dem ohmschen Gesetz wie im Gleichstromkreis durchgeführt werden.

Siehe auch Seite 40!

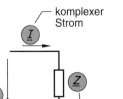

komplexer Strom

komplexe Spannung

komplexer Widerstand

$$\underline{I} = \frac{\underline{U}}{\underline{Z}} = \frac{U\underline{/\varphi_U}}{Z\underline{/\varphi_Z}} = \frac{U}{Z}\underline{/\varphi_U - \varphi_Z}$$

Beispiel:

$$\underline{U} = 230\,V\underline{/-120°}$$

$$\underline{Z} = 460\,\Omega\underline{/-30°}$$

$$\underline{I} = \frac{230\,V\underline{/-120°}}{460\,\Omega\underline{/-30°}} = 0{,}5\,A\underline{/-90°}$$

Komplexe Grundschaltungen

Reihenschaltungen

Reihenschaltung R und L

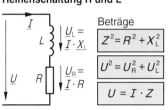

Beträge

$$Z^2 = R^2 + X_L^2$$

$$U^2 = U_R^2 + U_L^2$$

$$U = I \cdot Z$$

$U_L = \underline{I} \cdot \underline{X}_L$

$U_R = \underline{I} \cdot R$

Komplexe Darstellung

$\underline{Z} = \underline{R} + \underline{X}_L = R + j\omega L$

$\underline{U} = U_R + j \cdot U_L$

$\underline{U} = \underline{I} \cdot \underline{Z}$

Reihenschaltung R und C

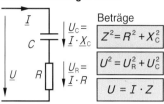

Beträge

$$Z^2 = R^2 + X_C^2$$

$$U^2 = U_R^2 + U_C^2$$

$$U = I \cdot Z$$

$U_C = \underline{I} \cdot \underline{X}_C$

$U_R = \underline{I} \cdot R$

Komplexe Darstellung

$\underline{Z} = \underline{R} + \underline{X}_C = R - j\dfrac{1}{\omega C}$

$\underline{U} = U_R - j \cdot U_C$

$\underline{U} = \underline{I} \cdot \underline{Z}$

Reihenschaltung R, L, C

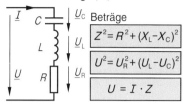

Beträge

$$Z^2 = R^2 + (X_L - X_C)^2$$

$$U^2 = U_R^2 + (U_L - U_C)^2$$

$$U = I \cdot Z$$

Komplexe Darstellung

$\underline{Z} = \underline{R} + \underline{X}_L + \underline{X}_C$

$\quad = R + j \cdot X_L - j \cdot X_C$

Parallelschaltungen

Parallelschaltung R, L

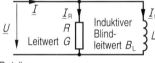

Induktiver Blind-leitwert B_L

Leitwert G

Beträge

$$Y^2 = G^2 + B_L^2 \qquad I^2 = I_R^2 + I_L^2$$

$$Z = 1/Y \qquad U = I \cdot Z$$

Komplexe Darstellung

$\underline{Y} = \underline{G} + \underline{B}_L$

$\quad = G + \dfrac{1}{j\omega L}$

$\underline{I} = I_R - j \cdot I_L$

Parallelschaltung R, C

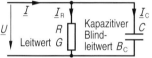

Kapazitiver Blind-leitwert B_C

Leitwert G

Beträge

$$Y^2 = G^2 + B_C^2 \qquad I^2 = I_R^2 + I_C^2$$

$$Z = 1/Y \qquad U = I \cdot Z$$

Komplexe Darstellung

$\underline{Y} = \underline{G} + \underline{B}_C$

$\quad = G + j\omega C$

$\underline{I} = I_R + j \cdot I_C$

Parallelschaltung R, L, C

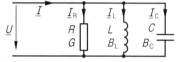

Beträge

$$Y^2 = G^2 + (B_L - B_C)^2 \qquad I^2 = I_R^2 + (I_L - I_C)^2$$

$$Z = 1/Y \qquad U = I \cdot Z$$

Komplexe Darstellung

$\underline{Y} = \underline{G} + \underline{B}_L + \underline{B}_C$

$\quad = \underline{G} + \dfrac{1}{j\omega L} + j\omega C$

$\underline{I} = I_R + j \cdot (I_C - I_L)$

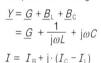

Äquivalente Ersatzschaltungen

Komplexe Reihenschaltungen lassen sich in gleichwertige (äquivalente) Parallelschaltungen umwandeln und umgekehrt. Die jeweils berechneten Werte gelten aber nur für die jeweils eingesetzte Frequenz.

Reihenschaltung (Index r)

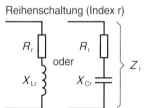

oder

$\Big\} Z_r$

Reihen- und Parallelschaltung sind äquivalent, wenn die Impedanzen und die Winkel der Schaltungen gleich sind:

$$Z_r = Z_p \qquad \cos\varphi_r = \cos\varphi_p$$

Parallelschaltung (Index p)

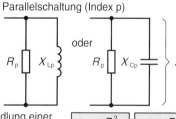

oder

$\Big\} Z_p$

Bei Umwandlung einer Reihenschaltung in eine Parallelschaltung gilt:

$$R_p = \frac{Z_r^2}{R_r} \qquad X_p = \frac{Z_r^2}{X_r}$$

Bei Umwandlung einer Parallelschaltung in eine Reihenschaltung gilt:

$$R_r = \frac{Z_p^2}{R_p} \qquad X_r = \frac{Z_p^2}{X_p}$$

Dabei gilt für die Reihenschaltung: $\quad Z_r^2 = R_r^2 + X_r^2$

Dabei gilt für die Parallelschaltung: $\quad Z_p^2 = \dfrac{R_p^2 \cdot X_p^2}{R_p^2 + X_p^2}$

mit $\quad X = X_L = \omega \cdot L \quad$ für

mit $\quad X = X_C = \dfrac{1}{\omega \cdot C} \quad$ für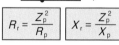

3

3.19 Pässe, Filter, Schwingkreise

Siebschaltungen

Pässe und Sperren

Enthält eine Schaltung Spulen und/oder Kondensatoren, so hat die Schaltung ein von der Frequenz abhängiges Verhalten. Wichtig ist vor allem das Durchgangs- bzw. Übertragungsverhalten von Vierpolen. Hinsichtlich ihres Durchgangsverhaltens können Vierpole in 4 Gruppen unterteilt werden:
1. **Tiefpässe** lassen Spannungen mit tiefen Frequenzen ungehindert passieren, Spannungen mit hohen Frequenzen gelangen hingegen nicht zum Ausgang.
2. **Hochpässe** lassen hohe Frequenzen passieren, alle tiefen Frequenzen werden gesperrt.
3. **Bandpässe** lassen nur Spannungen eines bestimmten Frequenzbereichs zum Ausgang.
4. **Bandsperren** sperren einen bestimmten Frequenzbereich und lassen den Rest passieren.

Pässe und Sperren werden allgemein auch als Siebschaltungen oder Filter bezeichnet.

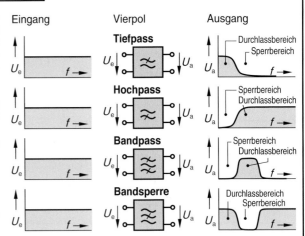

Frequenzgang

Ein Maß für das frequenzabhängige Verhalten eines Vierpols ist das Verhältnis der komplexen Ausgangsspannung U_a zur komplexen Eingangsspannung U_e. Das Verhältnis wird als Frequenzgang bzw. Übertragungsfunktion $F(\omega)$ bezeichnet.

$F(\omega)$ ist eine komplexe Größe; sie enthält den Betrag des Spannungsverhältnisses (Amplitudengang) sowie den Phasenwinkel zwischen Ein- und Ausgangsspannung (Phasengang).

Für den Frequenzgang ist die Grenzfrequenz f_g bzw. ω_g besonders wichtig. Es ist die Frequenz bzw. die Kreisfrequenz, bei der die Ausgangsspannung auf 70,7 % der Eingangsspannung abgefallen ist.

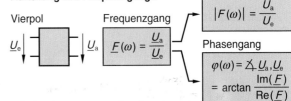

Aufteilung des Frequenzgangs

Vierpol — Frequenzgang $\underline{F}(\omega) = \dfrac{\underline{U}_a}{\underline{U}_e}$

Amplitudengang
$$|F(\omega)| = \frac{U_a}{U_e}$$

Phasengang
$$\varphi(\omega) = \sphericalangle\, \underline{U}_a, \underline{U}_e$$
$$= \arctan \frac{\mathrm{Im}(\underline{F})}{\mathrm{Re}(\underline{F})}$$

Bei Grenzfrequenz f_g bzw. ω_g gilt:
$$|F(\omega_g)| = \frac{U_a}{U_e} = \frac{1}{\sqrt{2}} = 0,707 = 70,7\,\%$$

Dämpfung und Verstärkung

Da die Ausgangsspannung beim passiven Vierpol immer kleiner als die Eingangsspannung ist, wird der Amplitudengang auch als Dämpfung bezeichnet (a attenuation, Dämpfung). Eine Verstärkung ist damit das Gegenstück zur Dämpfung.

Dämpfungsfaktor
$$D = |F(\omega)| = \frac{U_a}{U_e}$$

Dämpfungsmaß
$$a = 20 \cdot \lg \frac{U_a}{U_e}$$
$[a] = \mathrm{dB}$ (Dezibel)

	Dämpfung						Verstärkung				
$D = \dfrac{U_a}{U_e}$	$\dfrac{1}{1000}$	$\dfrac{1}{100}$	$\dfrac{1}{10}$	$\dfrac{1}{2}$	$\dfrac{1}{\sqrt{2}}$	1	$\sqrt{2}$	2	10	100	1000
$a = 20 \cdot \lg(U_a/U_e)$ in dB	−60	−40	−20	−6	−3	0	+3	+6	+20	+40	+60

Hoch- und Tiefpassverhalten

Hochpass, Amplitudengang in linearer Darstellung

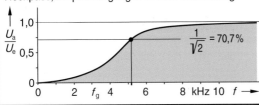

Tiefpass, Amplitudengang in linearer Darstellung

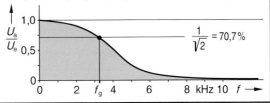

RC- und RL-Siebglieder

Tiefpässe mit RC- und LR-Gliedern

RC-Tiefpass

Zeitkonstante $\boxed{\tau = R \cdot C}$

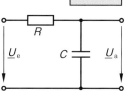

LR-Tiefpass

Zeitkonstante $\boxed{\tau = L/R}$

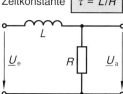

Mit $\omega = 2\pi f$ und der jeweiligen Zeitkonstanten gelten die die Formeln für beide Schaltungen

Frequenzgang $\boxed{\underline{F} = \dfrac{1}{1 + j\omega\tau}}$

Amplitudengang $\boxed{\dfrac{U_a}{U_e} = \sqrt{\dfrac{1}{1 + (\omega\tau)^2}}}$

Phasengang $\boxed{\varphi = -\arctan\omega\tau}$

Grenzfrequenz $\boxed{f_g = \dfrac{1}{2\pi \cdot \tau}}$

Hochpässe mit CR- und RL-Gliedern

CR-Hochpass

Zeitkonstante $\boxed{\tau = R \cdot C}$

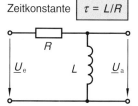

RL-Hochpass

Zeitkonstante $\boxed{\tau = L/R}$

Mit $\omega = 2\pi f$ und der jeweiligen Zeitkonstanten gelten die die Formeln für beide Schaltungen

Frequenzgang $\boxed{\underline{F} = \dfrac{1}{1 + 1/j\omega\tau}}$

Amplitudengang $\boxed{\dfrac{U_a}{U_e} = \sqrt{\dfrac{1}{1 + (1/\omega\tau)^2}}}$

Phasengang $\boxed{\varphi = \arctan(1/\omega\tau)}$

Grenzfrequenz $\boxed{f_g = \dfrac{1}{2\pi \cdot \tau}}$

Schwingkreise

Unbeeinflusste Schwingkreise schwingen mit ihrer **Eigenfrequenz** f_0 bzw. ω_0. Sie heißt auch Resonanzfrequenz und wird mit der „thomsonschen Schwingungsformel" berechnet:

$\boxed{f_0 = \dfrac{1}{2\pi \cdot \sqrt{L \cdot C}}}$

$\boxed{\omega_0 = \dfrac{1}{\sqrt{L \cdot C}}}$

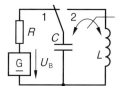

nach Umschalten auf Stellung 2: freie Schwingung mit Eigenfrequenz (Resonanzfrequenz)

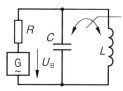

an Wechselspannungsquelle: erzwungene Schwingung mit Frequenz der Spannungsquelle

Kennwiderstand

$\boxed{Z_0 = \sqrt{\dfrac{L}{C}}}$

Reihenschwingkreis

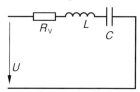

Komplexe Impedanz

$\boxed{\underline{Z} = R_V + j\omega L - \dfrac{j}{\omega C}}$

Kreisgüte

$\boxed{Q = \dfrac{1}{R_V} \cdot \sqrt{\dfrac{L}{C}}}$

Parallelschwingkreis

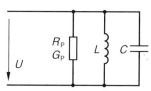

Komplexer Leitwert

$\boxed{\underline{Y} = G_P - \dfrac{j}{\omega L} + j\omega C}$

Kreisgüte

$\boxed{Q = R_P \cdot \sqrt{\dfrac{C}{L}}}$

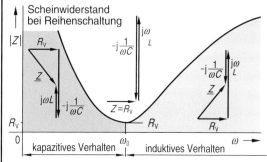

Scheinwiderstand bei Reihenschaltung

kapazitives Verhalten — induktives Verhalten

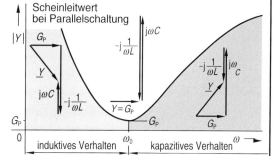

Scheinleitwert bei Parallelschaltung

induktives Verhalten — kapazitives Verhalten

3.20 Leistung bei Wechselstrom

Leistung bei Wechselstrom

Wirk-, Blind- und Scheinleistung

Strom und Spannung sind in Phase. Die Leistung ist immer positiv, d.h. es ist reine Wirkleistung.

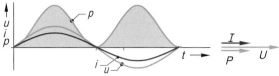

Wirkleistung

$$\underline{P} = P = P\underline{/0°}$$

$[P]$ = W (Watt)

Der Strom eilt der Spannung um 90° voraus, die Leistung ist abwechselnd positiv und negativ: es ist kapazitive Blindleistung.

Kapazitive Blindleistung

$$\underline{Q_C} = -jQ_C = Q_C\underline{/-90°}$$

Der Strom eilt der Spannung um 90° nach, die Leistung ist abwechselnd negativ und positiv: es ist induktive Blindleistung.

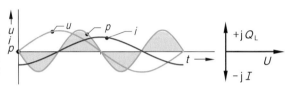

Induktive Blindleistung

$$\underline{Q_L} = +jQ_L = Q_L\underline{/+90°}$$

$[Q]$ = var (Voltampere reaktiv)

Die Leistung hat einen Wirk- und einen Blindanteil: es ist Scheinleistung.

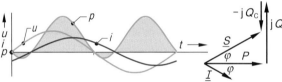

Scheinleistung

$$\underline{S} = P + jQ_L - jQ_C$$

$$S^2 = P^2 + (Q_L - Q_C)^2$$

$[S]$ = VA (Voltampere)

Leistungsfaktor

Enthält ein Stromkreis Wirk- und Blindverbraucher, so besteht zwischen Wirk- und Scheinleistung ein Phasenverschiebungswinkel φ. In der Praxis wird der Kosinus des Winkels angegeben, er heißt Leistungsfaktor. Der Leistungsfaktor ist das Verhältnis von Wirk- zu Scheinleistung.
Bei reiner Wirkleistung ist der Leistungsfaktor $\cos\varphi = 1$, bei reiner Blindleistung ist er $\cos\varphi = 0$.

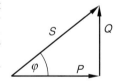

Leistungsfaktor

$$\cos\varphi = \frac{P}{S}$$

Der Leistungsfaktor kann induktiv oder kapazitiv sein.

Berechnung der Leistung

Berechnung mit Zeigerdiagramm

Induktive Last
Strom I eilt Spannung U um Winkel φ nach

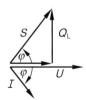

Scheinleistung

$$S = U \cdot I$$

Wirkleistung

$$P = U \cdot I \cdot \cos\varphi$$

Blindleistung

$$Q = U \cdot I \cdot \sin\varphi$$

Komplexe Berechnung

Die komplexe Leistung ist das Produkt aus komplexer Spannung und konjugiert komplexem Strom.

Komplexer Strom: $\quad \underline{I} = I\underline{/\varphi}$

Konjugiert komplexer Strom: $\underline{I}^* = I\underline{/-\varphi}$

$$\underline{S} = \underline{U} \cdot \underline{I}^* = U \cdot I \cdot \cos\varphi + j \cdot U \cdot I \cdot \sin\varphi$$

| komplexe Leistung | Wirkanteil | Blindanteil |

Kompensation

Leistungsfaktor

Die technischen Anschlussbedingungen (TAB) der Energieversorgungsunternehmen (EVU) schreiben in ihren Tarifverträgen die teilweise Kompensation der Blindleistung vor. Der nach der Kompensation auftretende Leistungsfaktor muss üblicherweise zwischen $\cos\varphi = 0,8$ ind. und $\cos\varphi = 0,9$ kap. liegen. Diese Vorschrift soll verhindern, dass Generatoren, Transformatoren und Übertragungsleitungen durch die zwischen Generator und Verbraucher hin und her pendelnde Blindleistung übermäßig belastet werden. Übersteigt der Blindleistungsbezug den vom EVU genehmigten Wert, so muss er vom Tarifkunden bezahlt werden. Die Messung erfolgt durch Blindleistungszähler.
Die Kompensation kann durch Einzel-, Gruppen- oder Zentralkompensation erfolgen.

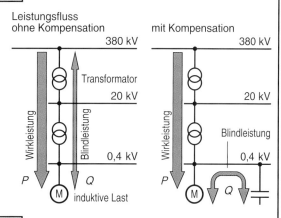

Leistungsfluss ohne Kompensation — mit Kompensation

Parallelkompensation

Die Kompensation induktiver Blindleistung erfolgt meist durch parallel geschaltete Kondensatoren. Die Blindleistung wird dann direkt aus dem Kondensator und nicht aus dem weit entfernten Generator bezogen. Die Methode kann für Wechsel- und für Drehstrom angewandt werden.

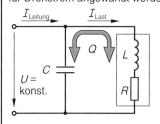

$U =$ konst.

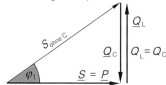

Vollständige Kompensation

$Q_L = Q_C$

Blindleistung

$$Q_C = P \cdot \tan\varphi$$

oder:

$$Q_C = \sqrt{S^2 - P^2}$$

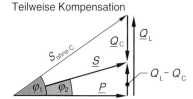

Teilweise Kompensation

Blindleistung

$$Q_C = P \cdot (\tan\varphi_1 - \tan\varphi_2)$$

Kapazität

$$C = \frac{Q_C}{\omega \cdot U^2}$$

Reihenkompensation, Duoschaltung

Prinzipiell kann Kompensation auch durch Reihenschaltung von Kondensatoren erfolgen. Allerdings wäre dazu ein Absenken der Eingangsspannung nötig.
In der Praxis hat nur die Duoschaltung Bedeutung. Dabei bleibt ein Zweig unkompensiert, der andere Zweig wird überkompensiert.

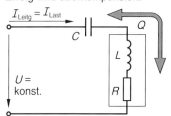

$U =$ konst.

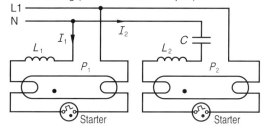

Duoschaltung (für 2 identische Lampen)

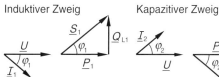

Induktiver Zweig — Kapazitiver Zweig

Duoschaltung:
Blindleistung des Kondensators

$$Q_C = 2 \cdot P \cdot \tan\varphi$$

P Wirkleistung mit Vorschaltgerät
$P_1 = P_2 = P$

φ Phasenlage
$\varphi_1 = \varphi_2 = \varphi$

Kapazität

$$C = \frac{I^2}{\omega \cdot Q_C}$$

I Strom einer Lampe
$(I_1 = I_2 = I)$

ω Kreisfrequenz
$\omega = 2\pi \cdot f$

3

3.21 Drehstrom

Verkettung zu Stern- und Dreieckschaltung

Grundbegriffe

„Drehstrom" ist dreiphasiger Wechselstrom, d.h.: drei Stränge mit zeitlich versetzten Spannungen sind zu einem gemeinsamen System zusammengeschaltet (verkettet). Die drei Stränge können dabei zur Stern- oder zur Dreieckschaltung verkettet sein.

Im Drehstromsystem unterscheidet man:
1. Strangströme
2. Leiterströme (Außenleiterströme)
3. Strangspannungen
4. Leiterspannungen (Spannungen zwischen den Leitern (Außenleitern)).

Sind alle drei Stranglasten nach Betrag und Phasenlage gleich, so ist die Belastung symmetrisch, im anderen Fall ist sie unsysmmetrisch.

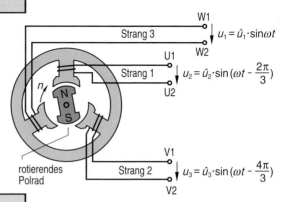

$$u_1 = \hat{u}_1 \cdot \sin \omega t$$

$$u_2 = \hat{u}_2 \cdot \sin \left(\omega t - \frac{2\pi}{3} \right)$$

$$u_3 = \hat{u}_3 \cdot \sin \left(\omega t - \frac{4\pi}{3} \right)$$

rotierendes Polrad

Symmetrische Belastung

Sternschaltung
Bei der Sternschaltung sind die Leiterströme gleich den Strangströmen, die Spannungen sind verkettet.

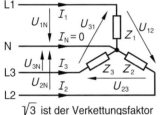

$\sqrt{3}$ ist der Verkettungsfaktor

Strangwiderstände
$$Z_1 = Z_2 = Z_3 = Z_{Strang}$$

Ströme
$$I_{Leiter} = I_{Strang}$$

Spannungen
$$U_{Leiter} = \sqrt{3} \cdot U_{Strang}$$

Dreieckschaltung
Bei der Dreieckschaltung sind die Leiterspannungen gleich den Strangspannungen, die Ströme sind verkettet.

$\sqrt{3}$ ist der Verkettungsfaktor

Strangwiderstände
$$Z_{12} = Z_{23} = Z_{31} = Z_{Str}$$

Ströme
$$I_{Leiter} = \sqrt{3} \cdot I_{Strang}$$

Spannungen
$$U_{Leiter} = U_{Strang}$$

Leistung von Drehstrommotoren

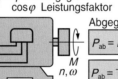

η Wirkungsgrad
$\cos\varphi$ Leistungsfaktor

Zugeführte Leistung

Scheinleistung
$$S = \sqrt{3} \cdot U \cdot I$$

Wirkleistung
$$P_{zu} = \sqrt{3} \cdot U \cdot I \cdot \cos\varphi$$

Abgegebene Leistung
$$P_{ab} = M \cdot 2\pi \cdot n = M \cdot \omega$$

$$P_{ab} = \sqrt{3} \cdot U \cdot I \cdot \eta \cdot \cos\varphi$$

M Drehmoment
n Drehfrequenz
ω Winkelgeschw.
U Leiterspannung
I Leiterstrom

Unsymmetrische Belastung

Das Versorgungsnetz gilt auch bei unsymmetrischer Belastung als „starr", d.h. die Leiterspannungen sind gleich. Für den N-Leiter-Strom, die Strangspannungen und die Leiterströme ergibt sich je nach Schaltung folgendes:

Sternschaltung mit N-Leiter

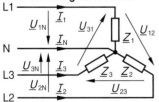

Im N-Leiter fließt Strom. Die Berechnung erfolgt mit einem maßstäblichen Zeigerbild oder mit komplexer Rechnung.

$$\underline{I}_N = -(\underline{I}_1 + \underline{I}_2 + \underline{I}_3)$$

Sternschaltung ohne N-Leiter

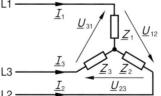

Ohne N-Leiter entsteht eine Sternpunktverschiebung, d.h. an den Strängen liegen unterschiedliche Spannungen. Zwischen dem neuen Sternpunkt und Nullpotenzial sind je nach Last Spannungen bis etwa 600 Volt möglich.

Dreieckschaltung

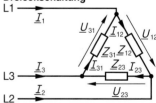

In den drei Leitern fließen unterschiedliche Ströme. Die Berechnung erfolgt zeichnerisch oder mit komplexer Rechnung,

z.B.:
$$\underline{I}_1 = \underline{I}_{12} - \underline{I}_{31}$$

Messung der Drehstromleistung

Messung im Vierleiternetz

Symmetrische Last
Bei symmetrischer Last fließt in allen Leitern der gleiche Strom. Es genügt daher, die Leistung für einen Strang zu messen und das Messergebnis mit 3 zu multiplizieren.
Der Faktor 3 ist bei manchen Messgeräten in der Anzeige bereits berücksichtigt.

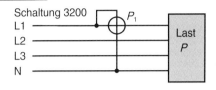

Schaltung 3200

Symmetrische Last Y oder Δ

$$P = 3 \cdot P_1$$

Unsymmetrische Last
Bei unsymmetrischer Last fließt über jeden Leiter ein anderer Strom. Zur Messung der Gesamtleistung müssen deshalb drei Messungen durchgeführt werden; die Messergebnisse sind anschließend zu addieren.
Wirken die drei Messwerke auf eine gemeinsame Welle, so wird bereits die Gesamtleistung gezeigt.

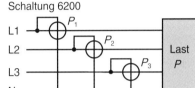

Schaltung 6200

Beliebige Last Y oder Δ

$$P = P_1 + P_2 + P_3$$

Messung im Dreileiternetz

Künstlicher Sternpunkt
In Dreileiternetzen, die naturgemäß keinen Sternpunkt haben, lassen sich Strangleistungen nicht direkt messen. Mithilfe von zwei zusätzlichen Widerständen, die aus dem Innenwiderstand des Spannungspfades und seinem Vorwiderstand berechnet werden, lässt sich jedoch ein künstlicher Sternpunkt nachbilden. Bei symmetrischer Last wird die Strangleistung angezeigt. Die Gesamtleistung erhält man durch Multiplikation mit dem Faktor 3.

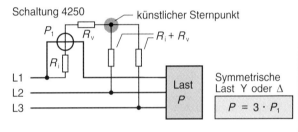

Schaltung 4250

künstlicher Sternpunkt

Symmetrische Last Y oder Δ

$$P = 3 \cdot P_1$$

Zwei-Wattmeter-Methode
Im Dreileiternetz kann mithilfe von zwei Wattmetern (Aron-Schaltung) bei symmetrischer und unsymmetrischer Last die Gesamtleistung gemessen werden. In dieser Schaltung können auch bei symmetrischer Last je nach Leistungsfaktor beide Messwerke unterschiedliche Werte anzeigen. Ist $\cos\varphi < 0{,}5$, so zeigt ein Gerät einen negativen Wert. Dies ist beim Ergebnis zu berücksichtigen.

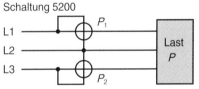

Schaltung 5200

Beliebige Last Y oder Δ

$$P = P_1 + P_2$$

3

Blindstromkompensation bei Drehstrom

Die TAB (Technische Anschlussbedingungen) schreiben meist vor, dass induktive Blindleistung großer Verbraucher ganz oder teilweise kompensiert werden muss. Dazu werden meist Kondensatorbatterien in Dreieckschaltung eingesetzt.
Die Berechnung der notwendigen Kondensatoren erfolgt wie bei einphasigem Wechselstrom (siehe Seite 106).

Wirkleistung P

Blindleistung Q_C

Wenn der Leistungsfaktor von $\cos\varphi_1$ auf $\cos\varphi_2$ verbessert werden soll, gilt für die Kondensatorleistung

$$Q_C = P \cdot (\tan\varphi_1 - \tan\varphi_2)$$

P aufgenommene Motorleistung

Die Kapazität eines Kondensators ist dann

$$C = \frac{1}{3} \cdot \frac{Q_C}{\omega \cdot U^2}$$

mit $\omega = 2\pi \cdot f$
f Frequenz (50 Hz)

3.22 Transformatoren

Transformator, Grundlagen

Aufbau und Wirkungsweise

Transformatoren bestehen im Wesentlichen aus zwei Spulen, die über einen Eisenkern magnetisch miteinander gekoppelt sind. Die Energie wird durch Induktion von der Eingangsseite (Primärseite) auf die Ausgangsseite (Sekundärseite) übertragen. Transformatoren werden zur Umwandlung von Spannungen, Strömen und Impedanzen (Widerständen) sowie zur galvanischen Trennung von Stromkreisen eingesetzt.

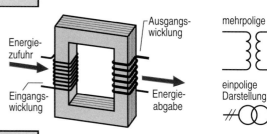

Transformationsgesetze beim idealen Transformator

Transformator im Leerlauf

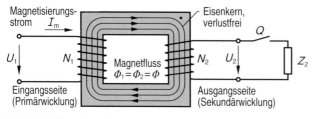

Transformatorenhauptgleichung

$$U_0 = 4{,}44 \cdot N \cdot f \cdot B_{max} \cdot A_{Fe}$$

U_0 induzierte Spannung
N Windungszahl
f Frequenz
B_{max} Induktion, Maximalwert
A_{Fe} Eisenquerschnitt

Spannungsübersetzung

$$\frac{U_1}{U_2} = \frac{N_1}{N_2} = ü$$

Belasteter Transformator
Bei Vernachlässigung des Magnetisierungsstromes gilt:

Stromübersetzung

$$\frac{I_1}{I_2} = \frac{N_2}{N_1} = \frac{1}{ü}$$

Übersetzung der Impedanzen

$$\frac{Z_1}{Z_2} = \frac{N_1^2}{N_2^2} = ü^2$$

Realer Transformator

Ersatzschaltbild

Die Verluste und Streuflüsse beim realen Transformator werden im Ersatzschaltbild erfasst:

R_{Fe} ⟶ Eisenverluste
X_h ⟶ Hauptinduktivität

R_{Cu} ⟶ Kupferverluste
X_σ ⟶ Streufelder

$\underline{I}_0$ Leerlaufstrom ⟹ I_{Fe} Wirkanteil
I_μ Blindanteil (Magnetisierungsstrom)

$\underline{U}_k$ Kurzschlussspg. ⟹ U_{Cu} Wirkanteil
U_σ Streuspannung

Leerlaufmessung
Die Leerlaufmessung erfolgt mit Nennspannung. Dabei werden gemessen: 1. Leerlaufstrom I_0
2. Eisenverluste $P_0 = P_{Fe}$
Der Leerlaufstrom dient zur Magnetisierung des Eisenkerns (Magnetisierungstrom I_μ) und zur Deckung der Eisenverluste durch Wirbelströme und Ummagnetisierung.

Längszweig vernachlässigbar

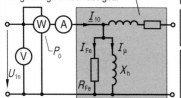

Berechnung:

$$R_{Fe}' = \frac{U_{1N}^2}{P_0}$$

$$X_h' = \frac{U_{1N}}{\sqrt{I_0^2 - \dfrac{P_0^2}{U_{1n}^2}}}$$

Kurzschlussmessung
Die Kurzschlussmessung erfolgt mit Nennstrom. Dabei werden gemessen: 1. Kurzschlussspannung U_k
2. Kupferverluste $P_k = P_{Cu}$
Die Kurzschlussspannung lässt bei kurzgeschlossenem Transformator den Nennstrom fließen. Sie wird in % der Nennspannung angegeben.

$$u_K = \frac{U_k}{U_n} \cdot 100\%$$

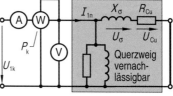

Berechnung:

$$R_{Cu}' = \frac{P_k}{I_{1n}^2}$$

$$X_\sigma' = \sqrt{\frac{U_{1k}^2}{I_{1n}^2} - \frac{P_k^2}{I_{1n}^4}}$$

Hinweis: Mit ' gekennzeichnete Werte, z.B. U_2', sind auf die Eingangsseite transformiert.

Spannungsfall bei Belastung

Bei Belastung des Transformators gibt es am Innenwiderstand einen Spannungsfall.
Bei induktiver Last sinkt die Ausgangsspannung stark, bei ohmscher Last weniger stark.
Bei kapazitiver Last steigt die Ausgangsspannung an, d.h. der Spannungsfall ist negativ.

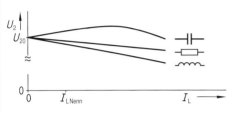

Zeigerbild

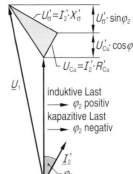

induktive Last
→ φ_2 positiv
kapazitive Last
→ φ_2 negativ

Ersatzschaltbild

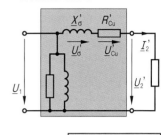

Definition
$$\Delta U' = |U_1| - |U_2'|$$

$$\Delta U' = U_{Cu}' \cdot \cos\varphi_2 + U_\sigma' \cdot \sin\varphi_2$$

Hinweis: Mit ' gekennzeichnete Werte, z.B. U_2', sind auf die Eingangsseite transformierte Werte.

Verluste und Wirkungsgrad

Der Wirkungsgrad eines Transformators ist stark von seiner Belastung abhängig:
Im Leerlauf und im Kurzschluss ist der Wirkungsgrad null, im Bereich der Nennlast steigt der Wirkungsgrad je nach Größe des Transformators auf bis zu 99,9%.
Die Belastung wird durch den Lastgrad α gekennzeichnet. Man versteht darunter das Verhältnis von tatsächlichem Laststrom zu Nennlaststrom. Die Fe-Verluste sind lastunabhängig, die Cu-Verluste steigen quadratisch mit dem Lastgrad.

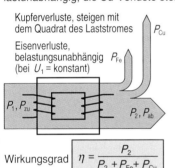

Kupferverluste, steigen mit dem Quadrat des Laststromes P_{Cu}

Eisenverluste, belastungsunabhängig P_{Fe} (bei U_1 = konstant)

P_1, P_{zu} → P_2, P_{ab}

Wirkungsgrad $\eta = \dfrac{P_2}{P_2 + P_{Fe} + P_{Cu}}$

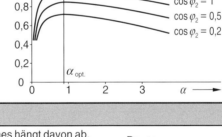

maximaler Wirkungsgrad, wenn $P_{Cu} = P_{Fe}$ und $\cos\varphi_2 = 1$

$\cos\varphi_2 = 1$
$\cos\varphi_2 = 0,5$
$\cos\varphi_2 = 0,2$

$\alpha_{opt.}$

Lastgrad
$$\alpha = \frac{S}{S_n} = \frac{I}{I_n}$$

Wirkungsgrad
$$\eta = \frac{P_2}{P_2 + P_{Fe\,n} + \alpha^2 \cdot P_{Cu\,n}}$$

$$P_2 = \alpha \cdot S_n \cdot \cos\varphi_2$$

Optimaler Lastgrad
$$\alpha_{opt} = \sqrt{\frac{P_{Fe\,n}}{P_{Cu\,n}}}$$

$P_{Fe\,n}$ Eisenverluste bei Nennspannung
$P_{Cu\,n}$ Kupferverluste bei Nennstrom
S_n Nennleistung
I_n Nennstrom

Kurzschlussströme

Der Verlauf eines Kurzschlussstromes hängt davon ab, zu welchem Zeitpunkt er eintritt. Tritt er beim Nulldurchgang der Spannung ein, so ist die Stromspitze (Stoßkurzschlussstrom) am größten.
Nach Abklingen des Einschwingvorgangs fließt (bis zum Abschalten) der „Dauerkurzschlussstrom".

Dauerkurzschlussstrom
$$I_{kd} = \frac{I_N}{u_k} \cdot 100\%$$

Maximaler Stoßkurzschlussstrom
$$i_s \approx 1,8 \cdot I_{kd}\sqrt{2} \approx 2,5 \cdot I_{kd}$$

u_k prozentuale Kurzschlussspannung

Abklingender Kurzschlussstrom

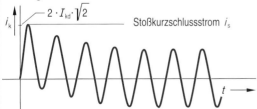

$2 \cdot I_{kd} \cdot \sqrt{2}$

Stoßkurzschlussstrom i_s

Komponenten des Kurzschlussstromes

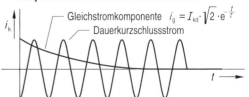

Gleichstromkomponente $i_g = I_{kd} \cdot \sqrt{2} \cdot e^{-\frac{t}{\tau}}$
Dauerkurzschlussstrom

3.23 Drehstromtransformatoren

Drehstromtransformatoren

Aufbau

Drehstrom kann mit drei einzelnen Transformatoren (Transformatorbank, in Amerika üblich) oder mit einem einzigen Drehstromtransformator (in Europa üblich) transformiert werden. Der übliche Dreischenkelkern eines Drehstromtransformators kann dabei aus drei einzelnen Kernen entwickelt werden.

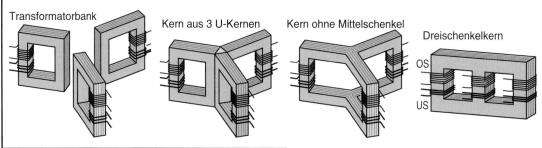

Transformatorbank   Kern aus 3 U-Kernen   Kern ohne Mittelschenkel   Dreischenkelkern

Schaltungen und Schaltgruppen

Bei Drehstromtransformatoren können die Stränge der Oberspannungsseite (OS) und der Unterspannungsseite (US) jeweils in Stern (Y) oder in Dreieck (D) geschaltet werden. Damit sind im Prinzip 4 Schaltungskombinationen möglich: Yy, Dd, Yd, Dy. Der Großbuchstabe kennzeichnet die Ober-, der Kleinbuchstabe die Unterspannungsseite. Ein auf der Unterspannungsseite herausgeführter N-Leiter wird mit n bezeichnet.

Je nach Schaltgruppe tritt zwischen den Spannungen der OS und US eine Phasenverschiebung von 0°, 150°, 180° oder 330° auf. Sie wird durch eine Kennziffer (0, 5, 6 bzw. 11) gekennzeichnet.

Beispiel: Dyn-Schaltung

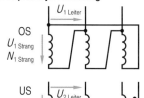

Als Übersetzungsverhältnis ist festgelegt:

$$\ddot{u} = \frac{U_{1\,Leiter}}{U_{2\,Leiter}}$$

Für die Strangspannungen gilt:

$$\frac{U_{1\,Strang}}{U_{2\,Strang}} = \frac{N_{1\,Strang}}{N_{2\,Strang}}$$

Schaltgruppe Yyn 0

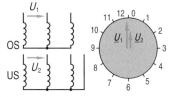

Schaltgruppe Dyn 5

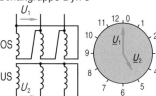

Schaltgruppe Yd 5

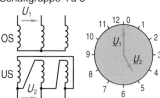

Lastverteilung bei parallelen Transformatoren

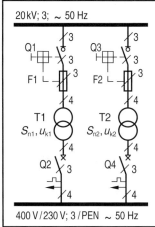

20 kV; 3; ~ 50 Hz

400 V / 230 V; 3 / PEN ~ 50 Hz

Um Überlastungen und gefährliche Ausgleichströme zu vermeiden, müssen beim Parallelschalten von Transformatoren folgende Bedingungen eingehalten werden:

1. Ober- und Unterspannungen sowie Nennfrequenzen der Transformatoren müssen gleich sein.
2. Die Kurzschlussspannungen dürfen maximal um 10 % voneinander abweichen.
3. Das Verhältnis der Transformator-Nennleistungen soll kleiner als 3 : 1 sein.
4. Die Kennzahl der Transformator-Schaltgruppen

Dabei ist: S_1, S_2, S_3 Lastanteil der Transformatoren
ΣS Gesamtlast
S_{1n}, S_{2n}, S_{3n} Nennlast der Transformatoren
u_{k1}, u_{k2}, u_{k3} Kurzschlussspannungen der einzelnen Transformatoren
u_k durchschnittliche Kurzschlussspannung.

Lastverteilung, wenn $u_{k1} = u_{k2} = u_{k3}$

$$S_1 = S_{n1} \cdot \frac{\Sigma S}{\Sigma S_n}$$

Durchschnittliche Kurzschlussspannung u_k

$$u_k = \frac{\Sigma S_n}{\dfrac{S_{n1}}{u_{k1}} + \dfrac{S_{n2}}{u_{k2}} + \dfrac{S_{n3}}{u_{k3}}}$$

Lastverteilung, wenn $u_{k1} \neq u_{k2} \neq u_{k3}$

$$S_1 = S_{n1} \cdot \frac{u_k}{u_{k1}} \cdot \frac{\Sigma S}{\Sigma S_n}$$

Drehstromasynchronmotor

Drehstromasynchronmotoren (DASM) sind einfach aufgebaut, robust, wartungsarm und preisgünstig. Ihr Betriebsverhalten kann durch die Drehmomenten- und die Stromkennlinie dargestellt werden. Danach ist für normale DASM charakteristisch:
1. Großer Anlaufstrom ($I_A = 3...8 \cdot I_n$, je nach Motorgröße und Bauart))
2. Mittelgroßes Anlaufmoment ($M_A = 2...3 \cdot M_n$, je nach Bauart)
3. Relativ starre (konstante) Drehfrequenz auch bei wechselnder Last.
Werden DASM über Frequenzumrichter betrieben, so können sie ähnlich wie Gleichstrommaschinen in einem weiten Drehfrequenzbereich betrieben werden. Durch den Betrieb mit Umrichtern können die Motoren auch bei vollem Drehmoment und kleinem Anlaufstrom sanft hoch gefahren werden. DASM mit Frequenzumrichtern verdrängen zunehmend die Gleichstromantriebe.

DASM mit aufgesetztem Frequenzumrichter

Drehmomenten- und Stromkennlinie, normiert

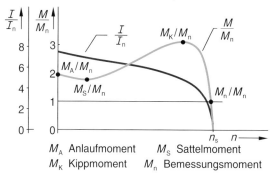

M_A Anlaufmoment M_S Sattelmoment
M_K Kippmoment M_n Bemessungsmoment

Synchrone Drehfrequenz

$$n_s = \frac{f}{p}$$

Schlupfdrehfrequenz

$$\Delta n = n_s - n$$

Schlupf (relativer Schlupf)

$$s = \frac{n_s - n}{n_s} \cdot 100\,\%$$

Mechanische Leistung, Wellenleistung

$$P = U \cdot I \cdot \sqrt{3} \cdot \eta \cdot \cos\varphi$$
$$P = M \cdot 2\pi \cdot n = M \cdot \omega$$

U Leiterspannung
I Leiterstrom
f Netzfrequenz
p Polpaarzahl
η Wirkungsgrad
$\cos\varphi$ Leistungsfaktor
M Drehmoment
n Drehfrequenz (Läufer)
ω Winkelgeschwindigkeit

Stern-Dreieck-Anlauf

Motoren, die betriebsmäßig für Dreieckschaltung bestimmt sind, können in Sternschaltung angelassen werden. Dadurch sinkt der Anlaufstrom und das Anlaufmoment auf ein Drittel.

$$I_{AY} = \frac{1}{3} \cdot I_{A\Delta}$$

$$M_{AY} = \frac{1}{3} \cdot M_{A\Delta}$$

Kloßsche Gleichung

Sind bei einem DASM Kippschlupf s_K und Kippmoment M_K bekannt, so ist das Moment M für jeden Schlupf s berechenbar.

$$\frac{M}{M_K} = \frac{2}{\dfrac{s}{s_K} + \dfrac{s_K}{s}}$$

3

Antrieb mit Drehstrommotoren

Ein Antrieb besteht aus dem Zusammenwirken von Motor und Last. Aus der Hochlaufkennlinie kann insbesondere die Hochlaufzeit ermittelt werden, die Betriebskennlinie zeigt das Drehfrequenzverhalten bei Laständerung.

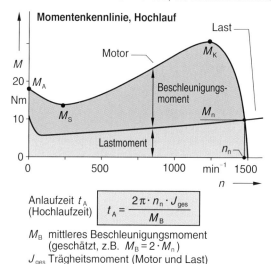

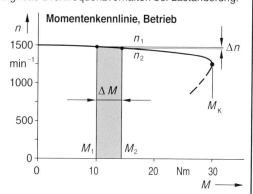

Anlaufzeit t_A (Hochlaufzeit)

$$t_A = \frac{2\pi \cdot n_n \cdot J_{ges}}{M_B}$$

M_B mittleres Beschleunigungsmoment (geschätzt, z.B. $M_B = 2 \cdot M_n$)
J_{ges} Trägheitsmoment (Motor und Last)

Aus der Betriebskennlinie kann das Verhalten der Drehfrequenz bei Laständerungen ermittelt werden. DASM haben ein starres Verhalten, d.h. die Drehfrequenz ändert sich bei Laständerungen nur wenig. Bei Überschreiten des Kippmomentes M_K bleibt der Motor stehen.

Anforderungen an Leitungen

Leitungen und Kabel der Elektroinstallationstechnik müssen eine sichere und wirtschaftliche Verteilung der elektrischen Energie garantieren. Dazu müssen bei der Bemessung drei Kriterien erfüllt sein:

1. **ausreichende mechanische Festigkeit**, um Beschädigung und Bruch von Leitern, insbesondere des Schutzleiters (PE) zu verhindern,
2. **ausreichende Strombelastbarkeit**, um unzulässige Erwärmung und damit Brandgefahr zu verhindern,
3. **hinreichend kleiner Spannungsfall**, um auch für weit entfernte Verbraucher die erforderliche Spannung zu gewährleisten.

Mindestquerschnitte wegen mechanischer Festigkeit

Verlegungsart	Querschnitt in mm²	Verlegungsart	Querschnitt in mm²
feste, geschützte Verlegung	Cu 1,5, Al 2,5	bewegliche Leitungen für den Anschluss von	
Leitungen bis 2,5 A	Cu 0,5	• leichten Handgeräten bis 1 A (Anschlussleitung bis 2 m)	Cu 0,5
Schaltanlagen bis 16 A	Cu 0,75	• Geräten bis 2,5 A (bis 2 m)	Cu 0,5
und Verteiler über 16 A	Cu 1,0	• Geräten bis 10 A	Cu 0,75
Verlegung auf Isolatoren		• Gerätesteckdosen und Kupplungsdosen bis I_n = 10 A	Cu 0,75
Isolatorabstand: bis 20 m	Cu 4,0	• Geräten über 10 A	Cu 1,0
20 m bis 45 m	Cu 6,0	• Mehrfachsteckdosen, Geräte- steckdosen und Kupplungsdosen bis I_n = 10 A	Cu 1,0
Fassungsadern	Cu 0,75	• Lichtketten: Lampe-Lampe	Cu 0,5
Starkstrom- frei- leitungen • Kupfer • Stahl • Aluminium • Alu-Stahl	16 16 25 25/4	Stecker-Lichtkette	Cu 0,75

Strombelastbarkeit in Abhängigkeit von der Verlegeart

Verlegearten nach DIN VDE 0298-4 (Betriebstemperatur 70 °C, Umgebungstemperatur 30 °C)

Erklärung	A1	A2	B1	B2	C	E	F
	Aderleitung in Rohr in wärmegedämmter Wand	Leitung in Rohr oder Kabelkanal in wärmegedämmter Wand	Aderleitung in Rohr oder Kabelkanal auf oder in Wand (Beton, Mauerwerk)	Leitung in Rohr oder Kabelkanal auf oder in Wand (Beton, Mauerwerk)	Leitung direkt auf oder in Wand (Beton, Mauerwerk)	Leitung mit Mindestabstand 0,3 x d zur Wand	Einadrige Mantelleitung frei in Luft mit Mindestabstand 1 x d

Strombelastbarkeit in A bei 2 belasteten Adern (Wechselstrom) bzw. 3 belasteten Adern (Drehstrom)

(Werte als "Belastbarkeit in A / Nennstrom der Überstrom-Schutzeinrichtung in A")

A in mm²	A1 · 2	A1 · 3	A2 · 2	A2 · 3	B1 · 2	B1 · 3	B2 · 2	B2 · 3	C · 2	C · 3	E · 2	E · 3	F · 2	F · 3
1,5	15,5 / 10	13,5 / 10	15,5 / 10	13 / 10	17,5 / 16	15,5 / 10	16,5 / 16	15 / 10	19,5 / 16	17,5 / 16	22 / 20	18,5 / 16	— / —	— / —
2,5	19,5 / 16	18 / 16	18,5 / 16	17,5 / 16	24 / 20	21 / 20	23 / 20	20 / 20	27 / 25	24 / 20	30 / 25	25 / 25	— / —	— / —
4	26 / 25	24 / 20	25 / 25	23 / 20	32 / 32	28 / 25	30 / 25	27 / 25	36 / 35	27 / 25	40 / 40	34 / 32	— / —	— / —
6	34 / 32	31 / 25	32 / 32	29 / 25	41 / 40	36 / 35	38 / 35	34 / 32	46 / 40	41 / 40	51 / 50	43 / 40	— / —	— / —
10	46 / 40	42 / 40	43 / 40	39 / 35	57 / 50	50 / 50	52 / 50	46 / 40	63 / 63	57 / 50	70 / 63	60 / 50	— / —	— / —
16	61 / 50	56 / 50	57 / 50	52 / 50	76 / 63	68 / 63	69 / 63	62 / 50	85 / 80	76 / 63	94 / 80	80 / 80	— / —	— / —
25	80 / 80	73 / 63	75 / 63	68 / 63	101 / 100	89 / 80	90 / 80	80 / 80	112 / 100	96 / 80	119 / 100	101 / 100	131 / 125	110 / 100
35	99 / 80	89 / 80	92 / 80	83 / 80	125 / 125	110 / 100	111 / 100	99 / 80	138 / 125	119 / 100	148 / 125	126 / 125	162 / 160	137 / 125
50	119 / 100	108 / 100	110 / 100	99 / 80	151 / 125	134 / 125	133 / 125	118 / 100	168 / 160	144 / 125	180 / 160	153 / 125	196 / 160	167 / 160
70	151 / 125	136 / 125	139 / 125	125 / 125	192 / 160	171 / 160	168 / 160	149 / 125	213 / 200	184 / 160	232 / 224	196 / 160	251 / 250	216 / 200

Nennstrom der Überstrom-Schutzeinrichtung in A
Belastbarkeit in A

Unverzweigte Leitungen

Festlegungen

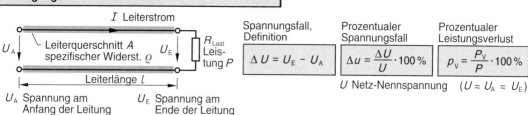

I Leiterstrom

Leiterquerschnitt A
spezifischer Widerst. ϱ

U_A Spannung am Anfang der Leitung

U_E Spannung am Ende der Leitung

R_{Last} Leistung P

Leiterlänge l

Spannungsfall, Definition

$$\Delta U = U_E - U_A$$

Prozentualer Spannungsfall

$$\Delta u = \frac{\Delta U}{U} \cdot 100\,\%$$

Prozentualer Leistungsverlust

$$p_V = \frac{P_V}{P} \cdot 100\,\%$$

U Netz-Nennspannung $(U \approx U_A \approx U_E)$

Beläge

Ohmsche, induktive und kapazitive Widerstände der gängigen Leitungen, Kabel und Freileitungen können aus Tabellen bestimmt werden. Dabei werden aber nicht die Widerstände selbst, sondern die Widerstandsbeläge angegeben. Der Widerstandsbelag ist der Widerstand pro Meter oder pro Kilometer **einfacher** Leitungslänge.

Leitungen für Gleichstrom

In Gleichstromkreisen bzw. Wechselstromkreisen mit rein ohmscher Last verursacht nur der ohmsche Widerstand der Leitungen einen Spannungsfall.
Zu berücksichtigen sind dabei die Hin- und die Rückleitung.

Ersatzschaltbild

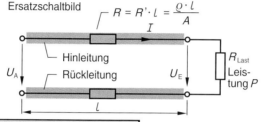

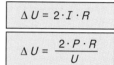

$R = R' \cdot l = \dfrac{\varrho \cdot l}{A}$

I

Hinleitung

Rückleitung

U_A U_E

R_{Last} Leistung P

Spannungsfall

$$\Delta U = 2 \cdot I \cdot R$$

$$\Delta U = \frac{2 \cdot P \cdot R}{U}$$

Leistungsverlust

$$P_V = 2 \cdot I^2 \cdot R$$

Leitungen für Wechsel- und Drehstrom

Bei Wechsel- und Drehstromleitungen muss zusätzlich zum ohmschen Widerstand der induktive Widerstand berücksichtigt werden.

Ersatzschaltbild für Wechselstrom

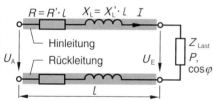

$R = R' \cdot l$ $X_L = X_L' \cdot l$ I

Hinleitung

Rückleitung

U_A U_E

Z_{Last} P, $\cos\varphi$

Zeigerdiagramm

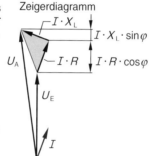

$I \cdot X_L$

$I \cdot X_L \cdot \sin\varphi$

$-I \cdot R$ $I \cdot R \cdot \cos\varphi$

U_A

U_E

I

Spannungsfall (Näherung)

$$\Delta U = 2 \cdot I \cdot (R \cdot \cos\varphi + X_L \cdot \sin\varphi)$$

$$\Delta U = \frac{2 \cdot P}{U} \cdot (R + X_L \cdot \tan\varphi)$$

Induktive Last: φ positiv
Kapazitive Last: φ negativ

Leistungsverlust

$$P_V = 2 \cdot I^2 \cdot R$$

Ersatzschaltbild für Drehstrom

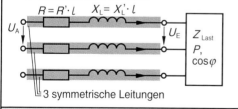

$R = R' \cdot l$ $X_L = X_L' \cdot l$

U_A U_E

Z_{Last} P, $\cos\varphi$

3 symmetrische Leitungen

Zeigerdiagramm für die Strangspannungen wie bei Wechselstrom.

Spannungsfall (Näherung)

$$\Delta U = \sqrt{3} \cdot I \cdot (R \cdot \cos\varphi + X_L \cdot \sin\varphi)$$

$$\Delta U = \frac{P}{U} \cdot (R + X_L \cdot \tan\varphi)$$

Leistungsverlust

$$P_V = 3 \cdot I^2 \cdot R$$

Induktiver Widerstandsbelag

Kabel und Leitungen
Der induktive Widerstand von Kabeln und Leitungen ist im Vergleich zum ohmschen Widerstand klein und kann meist vernachlässigt werden.

$$X_L' \approx 0{,}08 \dots 0{,}11 \ \Omega/\text{km}$$

Freileitungen
Der induktive Widerstand bei Freileitungen ist größer als bei Kabeln.
Er steigt mit dem Verhältnis Leiterabstand/Leiterdurchmesser.

$$X_L' \approx 0{,}20 \dots 0{,}45 \ \Omega/\text{km}$$

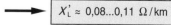

3.26 Leitungsberechnung II

Verzweigte Leitungen

Leitung mit mehreren Abnahmen

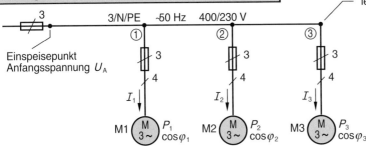

letzter Abnahmepunkt, Spannung U_E

Für die Berechnung gilt:

1. Spannungsfall von Abnahmepunkt bis Verbraucher ist vernachlässigbar klein.
2. Für die ganze Anlage wird ein durchschnittlicher Leistungsfaktor $\cos\varphi_m$ berechnet oder geschätzt.
3. Leiterquerschnitt A ist überall gleich.
4. Spannungsfall $\Delta U = U_A - U_E$.

Berechnung von Spannungsfall und Leistungsverlust

Bei Leitungen mit mehreren Abnahmestellen werden die einzelnen Spannungsfälle zum Gesamtspannungsfall zusammengefasst. Für die Überlagerung gibt es zwei Möglichkeiten:

Überlagerung, Methode 1

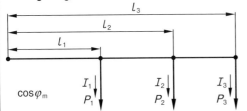

Berechnung mithilfe der Strommomente

$$\Delta U = \sqrt{3} \cdot (R' \cdot \cos\varphi_m + X' \cdot \sin\varphi_m) \cdot (I_1 \cdot l_1 + I_2 \cdot l_2 + ...)$$

Berechnung mithilfe der Leistungsmomente

$$\Delta U = \frac{(R' + X' \cdot \tan\varphi_m)}{U} \cdot (P_1 \cdot l_1 + P_2 \cdot l_2 + ...)$$

Definition | Das Produkt $I \cdot l$ heißt Strommoment
Das Produkt $P \cdot l$ heißt Leistungsmoment

Überlagerung, Methode 2

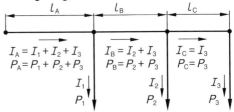

$I_A = I_1 + I_2 + I_3$ $I_B = I_2 + I_3$ $I_C = I_3$
$P_A = P_1 + P_2 + P_3$ $P_B = P_2 + P_3$ $P_C = P_3$

Berechnung mithilfe der Strommomente

$$\Delta U = \sqrt{3} \cdot (R' \cdot \cos\varphi_m + X' \cdot \sin\varphi_m) \cdot (I_A \cdot l_A + I_B \cdot l_B + ...)$$

Berechnung mithilfe der Leistungsmomente

$$\Delta U = \frac{(R' + X' \cdot \tan\varphi_m)}{U} \cdot (P_A \cdot l_A + P_B \cdot l_B + ...)$$

Leistungsverlust

$$P_V = 3 \cdot R' \cdot (I_A^2 \cdot l_A + I_B^2 \cdot l_B + I_C^2 \cdot l_C + ...)$$

Betriebseigenschaften von Kabeln 0,6 / 1 kV

		NYY mit Cu-Leiter												NAYY mit Al-Leiter				
		4x1,5	4x2,5	4x4	4x6	4x10	4x16	4x25	4x35	4x50	4x70	4x95	4x120	4x35	4x50	4x70	4x95	4x120
Belastbarkeit in Erde, Dauerbetrieb	A	24	31	40	51	68	89	116	143	168	207	250	285	107	129	160	192	220
Belastbarkeit in Luft bei 30°C	A	18,5	25	34	43	60	80	106	131	159	202	244	282	102	124	158	190	220
Widerstandsbelag je Leiter R'_{20} bei 20°C	$\frac{\Omega}{km}$	12,1	7,28	4,56	3,03	1,81	1,14	0,722	0,524	0,387	0,268	0,193	0,153	0,876	0,641	0,443	0,320	0,253
Widerstandsbelag je Leiter R'_{70} bei 70°C	$\frac{\Omega}{km}$	14,47	8,71	5,45	3,62	2,16	1,36	0,863	0,627	0,463	0,321	0,232	0,184	1,055	0,772	0,534	0,386	0,305
Indukt. Widerstandsb. je Leiter X'_L bei 50 Hz	$\frac{\Omega}{km}$	0,115	0,110	0,107	0,100	0,094	0,090	0,086	0,083	0,083	0,082	0,082	0,080	0,083	0,083	0,082	0,082	0,080
Verluste je Kabel bei Volllast in Erde	$\frac{kW}{km}$	25	25	26	28	30	32	35	38	39	41	44	45	36	39	41	43	44
Massebelag des Kabels (ungefähr)	$\frac{kg}{km}$	230	300	410	510	725	1050	1550	1700	2400	3200	4300	5300	1200	1350	1800	2250	2600

Ringleitungen

Leitung mit zweiseitiger Einspeisung

Werden große Verbraucher, z.B. Motoren, über eine Stichleitung mit Abzweigen versorgt, so kann es bis zum letzten Verbraucher zu großen Spannungsfällen kommen. Kleinere Spannungsfälle erreicht man, wenn die Versorgungsleitung zu einem Ring geschlossen wird.
Bei Ringleitungen teilt sich der eingespeiste Strom in zwei Komponentenströme. Ein Teil der Verbraucher wird von rechts, der andere Teil von links versorgt. Der Punkt, der von beiden Seiten einen Teilstrom aufnimmt, heißt Tiefpunkt (TP): hier tritt die kleinste Verbraucherspannung auf. Die Lage des TP hängt von der Dimensionierung der Anlage ab.

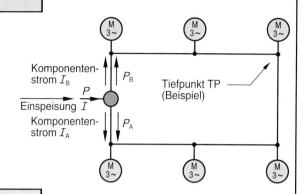

Berechnung der Komponenten

Für die Berechnung der Komponentenströme bzw. Komponentenleistungen und die Lage des Tiefpunktes wird der Ring in Gedanken aufgeschnitten und zu einer zweiseitig gespeisten Stichleitung aufgebogen.

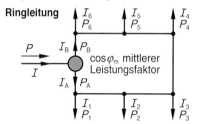

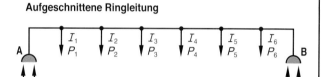

Die Berechnung der Komponentenströme erfolgt wie die Berechnung der Kräfte bei einem Hebel.
Beim Hebel gilt: Die Summe aller Drehmomente ist null.
Bei der Ringleitung gilt: die Summe aller Strommomente ist null, bzw. die Summe aller Leistungsmomente ist null.
Für die Berechnung wird ein Einspeisepunkt, z.B. Punkt A, willkürlich zum "elektrischen Drehpunkt" bestimmt.

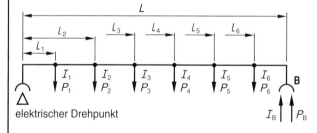

elektrischer Drehpunkt

Aus $I_B \cdot L = I_1 \cdot l_1 + I_2 \cdot l_2 + ...$
folgt:

$$I_B = \frac{I_1 \cdot l_1 + I_2 \cdot l_2 + ...}{L}$$

Strom bei A

$$I_A = I - I_B$$

Aus $P_B \cdot L = P_1 \cdot l_1 + P_2 \cdot l_2 + ...$
folgt:

$$P_B = \frac{P_1 \cdot l_1 + P_2 \cdot l_2 + ...}{L}$$

Leistung bei A

$$P_A = P - P_B$$

Berechnung des Tiefpunktes

Tiefunkt (TP) ist der Abnahmepunkt, der von beiden Seiten her mit Strom, bzw. Leistung versorgt wird. Je nach Dimensionierung der Anlage kann jeder Abnahmepunkt der Tiefpunkt sein. Als Sonderfall können auch zwei benachbarte Abnahmepunkte einen gemeinsamen Tiefpunkt bilden.
Die Berechnung des Spannungsfalls bis zum Tiefpunkt kann von links oder von rechts her erfolgen. Die Berechnung erfolgt wie bei einer Stichleitung. Formeln siehe Seite 116.

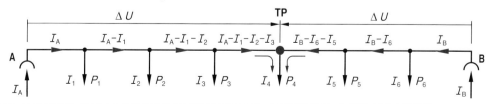

3.27 Leitungsschutzorgane

Überstromschutzorgane

Schmelzsicherungen, Funktions- und Betriebsklassen

Elektrische Leitungen müssen gegen Überströme geschützt werden. Überströme entstehen
1. durch Überlastung eines ansonsten fehlerfreien Stromkreises
2. durch Kurzschluss in einem fehlerhaften Kreis.
Überstromschutzorgane können je nach Bauart nur den Kurzschlussschutz übernehmen (Teilbereichsschutz) oder zusätzlich noch den Überlastschutz (Ganzbereichsschutz).
Art und Umfang des Schutzes wird durch die Funktions- und die Betriebsklasse mit zwei Buchstaben angegeben, z.B. gG.

Funktions- und Betriebsklassen von Schmelzsicherungen

Funktionsklasse	Betr.kl.	Einsatzbereich
g Ganzbereichs-sicherung (Schutz bei Kurzschluss und Überlast)	gG	Kabel- u. Leitungsschutz
	gR	Halbleiterschutz
	gB	Bergbauanlagenschutz
	gTr	Transformatorschutz
a Teilbereichs-sicherung (bei Kurzschluss)	aM	Schaltgeräteschutz
	aR	Halbleiterschutz

Schmelzsicherungen

Schraubsicherungen

Schmelzeinsatz, Aufbau

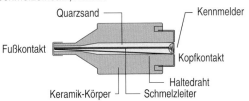

Quarzsand — Kennmelder
Fußkontakt — Kopfkontakt
Keramik-Körper — Haltedraht — Schmelzleiter

Abstufung der Schmelzeinsätze

Bemessungsstromstärke I_n in A												
2	4	6	10	13	16	20	25	35	50	63	80	100
rosa	braun	grün	rot	sw	grau	blau	gelb	sw	weiß	kupfer	silber	rot
Kennfarbe des Unterbrechungsmelders (Kennmelder)						sw schwarz						

Schmelzsicherungssysteme
D0-System (NEOZED)

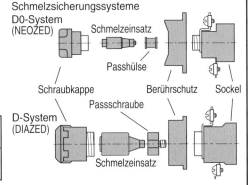

Schmelzeinsatz
Passhülse
Schraubkappe — Berührschutz — Sockel
Passschraube
D-System (DIAZED)
Schmelzeinsatz

NH-Sicherungen

Niederspannungs-Hochleistungssicherungen gibt es für Bemessungsstromstärken von 2 A bis 1250 A.
Sie dürfen nur von Fachkräften unter Beachtung der Sicherheitsvorschriften eingesetzt oder entfernt werden (isolierter Aufsteckgriff, Unterarm- und Gesichtsschutz, sowie Helm).

Geräteschutzsicherungen

G-Sicherungen zum Schutz von Geräten der Elektronik gibt es für Bemessungsströme von 32 mA bis 20 A mit fünf Abschaltcharakteristiken:
FF superflink
F   flink
M   mittelträge
T   träge
TT superträge

Leitungsschutzschalter

Leitungsschutzschalter (LS-Schalter) werden von Hand eingeschaltet, wobei eine Feder gespannt wird.
Die Federkraft, die die Kontakte wieder trennt, kann durch zwei voneinander unabhängige Systeme ausgelöst werden:
1. der Thermo-Bimetallauslöser löst bei Überlast mit zeitlicher Verzögerung aus.
2. der elektromagnetische Auslöser löst bei Kurzschluss nahezu unverzögert aus.
Bei sehr hohen Kurzschlussströmen wird durch die magnetischen Kräfte ein „Schlaganker" beschleunigt, der die Kontakte in 1 bis 2 Millisekunden unterbricht. LS-Schalter wirken wegen der kurzen Abschaltzeit wie Schmelzsicherungen „strombegrenzend".

magnetischer Auslöser

thermischer Auslöser

Kenngrößen

Bemessungsstromstärke
Auslösecharakteristik

B 16
~ 230/400

Prüfzeichen
Nennspannung

6000 Schaltvermögen
3

Strombegrenzungsklasse

Auslösekennlinien

Prospektiver Kurzschlussstrom, Strombegrenzung

Wird ein Kurzschluss nicht sofort abgeschaltet, dann entsteht nach einer Einschwingzeit der Dauerkurzschlussstrom. Dieser unbeeinflusste Strom heißt prospektiver Kurzschlussstrom I_p.

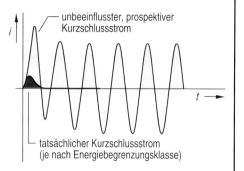

$$I_p = \frac{U_0}{Z_s}$$

U Netzspannung (Leerlaufspannung)
Z_S Schleifenimpedanz

Durch vorgeschaltete Überstromschutzorgane wird der Strom sehr schnell abgeschaltet, so dass sich der volle Kurzschlussstrom nicht entwickeln kann (Strombegrenzung).

Niederspannungs-Schmelzsicherungen gG

Auslösekennlinien von gG-Schmelzsicherungen

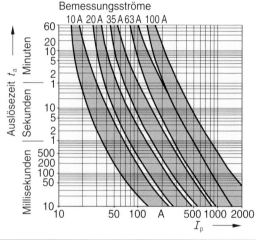

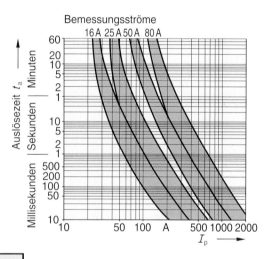

LS-Schalter, Leitungsschutzschalter

Auslösekennlinien: Z: Halbleiterschutz   C: Kleintransformatoren, Motoren, Beleuchtung
                     B: Hausinstallation   D, G: Motoren, Transformatoren mit großem Einschaltstrom

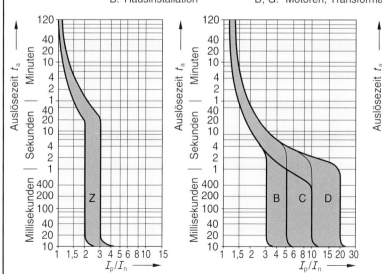

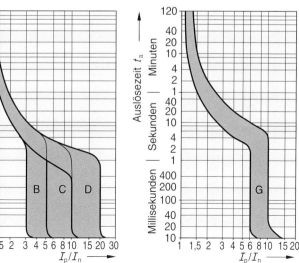

3.28 Licht und Beleuchtung

Licht und Beleuchtung

Licht und Farben

Licht
ist eine elektromagnetische Schwingung.
Unter der Vielzahl elektromagnetischer Schwingungen sind nur die im Wellenlängenbereich von etwa 750 nm (rot) bis 400 nm (violett) sichtbar.
Die Farbe des Lichtes ist von der Wellenlänge, bzw. von der Frequenz der elektromagnetischen Schwingung abhängig.

Grundgleichung der Wellenlehre

$$c = f \cdot \lambda$$
$$\lambda = \frac{c}{f}$$

$c \approx 300\,000$ km/s (Lichtgeschwindigkeit)
f Frequenz $[f]$ = Hz (Hertz)
λ Wellenlänge $[\lambda]$ = m

Elektromagnetische Schwingungen

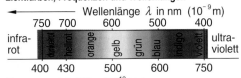

Lichtfarben, Frequenzen und Wellenlängen

Lichttechnische Größen

Lichtstrom Φ_V
Der Lichtstrom ist die insgesamt von einer Lichtquelle ausgestrahlte Lichtleistung.
Beispiele: Glühlampe $P = 60$ W $\Phi_V = 730$ lm

Φ_V = Lichtstrom
$[\Phi_V]$ = lm (Lumen)
(Lumen = Licht)

Lichtausbeute η
Die Lichtausbeute ist das Verhältnis von abgegebenem Lichtstrom zu aufgenommener elektrischer Leistung.

Lichtausbeute üblicher Lampen	
Glühlampe 100 W	13,8 lm/W
Halogen-Glühlampe 230 V, 150 W	16,7 lm/W
Halogen-Glühlampe 12 V, 50 W	20 lm/W
Energiesparlampe 11 W	55 lm/W
Hg-Hochdrucklampe 80 W, mit Drossel	42,7 lm/W
Leuchtstofflampe 58 W, mit Drossel	78 lm/W

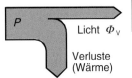

Licht Φ_V
Verluste (Wärme)

Lichtausbeute
$$\eta = \frac{\Phi_V}{P}$$
$$[\eta] = \frac{lm}{W}$$

Lichtstärke I_V
Die Lichtstärke ist der pro Raumwinkel Ω abgestrahlte Lichtstrom.
Die Lichtstärkeverteilung verschiedener Leuchten wird durch Lichtstärkeverteilungskurven dargestellt.

Der Raumwinkel Ω beträgt 1 sr (steradiant), wenn bei einer Kugel mit Radius 1 m die Kugelfläche 1 m² ausgeschnitten wird.

Raumwinkel $\Omega = 1$ sr (steradiant)
Φ_V
1 m²

Lichtstärke
$$I_V = \frac{\Phi_V}{\Omega}$$
$$[I_V] = \frac{lm}{sr} = cd$$
cd = candela (Kerze)

Beleuchtungsstärke E_V
Die Beleuchtungsstärke ist der auf eine beleuchtete Fläche pro Flächeneinheit auftreffende Lichtstrom.

Mindestbeleuchtungsstärke	
Lagerräume, Flure, Toiletten, Treppen	100 lx
grobe Montagearbeiten, Versand, Speiseräume	200 lx
Sitzungs-, Unterrichts- und Verkaufsräume	300 lx
Labor- u. Übungsräume, feine Montagearbeiten	500 lx
feine elektrische Montagearbeit	1000 lx
Edelsteinbearbeitung, Farbkontrolle	1500 lx

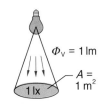

$\Phi_V = 1$ lm
$A = 1$ m²
1 lx

Beleuchtungsstärke
$$E_V = \frac{\Phi_V}{A}$$
$$[E_V] = \frac{lm}{m^2} = lx$$
lx = Lux (Licht)

Leuchtdichte L_V
Die Leuchtdichte ist ein Maß für die Helligkeit, die das Auge beim Anblick einer beleuchteten oder leuchtenden Fläche empfindet. Sie ist das Verhältnis der Lichtstärke zur Größe der Fläche. Eine zu große Leuchtdichte führt zu Blendung des Auges.

Glühlampe 100 W

$L_V = 50$ cd/cm²
Blendung möglich

Leuchtstofflampe 58 W

$L_V = 1$ cd/cm²
keine Blendung

Leuchtdichte
$$L_V = \frac{I_V}{A}$$
$$[L_V] = cd/cm^2$$

Frequenzbereiche und Kanäle

Bereich	Lang-welle	Mittel-welle	Kurz-welle	Fernseh-bereich I	Ultra-kurzwelle	unterer Sonderkanal	Fernseh-bereich III	oberer Sonderkanal	Fernseh-bereich IV	Fernseh-bereich V
Kurzzeichen	LW	MW	KW	F I	UKW	USB	F III	OSB	F IV	F V
Kanäle	–	–	–	2...4	2...70	S2...S10	5...12	S11...S20	21...37	38...69
Frequenz	150...285 kHz	520...1605 MHz	3,95...26,1 MHz	47...68 MHz	87,5...108 MHz	111...174 MHz	174...230 MHz	230...300 MHz	470...606 MHz	606...862 MHz

Antennenanlagen

Bei Antennenanlagen ist zu beachten:
1. Das zulässige Biegemoment des Antennenstandrohres darf nicht überschritten werden.
2. Die Einspannlänge des Standrohres muss mindestens 1/6 der Gesamtrohrlänge sein.
2. Der Höchstpegel darf auch an der ersten Steckdose nicht überschritten werden.
3. Der Mindestpegel muss auch an der letzten Steckdose erreicht werden.
4. Das Antennenstandrohr muss an die Blitzschutzanlage bzw. die Potenzialausgleichsschiene angeschlossen sein.

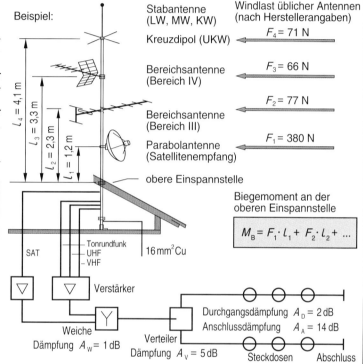

Beispiel:

Stabantenne (LW, MW, KW)
Kreuzdipol (UKW)
Bereichsantenne (Bereich IV)
Bereichsantenne (Bereich III)
Parabolantenne (Satellitenempfang)
obere Einspannstelle

$l_4 = 4,1$ m
$l_3 = 3,3$ m
$l_2 = 2,3$ m
$l_1 = 1,2$ m

Windlast üblicher Antennen (nach Herstellerangaben)
$F_4 = 71$ N
$F_3 = 66$ N
$F_2 = 77$ N
$F_1 = 380$ N

Biegemoment an der oberen Einspannstelle

$$M_B = F_1 \cdot l_1 + F_2 \cdot l_2 + \ldots$$

SAT
Tonrundfunk
UHF
VHF
16 mm^{2}Cu
Verstärker
Weiche
Dämpfung $A_W = 1$ dB
Verteiler
Dämpfung $A_V = 5$ dB
Durchgangsdämpfung $A_D = 2$ dB
Anschlussdämpfung $A_A = 14$ dB
Steckdosen
Abschluss

Nutzpegel am Empfänger

		Minimal	Maximal
Antennenanlage	UKW Mono	40 dBµV	80 dBµV
	UKW Stereo	50 dBµV	80 dBµV
	F I	52 dBµV	84 dBµV
	F III	54 dBµV	84 dBµV
	F IV/V	57 dBµV	84 dBµV
	Sat-ZF	47 dBµV	75 dBµV
Breitband-Kabel	Fernsehen	60 dBµV	84 dBµV
	Rundfunk	56 dBµV	80 dBµV

Pegel, Verstärkung, Dämpfung

Spannungen in Antennenanlagen werden nicht in Volt, sondern in dBµV (lies: dezibel über 1 Mikrovolt) angegeben. Die Einheit dBµV bezeichnet den „Pegel" über der willkürlich festgelegten Grundspannung 1µV. Der Pegel L (L Level) ist ein logarithmisches Maß.

Spannungspegel

$$L_U = 20 \cdot \lg \frac{U}{1\,\mu V}$$

$[L_U] = $ dBµV

lies: dB über 1 µV

Spannung	1 µV	2 µV	10 µV	20 µV	100 µV	200 µV	1 mV	2 mV	10 mV	20 mV
Pegel in dBµV	0	6	20	26	40	46	60	66	80	86

Übertragungsglieder können die Spannung dämpfen oder verstärken. Die Berechnung erfolgt über Pegel. Passive Glieder, z.B. Leitungen und Verteiler, senken den Pegel, aktive Glieder, d.h. Verstärker, heben den Pegel. Die Gesamtdämpfung bzw. Verstärkung ist gleich der Summe der Einzeldämpfungen (Vorzeichen beachten!)

Übertragungsglied

U_1 U_2

Dämpfung

$$A = 20 \cdot \lg \frac{U_1}{U_2}$$

$[A] = $ dB (Dezibel)

$U_2 < U_1$ ⟶ Dämpfung (a positiv)
$U_2 > U_1$ ⟶ Verstärkung (a negativ)

Gesamtdämpfung

$$A_{ges} = A_1 + A_2 + A_3 + \ldots$$

Vorzeichen beachten!

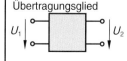

3.30 Wachstumsgesetze

Wachstumsgesetze

Kleine und große Maschinen

Bei Maschinen, z.B. Transformatoren, stellt sich die Frage, ob es wirtschaftlicher ist, wenige große oder lieber viele kleine Einheiten einzusetzen. Die so genannten Wachstumsgesetze zeigen, dass große Maschinen im Hinblick auf Leistung, Materialeinsatz und Wirkungsgrad günstiger sind als kleine. Im Hinblick auf die Kühlung sind kleine Einheiten günstiger als große.

Referenzmaschine: S_R, m_R, O_R, η_R
„Gewachsene" Maschine: S^*, m^*, O^*, η^*
Wachstumsfaktor: k

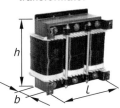

Referenztransformator

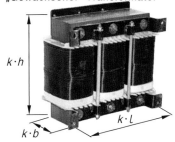

„Gewachsener" Transformator

$k \cdot h$

h

l

b

$k \cdot b$

$k \cdot l$

Leistung

Die Leistung steigt proportional mit Spannung und Strom. Da beim Wachstumsfaktor k sowohl der Kupferquerschnitt als auch der Eisenquerschnitt mit k^2 ansteigen, können auch Strom und Spannung quadratisch steigen. Die Leistung steigt daher mit dem Faktor k^4.

Leistung

$$S^* = k^4 \cdot S_R$$

Masse

Das Volumen und damit die Masse steigen mit dem Faktor k^3. Die Materialkosten steigen somit ebenfalls mit dem Faktor k^3. Da die Leistung mit der vierten, die Materialkosten aber nur mit der dritten Potenz steigen, sind große Maschinen im Hinblick auf die Materialkosten günstiger als kleine Maschinen.

Masse

$$m^* = k^3 \cdot m_R$$

Verlustleistung

Bei gleicher Materialbelastung, d.h. bei gleicher Stromdichte J und gleicher magnetischer Induktion B sind die Verluste direkt proportional zur Masse m der Maschine. Größere Maschinen arbeiten somit günstiger, weil die Leistung mit der vierten Potenz, die Verluste aber nur mit der dritten Potenz von k ansteigen.

Verluste

$$P_V^* = k^3 \cdot P_{VR}$$

Wirkungsgrad

Da die Leistung mit der vierten, die Verluste aber nur mit der dritten Potenz von k steigen, wird der Wirkungsgrad mit wachsender Größe einer Maschine immer besser. Große Transformatoren im 100-MVA-Bereich erreichen Wirkungsgrade von 99,9 %, Klingeltransformatoren nur etwa 60 %.

Wirkungsgrad

$$\eta^* = 1 - \frac{P_{VR}}{k \cdot P_R}$$

Oberfläche

Die Oberfläche eines Körpers wächst quadratisch mit dem Wachstumsfaktor k. Da die Verluste aber mit der dritten Potenz von k steigen, erreicht jede Maschine eine kritische Größe, bei der die Verlustwärme nicht mehr über die Oberfläche abgeführt wird. Große Maschinen benötigen deshalb eine Zwangskühlung.

Oberfläche

$$O^* = k^2 \cdot O_R$$

Wirtschaftliche Bedeutung

Die Wachstumsgesetze des Transformators lassen sich sinngemäß auf andere Anlagen übertragen. Danach haben große Anlagen immer den besseren Wirkungsgrad und verursachen im Verhältnis zur Leistung weniger Materialkosten.
Die Größe einer Anlage, z.B. eines Kraftwerkes, ist aber durch andere Faktoren begrenzt, z.B. durch Transportmöglichkeiten und die Länge der Übertragungswege.

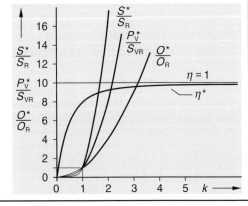

Transformator	S_n in VA	10^2	10^3	10^4	10^5	10^6	10^7	10^8
	η in %	88	95	97	98	99	99,5	99,8
Drehstrommotor	P_n in W	10^2	$5 \cdot 10^2$	10^3	10^4	10^5	10^6	$5 \cdot 10^6$
	η in %	60	80	82	92	94	96	97

4 Formeln der Elektronik

4.1	Geschichtliche Entwicklung	124
4.2	Bauteile I	126
4.3	Bauteile II	128
4.4	Bauteile III	130
4.5	Ungesteuerte Stromrichterschaltungen	132
4.6	Stromversorgungsschaltungen	134
4.7	Anwendung von Transistoren	136
4.8	Umwandeln von Energie	138
4.9	Elektronische Leistungssteuerung	140
4.10	Operationsverstärker, Grundlagen	142
4.11	Operationsverstärker, analoge Schaltungen	144
4.12	Operationsverstärker, digitale Schaltungen	146
4.13	Regelungstechnik I	148
4.14	Regelungstechnik II	150
4.15	Schaltalgebra I	152
4.16	Schaltalgebra II	154

4.1 Geschichtliche Entwicklung

Entwicklung der Röhrentechnik

Elektrotechnik und Elektronik

Die klassische Elektrotechnik hat ihre Anfänge vor über 300 Jahren.
Seit der Mathematiker und Naturwissenschaftler Gottfried Wilhelm Leibniz im Jahre 1672 als Erster einen durch Experiment erzeugten elektrischen Funken beobachten konnte, haben zahllose Wissenschaftler und Ingenieure die Elektrotechnik entwickelt. Galvani, Volta, Ampere, Coulomb, Ohm, Kirchhoff, Faraday usw. haben das theoretische Fundament gelegt, Edison, Siemens, Tesla, Dobrowolski und viele andere haben daraus praktische Anwendungen entwickelt.

G. F. Leibniz
(1646-1716)

Die Elektronik beginnt mit der Entwicklung einer Elektronentheorie durch den niederländischen Physiker H. Lorentz im Jahre 1883. Er entwickelt eine Vorstellung, die auch von dem deutschen Physiker Hermann von Helmholtz vertreten wird. Danach besteht die „Elektrizität" aus definierbaren Elementarteilchen, den „Elektronen". Die Elektronen sind demnach winzig kleine Masseteilchen und die Träger der elektrischen Ladung.
Diese Vorstellung genügt als theoretische Grundlage für die Entwicklung verschiedener elektronischer Röhren: der Elektronenstrahlröhre, der Verstärkerröhre und der Kathodenstrahlröhre zur Erzeugung von X-Strahlen (Röntgen-Strahlen).

H. A. Lorentz
(1853-1928)

Elektronische Röhren

Im Jahr 1895 hatte der Physikprofessor Wilhelm Conrad Röntgen entdeckt, dass schnell fliegende Elektronen elektromagnetische Strahlungen auslösen, die auch Materie durchdringen können (X-Strahlen, Röntgen-Strahlen).
Im Jahr darauf erfindet der Physiker Karl Ferdinand Braun eine Röhre, die mithilfe eines Elektronenstrahls schreiben und zeichnen kann. Diese nach ihm benannte „braunsche Röhre" wird bis in unsere Zeit als Bildröhre für Fernsehgeräte, Radargeräte und Computer genutzt.

W. C. Röntgen
(1845-1923)

Das Jahr 1906 gilt als der eigentliche Beginn des Elektronik-Zeitalters. In diesem Jahr werden drei wichtige Erfindungen gemacht:
Zum einen entwickeln der österreichische Physiker Robert von Lieben und sein amerikanischer Kollege Lee de Forest unabhängig voneinander jeweils eine elektronische Verstärkerröhre,
zum anderen entdeckt der US-Wissenschaftler H. Dunwoody die Gleichrichtereigenschaften von Kristallen. Diese Entdeckung ist von grundsätzlicher Bedeutung, auch wenn sie sich erst später in der Halbleiterentwicklung auswirkt.

K. F. Braun
(1850-1918)

Elektronenstrahlröhre
(braunsche Röhre), Prinzip:

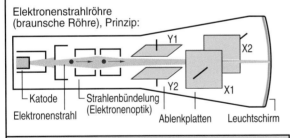

Katode — Strahlenbündelung
(Elektronenoptik)
Elektronenstrahl — Ablenkplatten — Leuchtschirm

Verstärkerröhre (Triode),
Prinzip:

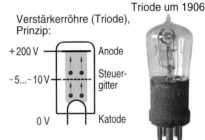

+200 V — Anode
−5...−10 V — Steuergitter
0 V — Katode

Triode um 1906

Fotoeffekt

Fällt energiereiches Licht auf eine Metalloberfläche, so können Elektronen aus dem Metall gelöst werden. Der bereits 1839 von A. E. Becquerel entdeckte Fotoeffekt konnte 1905 von Albert Einstein (Nobelpreis 1921) erklärt werden, der Nobelpreisträger Robert Millikan hat die Überlegungen später experimentell bestätigt.
Für die Elektronik ist der Fotoeffekt von großer Bedeutung: Fotowiderstand, Fotodiode, Fototransistor, Fotothyristor und Fotoelement beruhen auf diesem Effekt. Im Jahre 1954 wird am Bell Telephone Laboratory (USA) das erste Fotoelement in Betrieb genommen. Heute liefern Fotoelemente als Solarzellen elektrische Energie direkt aus Sonnenlicht.

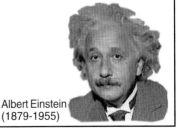

Albert Einstein
(1879-1955)

Entwicklung der Halbleitertechnik

Der PN-Übergang

Im Jahr 1939 erfolgt der Übergang von der Röhrentechnik zur Halbleitertechnik. In diesem Jahr beschreibt der deutsche Physiker Walter Schottky den Gleichrichtereffekt (Sperrschicht-Effekt, Schottky-Effekt). Der Effekt, der zwischen Metall und Halbleitern (Silizium, Germanium) sowie zwischen verschieden dotierten Halbleitern auftritt, wurde schon 1875 von Karl Ferdinand Braun entdeckt, konnte aber erst von Schottky erklärt werden. Dieser Effekt bildet die Grundlage für praktisch alle Halbleiter-Bauelemente wie Dioden, Transistoren und Thyristoren.

W. Schottky
(1886-1976)

Die elektrische Leitfähigkeit in Halbleitern, z.B. Silizium (Si) kommt auf zwei unterschiedliche Arten zustande:

1. Eigenleitung: Sie wird durch Energie (Wärme, Licht) und Verunreinigungen verursacht; sie ist oft unerwünscht.
2. Störstellenleitung: Sie entsteht durch gezieltes Verunreinigen (Dotieren) des Halbleiters mit 3-wertigen oder 5-wertigen Atomen.
3-wertige Atome erzeugen freie positive Ladungen (Löcher) und ergeben P-Leiter,
5-wertige Atome erzeugen freie negative Ladungen (Elektronen) und ergeben N-Leiter.

Am PN-Übergang bildet sich wegen der Wärmebewegung eine Sperrschicht

Bei angelegter Spannung in NP-Richtung verarmt die Übergangszone an Ladungsträgern, die Sperrschicht wird breiter

Bei angelegter Spannung in PN-Richtung wird die Sperrschicht abgebaut

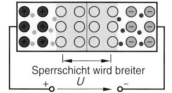

freie Elektronen (N-Leiter)   freie Löcher (P-Leiter)

natürliche Sperrschicht

Sperrschicht wird breiter
$+$ U $-$

Sperrschicht wird abgebaut
$-$ U $+$

Die zum Abbau der Sperrschicht nötige Spannung heißt Diffusionsspannung oder Schleusenspannung. Sie beträgt bei Silizium etwa 0,7 V, bei Germanium etwa 0,3 V.

Transistoren

Bereits 1928 leitet der deutsche Physiker Julius Lilienfeld die Funktion des Feldeffekttransistors her, Otto Heil meldet den FET 1934 zum Patent an. Der Durchbruch gelingt aber erst 1948, als im Labor der Bell Company (USA) die Wissenschaftler John Bardeen, Walter Houser Brattain und William Shockley einen ersten bipolaren Germanium-Transistor entwickeln (Transistor=Transfer Resistor). Die drei Wissenschaftler erhalten dafür 1956 den Nobelpreis für Physik.
Der Transistor und die Elektronik werden zur Schlüsseltechnologie des 20. Jahrhunderts und ermöglichen viele weitere Erfindungen.

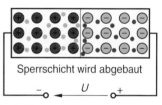

William Shockley (1910-1989)

Miniaturisierung

Die weitere Entwicklung der elektronischen Bauelemente verfolgt die Ziele: kleiner, schneller, leistungsfähiger.
Ein erster Schritt dazu ist die Entwicklung „gedruckter Schaltungen", der zweite Schritt ist die „Integration" von einzelnen Bauelementen zu kompletten Schaltungen auf einem einzigen Kristall (IC = Integrated Circuit). Der Mikrochip wird 1958 von Jack Kilby erfunden. IC-Bauelemente gibt es heute praktisch für alle Anwendungsgebiete.
Für die Leistungselektronik wird um 1962 ein steuerbarer Gleichrichter, der Thyristor, entwickelt (Thyristor = Thyratron Resistor). Er kann Ströme von über 2000 A bei Spannungen im Kilovoltbereich schalten.
1965 stellt der Mitbegründer von Intel, Gordon Moore, das Moore'sche Gesetz auf. Es besagt: Die Leistungsfähigkeit von Mikrochips verdoppelt sich etwa alle 18 Monate. Das Ende der Entwicklung ist etwa im Jahr 2020 erreicht. Die Chipstrukturen haben dann nur noch die Stärke von wenigen Atomen.

Jack Kilby (1923-2005), Ingenieur bei Texas Instruments, gilt als „Vater des Mikrochip". Zusammen mit zwei anderen Physikern erhält er dafür im Jahr 2000 den Nobelpreis für Physik.

> Moore'sches Gesetz:
> Die Leistungsfähigkeit von Mikrochips verdoppelt sich etwa alle 18 Monate.

4.2 Bauteile I

Widerstände und Kondensatoren

Elektrische Widerstände und Kondensatoren werden nach international anerkannten Normreihen (DIN IEC) gefertigt und gekennzeichnet. Die Werte der Widerstände und Kapazitäten richten sich dabei nach der so genannten E-Reihe, die Kennzeichnung erfolgt mit einer Farbcodierung oder mit Zahlen und Buchstaben. Für Induktivitäten gibt es keine allgemeine Norm.

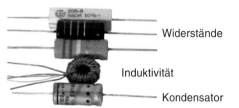

Widerstände

Induktivität

Kondensator

Fertigungswerte von Widerständen und Kondensatoren nach E-Reihen

Reihe	Widerstandswerte											Toleranz	
E6	1,0		1,5		2,2		3,3		4,7		6,8		±20%
E12	1,0	1,2	1,5	1,8	2,2	2,7	3,3	3,9	4,7	5,6	6,8	8,2	±10%
E24	1,0	1,2	1,5	1,8	2,2	2,7	3,3	3,9	4,7	5,6	6,8	8,2	± 5%
	1,1	1,3	1,6	2,0	2,4	3,0	3,6	4,3	5,1	6,2	7,5	9,1	
E48	1,00	1,21	1,47	1,78	2,15	2,61	3,16	3,83	4,64	5,62	6,81	8,25	
	1,05	1,27	1,54	1,87	2,26	2,74	3,32	4,02	4,87	5,90	7,15	8,66	± 2%
	1,10	1,33	1,62	1,96	2,37	2,87	3,48	4,22	5,11	6,19	7,50	9,09	
	1,15	1,40	1,69	2,05	2,49	3,01	3,65	4,42	5,36	6,49	7,87	9,53	

Die Toleranz gibt die größtmögliche Abweichung innerhalb der E-Reihe an, um Überschneidungen zu Nachbarwerten zu vermeiden. Das tatsächlich gefertigte Bauelement kann kleinereToleranzwerte besitzen.

Farbcodierung von Widerständen und Kondensatoren

Kohleschichtwiderstand

kleiner Abstand →

großer Abstand →

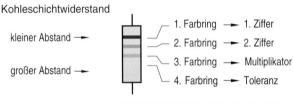

1. Farbring → 1. Ziffer
2. Farbring → 2. Ziffer
3. Farbring → Multiplikator
4. Farbring → Toleranz

Kondensator

1. Farbring → 1. Ziffer
2. Farbring → 2. Ziffer
3. Farbring → Multiplikator
4. Farbring → Toleranz
5. Farbring → Zulässige Betriebsspannung

Farbe der Ringe oder Punkte	schwarz (sw)	braun (br)	rot (rt)	orange (or)	gelb (gb)	grün (gn)	blau (bl)	violett (vl)	grau (gr)	weiß (ws)	gold (au)	silber (ag)	ohne Farbe
1. Ring → 1. Ziffer	−	1	2	3	4	5	6	7	8	9	−	−	−
2. Ring → 2. Ziffer	0	1	2	3	4	5	6	7	8	9	−	−	−
3. Ring → Multiplikator	10^0	10^1	10^2	10^3	10^4	10^5	10^6	10^7	10^8	10^9	10^{-1}	10^{-2}	−
4. Ring → Toleranz	−	± 1%	± 2%	−	−	± 0,5%	−	−	−	−	± 5%	± 10%	± 20%
5. Ring → Nennspg./ V bei Ta-Kondensatoren	− / 4	100 / 6	200 / 10	300 / 15	400 / 20	500 / 25	600 / 35	700 / 50	800	900	1000	2000	500

Alphanumerische Kennzeichnung von Widerständen, Beispiel

R47	− 0,47 Ω		K47	− 0,47 kΩ		M47	− 0,47 MΩ
4R7	− 4,7 Ω		4K7	− 4,7 kΩ		4M7	− 4,7 MΩ
47R	− 47 Ω		47K	− 47 kΩ		47M	− 47 MΩ

Dabei gilt: | R → Ω | K → kΩ | M → MΩ |

Die Stellung der Zahl (vor oder hinter dem Komma) entscheidet über ihren Stellenwert.

von Kondensatoren, Beispiel:

n 33 ⇒ 0,33 nF   3 n 3 ⇒ 3,3 nF   33 n ⇒ 33 nF

Bei reinem Zahlenaufdruck entscheidet die Größe des Bauteils:

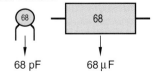

68 pF   68 µF

Es ist zu berücksichtigen, dass sich die Einheit µF von der Einheit pF um den Faktor 10^6 unterscheidet

Dioden

Dioden sind elektronische Bauteile mit zwei Anschlüssen. Sie sind in ihren Eigenschaften stark von der Stromrichtung abhängig (Ventilwirkung) und werden deshalb auch als Ventile bezeichnet (V für valve = Ventil).

A Anode
K Katode
U_F, I_F Spannung, Strom in Vorwärtsrichtung
U_R, I_R Spannung, Strom in Rückwärtsrichtung

	Schaltzeichen	Typische Kennlinie	Anwendungen	Bauformen
Flächendiode	A ▷ K I_F U_F → A [P N] K Diode wird in Vorwärtsrichtung betrieben	I_F Si-Diode U_R ← Durchbruch, Zerstörung 0,7 V U_F	Gleichrichterdiode Durchlassstrom $I_{F\,max}$ bis 3000 A Sperrspannung $U_{R\,max}$ bis 3500 V Freilaufdiode	Gehäuse für Dioden und Z-Dioden Kunststoffgehäuse A A Nase Ring
Z-Diode	A ▷ K I_Z ← U_Z Z-Diode wird in Rückwärtsrichtung betrieben (Z-... Zener...)	U_Z ← U_Z U_F I_Z ↓	Spannungsbegrenzung Stabilisierung Überlastungsschutz U_Z = 1,8 V...200 V	Metallgehäuse A A K K

Weitere Dioden: Kapazitätsdiode (spannungsgesteuerte Kapazität) zur Abstimmung von Schwingkreisen
Schottky-Diode (sehr schnell) für Hochfrequenzgleichrichtung, schnelle Logikschaltungen
Backward-Diode (keine Schleusenspannung), Gleichrichtung sehr kleiner HF-Spannungen
Tunneldiode (mit negativem Widerstandsbereich), für HF-Anwendungen.

Bipolare Transistoren

Beim bipolaren Transistor (Transistor = **Trans**fer Re**sistor**, Übertragungswiderstand), fließt der Laststrom über zwei unterschiedlich dotierte Schichten (P und N). Die Steuerung erfolgt über den Basisstrom.
Hauptanwendung: Schalter und Verstärkerschaltungen.

E Emitter
B Basis
C Kollektor
Ströme I_C, I_B, I_E,
Spannungen U_{BE}, U_{CE}.

	Prinzip, Schaltzeichen	Typische Kennlinie	Anwendungen	Bauformen
NPN-Transistor	C [N P N] B I_B U_{BE} E C I_C U_{CE} E I_E	I_C 0,5 A 3 mA 2 mA I_B = 1 mA 20 V U_{CE}	Verstärker Schalter Oszillatoren Stromverstärkung $B = \dfrac{I_C}{I_B} = 50...600$ I_C = 0,01...15 A	Metallgehäuse E ⊕ C B Kunststoffgehäuse E ⊕ C B
PNP-Transistor	C [P N P] B I_B U_{BE} E C I_C U_{CE} E I_E	I_C −0,5 A −3 mA −2 mA I_B = −1 mA −20 V U_{CE}		
Darlington-Tr.	C [N P N][N P N] B I_B B E C I_C E I_E	I_C 5 A 3 mA 2 mA I_B = 1 mA 20 V U_{CE}	Leistungsverstärker für relais- und Motorsteuerungen Sehr große Stromverstärkung B = 100...30 000 I_C = 0,2...30 A	Metallgehäuse C B E

4

4.3 Bauteile II

Feldeffekttransistoren FET

Beim unipolaren Transistor fließt der Laststrom nur über eine Halbleiterschicht (P oder N). Die Steuerung erfolgt über ein elektrisches Feld (Feldeffekttransistor FET) und benötigt damit praktisch keine Leistung.
Hauptanwendung: Schalter und Verstärkerschaltungen.

S Source (Quelle)
D Drain (Abfluss, Senke)
G Gate (Tor, Gatter)   Su Substrat
Ströme I_D, I_S mit $I_D = -I_S$ und $I_G = 0$
Spannungen U_{GS}, U_{DS}.

	Prinzip, Schaltzeichen	Typische Kennlinie	Bauformen
J-FET, N-Kanal	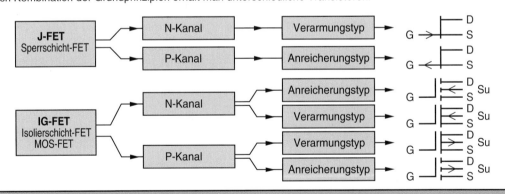	$U_{DS}=$ konst. ; $U_{GS}=$ 0 V, −2 V, −4 V, −6 V	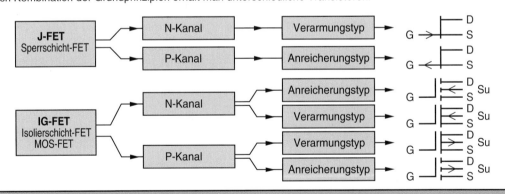
J-FET, P-Kanal		$-U_{DS}=$ konst. ; $U_{GS}=$ 0 V, +2 V, +4 V, +6 V	mit Substrat-Anschluss

Typenvielfalt

Feldeffekttransistoren können nach verschiedenen Grundprinzipien realisiert werden:
1. Der Kanal für den Laststrom kann N- oder P-leitend sein.
2. Das Gate und der Kanal können direkt nebeneinander liegen (Sperrschicht-FET, J-FET, J = Junction), oder das Gate und der Kanal sind durch eine zusätzliche Isolierschicht getrennt (Isolierschicht-FET, IG-FET, MOS-FET, I = Insulated Gate, MOS = Metal Oxid Semiconductor).
3. Beim IG-FET kann der Kanal ohne Gate-Source-Spannung leitfähig sein (selbstleitend, Verarmungstyp), oder der Kanal kann ohne anliegende Gate-Source-Spannung sperren (selbstsperrend, Anreicherungstyp).
Durch Kombination der Grundprinzipien erhält man unterschiedliche Transistoren:

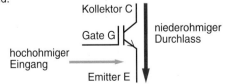

IGBT (Insulated Gate Bipolar Transistor)

IGBT stellen eine Kombination aus bipolarem Transistor und Feldeffekttransistor dar. Sie vereinigen damit einen hohen Eingangswiderstand mit einem kleinen Durchgangswiderstand.

Betriebseigenschaften:
$U_F = 2$ V...5 V
U_R bis 1600 V
I_F bis 1000 A
f bis 20 kHz

IGBT-Module enthalten oft Freilaufdioden bzw. Rückstromdioden und erübrigen damit eine weitere Schutzbeschaltung.

IGBT-Transistor

IGBT-Modul

Kollektor C
Gate G
niederohmiger Durchlass
hochohmiger Eingang
Emitter E

Thyristoren

Thyristor ist ein Kunstwort aus **Thyr**atron (gasgefüllte Schaltröhre) und Res**istor** (Widerstand). Man bezeichnet damit allgemein alle elektronischen Bauelemente, die mindestens vier aufeinander folgende Halbleiterschichten mit wechselnder Leitungsart (P bzw. N) haben. Insbesondere wird die Thyristortriode als Thyristor bezeichnet.

Die Thyristortriode hat folgendes Betriebsverhalten:
1. Wird der Thyristor bei offenem Gate an Spannung U_F gelegt, so fließt ein kleiner Strom. Übersteigt U_F die Nullkippspannung $U_{(B0)}$, so zündet der Thyristor und wird leitend.
2. Die Zündspannung kann durch den Gatestrom I_G beeinflusst werden.
3. Ein gezündeter Thyristor erlischt nur, wenn der Haltestrom I_H unterschritten wird.
4. Bei Überschreiten der zulässige Sperrspannung U_R wird der Thyristor zerstört.

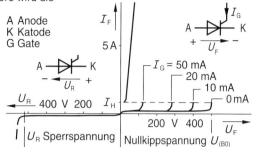

A Anode
K Katode
G Gate

U_R Sperrspannung   Nullkippspannung $U_{(B0)}$

	Schaltzeichen	Typische Kennlinie	Anwendungen	
Triggerdioden	Vierschichtdiode		Triggerdiode zum Zünden von Thyristoren, Aufbau von Zeitkreisen.	$U_{(B0)}$ = 20 V...200 V I_F bis 30 A I_H = 15 mA...45 mA
	Fünfschichtdiode		Verhalten wie zwei antiparallel geschaltete Vierschichtdioden. Triggern von Zündströmen von Triacs und Thyristoren.	$U_{(B0)}$ < 10 V $I ≈ 200$ mA I_H < 5 mA
	DIAC = Diode Alternating Current (Zweirichtungsdiode)		Einsatz als Triggerdiode ähnlich wie Fünfschichtdiode, aber preisgünstiger.	$U_{(B0)} ≈ 35$ V $P_{tot} ≈ 300$ mW
Thyristor	P-Gate-Thyristor		Für gesteuerte Stromrichterschaltungen bis zu größten Leistungen. Für maximale Leistung Scheibenthyristoren mit Wasserkühlung.	U_R bis 8 kV I_F bis 1000 A
TRIAC	TRIAC = Triode Alternating Current) (Zweirichtungsthyristor)		Verhalten wie antiparallel geschaltete Thyristoren. Für Phasenanschnittsteuerungen im Klein- und Mittelleistungsbereich.	U bis 1200 V I bis 300 A
GTO	GTO = Gate Turn Off		Abschaltbarer Thyristor, der mit positiven Zündströmen in den leitenden, mit negativen Zündströmen in den sperrenden Bereich schaltet. Für Gleichstomsteller und Wechselrichter im mittleren Leistungsbereich.	U_R bis 1200 V I_F bis 400 A

4

4.4 Bauteile III

Optoelektronische Bauteile

Inhalte der Optoelektronik sind:
- Umwandlung von Licht in elektrische Energie
- Umwandlung von elektrischer Energie in Licht
- Kopplung von optischen Sendern und Empfängern.

Empfindlichkeit des menschlichen Auges für verschiedene Bereiche des Lichts

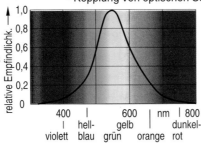

Optoelektronische Bauteile		
Optische Sender	Optische Empfänger	Opto-koppler
z.B. Leuchtdiode Laserdiode Infrarotdiode	z.B. Fotowiderstand Fotodiode Fotoelement Fototransistor Fotothyristor	Kombination aus optischem Sender und Empfänger

	Schaltzeichen	Typische Kennlinie	Anwendungen
Fotowiderstand	I U E_V	R / Ω 10^6 10^4 10^2 10^0 10^2 lx 10^4 E_V	Für Beleuchtungsstärke-messer im sichtbaren und im infraroten Bereich Dunkelwiderstand >10 MΩ Hellwiderstand < 1 kΩ
Fotodiode	A ⊳ I_R K U_R	I_R / µA 10^2 10^1 10^0 20 V U_R = 5 V 10^0 10^2 lx 10^4 E_V	Bei Betrieb in Sperrrichtung ist der Strom etwa proportional zur Beleuchtungsstärke. Betriebsspannung bis 10 V, Grenzfrequenz 10 MHz. Für Beleuchtungsstärkemesser, Signalübertragung in Optokopplern, Datenübertragung.
Fototransistor	C I_C B U_{CE} E mit oder ohne Basisanschluss	I_R / mA 10^1 10^0 10^{-1} 20 V U_{CE} = 5 V 10^0 10^2 lx 10^4 E_V	Wie Fotodiode mit Verstärker, somit etwa 100- bis 500fach größere Empfindlichkeit im Vergleich zu Fotodioden. Einstellung des Arbeitspunktes über die Basis. Optische Signalübertragung, Lichtschranken, Optokoppler, Datenübertragung.
Leuchtdiode	A ⊳ I_F K U_F	I_F / mA 40 20 GaAsP -2 0 1 V 2 U_F	LED Licht Emitierende Diode Farben rot, gelb, orange, grün, blau, infrarot (IRED) U_F < 2 V, I_F < 100 mA Für Zifferanzeige, Licht-schranken, Optokoppler.
Fotoelement	Fotoelement, Solarzelle aktives Element I U_0 Leerlauf-spannung I_K Kurzschluss-strom U	I_K U_0 4 mA 2 $A = 1\,cm^2$ I_K U_0 0,4 V 0,2 0 5000 lx 10^4 E_V	Umwandlung von Licht in elektrische Energie. Leerlaufspannung je nach Werkstoff bis 0,9 V, Wirkungsgrad 10...15 %, Leistung bei voller Sonne bis 100 W/m². Reihenschaltung der Zellen erhöht die Spannung, Parallelschalten erhöht den Strom.
Optokoppler	Beispiele: A E K C A B C K E		Optokopler bestehen aus einem Strahlungssender und einem Empfänger, in einem gemeinsamen lichtdichten Gehäuse. Als Sender werden LED oder IRED (Infrarot emittierende Diode) eingesetzt. Als Empfänger eignen sich Fotodioden, Fototransistoren und Fotothyristoren. Mit Fototransistoren in Darlingtonschaltung erreicht man einen hohen Koppelfaktor, mit Fotothyristoren (auch Foto-triacs) lassen sich Schalter realisieren. Optokopler verbinden zwei galvanisch getrennte Kreise durch Infrarot- oder Lichtstrahlung.

Integrierte Schaltkreise

Integrierte Schaltkreise (**I**C **I**ntegrated **C**ircuit) sind Funktionseinheiten, die auf einem Halbleiterplättchen (Chip) sehr viele Bausteine wie Transistoren, Widerstände und Kondensatoren vereinen. Kleine IC werden dabei z.B. in DIL-Gehäuse (DIL Dual In Line) oder TO-Gehäuse (TO Transistor Outline) gefasst.

Die Integrationsdichte von Chips steigt jährlich. Nach der von Intel-Geschäftsführer Gordon Moore 1968 aufgestellten „mooreschen Regel" wird die Zahl der Transistoren pro Flächeneinheit alle 18 bis 24 Monate verdoppelt. Die physikalische Grenze ist demnach etwa im Jahre 2020 erreicht.

DIL-Gehäuse

TO-Gehäuse

Integrationsgrad	Elemente/Chip
SSI Small-Scale-Integration	bis 100
MSI Medium-Scale-Integration	bis 1000
LSI Large-Scale Integration	bis 100 000
VLSI Very-Large-Scale Integr.	bis 1 000 000
ULSI Ultra-Large-Scale-Integr.	über 1 000 000

Häufig eingesetzte IC

Operationsverstärker

Operationsverstärker (OP, OpAmp) gehören zu den vielseitigsten Bausteinen. Haupteinsatzgebiete sind die Steuerungs- und Regelungstechnik. Je nach äußerer Beschaltung können sie als Verstärker, Differenzier-, Integrier- oder Summierglied, als Schwellwertschalter sowie als Konstantspannungs- bzw. Konstantstromquelle eingesetzt werden.

Beispiel: Invertierender Verstärker

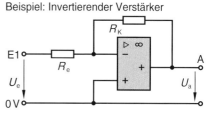

Zeitgeber, Timer

Timer sind integrierte Schaltkreise zur Erzeugung von definierten zeitabhängigen Signalen. Je nach Beschaltung können sie z.B. als Zeitverzögerungsglied (monostabiler Multivibrator) oder als Oszillator (astabiler Multivibrator) eingesetzt werden.
Ein weitverbreiteter Timer ist der IC 555.

Beispiel: Tastoszillator mit NE 555

Zündbausteine

Zündbausteine sind Schaltkreise zur Ansteuerung von Schaltungen der Leistungselektronik. Sie liefern Zündimpulse zum Zünden von Triacs und Thyristoren.
Je nach äußerer Beschaltung eignen sie sich zum Ansteuern von Phasenanschnittsteuerungen, Nullpunktschaltern und Perioden-Gruppenschaltern.
Ein wichtiger Zündbaustein ist der TCA 785.

Beispiel: Wechselstromsteller

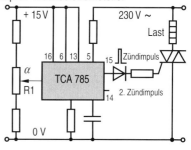

TTL-Schaltkreisfamilie

Die TTL-Schaltkreisfamilie umfasst eine große Zahl von digitalen Schaltungen, z.B.:
 NAND-Gatter, z.B. 7400
 NOR-Gatter, z.B. 7402
 Inverter, z.B. 7404
 Schmitt-Trigger, z.B. 7413
 Dekoder, z.B. 7442
 4-bit-Volladdierer, z.B. 7483.

Beispiel: 7400, Chip mit 4 NAND-Gatter

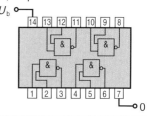

4

4.5 Ungesteuerte Stromrichterschaltungen

Gleichrichtung, Grundlagen

Gleichstrom wird durch „Gleichrichten" von Wechsel- oder Drehstrom gewonnen. Die gleichgerichtete Spannung U_d ist dabei keine reine Gleichspannung, sondern eine Mischgröße mit dem Effektivwert $U_{d\,eff}$ (U_{RMS}).
Die Mischgröße setzt sich zusammen aus: • Gleichanteil U_d (U_{AV})
• Wechselanteil U_w (U_{rms}).
Der Stromrichtertransformator (SRT) transformiert die Netzspannung so, dass die gewünschte Gleichspannung entsteht. Die Transformatorbauleistung P_T muss je nach Schaltung größer sein als die Gleichstromleistung P_d.

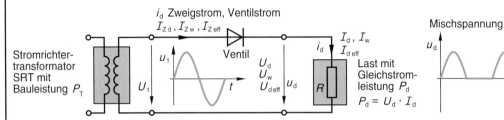

Die Mischspannung enthält einen Gleich- und einen Wechselanteil, die so genannte Brummspannung:

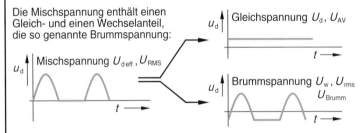

Gleich- und Wechselanteil, Zusammenhang

$$U_{d\,eff}^2 = U_d^2 + U_w^2$$

Welligkeit

$$w = \frac{U_w}{U_{di}} = \frac{U_w}{U_{di}} \cdot 100\%$$

P_T Transformatorbauleistung
P_d Gleichstromleistung
U_1 Anschlussspannung (Effektivwert)
U_d, I_d Gleichanteil (arithmetischer Mittelwert)
U_{di}, I_{di} ideeller Gleichanteil (ohne Diodenverlust)
U_w, I_w Wechselanteil, Brummwert (Effektivwert)
$U_{d\,eff}, I_{d\,eff}$ Mischgröße (Effektivwert)

Andere Bezeichnungen
$U_d = U_{AV}$
(AV = average, Durchschnitt, arithmetischer Mittelwert)
$U_w = U_{Brumm} = U_{rms}$
$U_{d\,eff} = U_{RMS}$
(RMS, rms = Root mean Square,
geometrischer Mittelwert, Effektivwert)

Gleichrichterschaltungen für Wechselstrom, ungesteuert (U)

Einpuls-Mittelpunktschaltung M1 (E1, M1U)

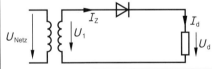
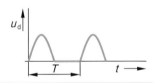

$\frac{U_{di}}{U_1} = 0{,}45$	$\frac{I_d}{I_Z} = 1$
$\frac{U_w}{U_{di}} = 1{,}21$	$\frac{P_T}{P_d} = 3{,}1$

Zweipulspuls-Mittelpunktschaltung M2 (M2U)

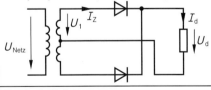
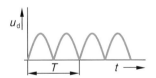

$\frac{U_{di}}{U_1} = 0{,}9$	$\frac{I_d}{I_Z} = 2$
$\frac{U_w}{U_{di}} = 0{,}48$	$\frac{P_T}{P_d} = 1{,}5$

Zweipuls-Brücken-schaltung B2 (B2U)

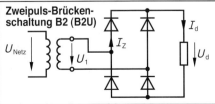
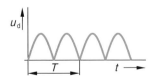

$\frac{U_{di}}{U_1} = 0{,}9$	$\frac{I_d}{I_Z} = 2$
$\frac{U_w}{U_{di}} = 0{,}48$	$\frac{P_T}{P_d} = 1{,}23$

Gleichrichterschaltungen für Drehstrom, ungesteuert (U)

Dreipuls-Mittelpunktschaltung M3 (M3U)

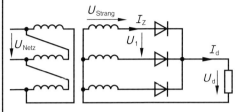

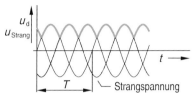

Strangspannung

$$\frac{U_{di}}{U_1} = 0,675$$

$$\frac{U_w}{U_{di}} = 0,18$$

$$\frac{I_d}{I_Z} = 3$$

$$\frac{P_T}{P_d} = 1,35$$

Sechspuls-Brückenschaltung B6 (B6U)

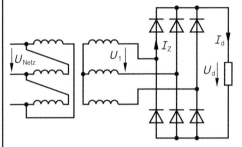

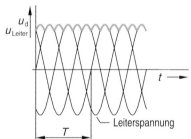

Leiterspannung

$$\frac{U_{di}}{U_1} = 1,35$$

$$\frac{U_w}{U_{di}} = 0,04$$

$$\frac{I_d}{I_Z} = 3$$

$$\frac{P_T}{P_d} = 1,1$$

Gleichrichtersätze und Modulschaltungen

Gleichrichterschaltungen werden als fertige Bauteile (Gleichrichtersätze) angeboten.

Beispiel mit Kunststoffkörper:

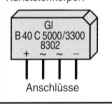

Anschlüsse

Bezeichnungsschema, Beispiel:

B 40 C 5000 / 3300

├─ Bemessungsstrom in mA mit/ohne Kühlkörper

├─ kapazitive Last zulässig

├─ maximale Eingangsspannung

└─ Schaltung
 B Brückenschaltung
 M (E) Mittelpunktschaltung

Zum rationellen Aufbau von Gleichrichterschaltungen werden auch so genannte Module aus zwei Dioden angeboten.

Beispiel:

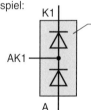

Gehäuse aus schlagfestem Kunststoff, wasserdicht, mit potenzialfreiem Metallboden

Spannungsvervielfacherschaltungen

Einpuls-Verdoppler D1

Zweipuls-Verdoppler D2

Einpuls-Vervielfacher V1 mit n Stufen

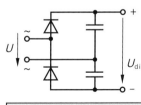

1. Stufe 2. Stufe 3. Stufe

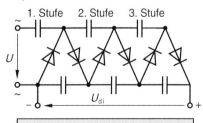

$$U_{di} = 2 \cdot \sqrt{2} \cdot U = 2,82 \cdot U$$

$$U_{di} = 2 \cdot \sqrt{2} \cdot U = 2,82 \cdot U$$

$$U_{di} = n \cdot 2 \cdot \sqrt{2} \cdot U = n \cdot 2,82 \cdot U$$

U Wechselspannung, Effektivwert U_{di} Gleichspannung, ohne Verluste

4.6 Stromversorgungsschaltungen

Spannungsglättung und Siebung

Kondensatoren (Kapazitäten) speichern Energie in ihrem elektrischen Feld ($W = \frac{1}{2} \cdot C \cdot U^2$).
Ein parallel zur Last geschalteter Kondensator versucht jede Spannungsänderung zu verhindern und glättet somit die Spannung.

Spannungsglättung

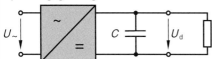

Spulen (Induktivitäten) speichern Energie in ihrem magnetischen Feld ($W = \frac{1}{2} \cdot L \cdot I^2$).
Eine in Reihe zur Last geschaltete Spule versucht jede Stromänderung zu verhindern und glättet somit den Strom.

Stromglättung

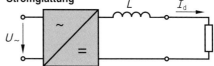

Siebung der Ausgangsspannung
Reicht die Glättung mit einem Glättungskondensator oder einer Glättungsdrossel nicht aus, so werden zusätzliche Siebglieder und Saugkreise zugeschaltet:

RC-Siebglied

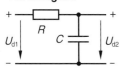

LC-Siebglied

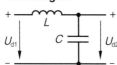

Drossel und Saugkreise

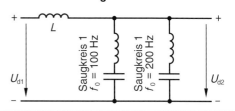

Spannungsstabilisierung

Stabilisierungsschaltungen benötigen eine Referenzspannung. Meist dient dazu die Z-Spannung einer Z-Diode. Sie liegt je nach Typ zwischen 3 V und 200 V.
Für die Stabilisierungsschaltung sind außerdem der differenzielle Widerstand, der zulässige Z-Strom und die zulässige Verlustleistung von Bedeutung.

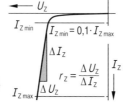

$I_{Z\,min} = 0,1 \cdot I_{Z\,max}$

$r_Z = \dfrac{\Delta U_Z}{\Delta I_Z}$

Z-Dioden, Auswahl, Verlustleistung $P_{tot} = 2$ W			
Typ	U_Z in V	I_Z in mA	r_Z in Ω
BZY 97C3V9	3,7...4,1	100	< 7
BZY 97C5V1	4,8...5,4	100	< 5
BZY 97C8V2	7,7...8,7	100	< 2
BZY 97C13	12,4...14,1	50	< 10
BZY 97C22	20,8...23,3	25	< 15
BZY 97C91	85...96	5	< 200

Parallelstabilisierung mit Z-Diode
Die Parallelstabilisierung mit Z-Diode eignet sich für kleine Lastströme.

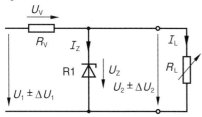

Z-Strom

$$I_{Z\,max} = \frac{P_{tot}}{U_Z} \qquad I_{Z\,min} = 0,1 \cdot I_{Z\,max}$$

Vorwiderstand

$$R_{V\,min} = \frac{U_{1\,max} - U_Z}{I_{Z\,max} + I_{L\,min}} \qquad R_{V\,max} = \frac{U_{1\,min} - U_Z}{I_{Z\,min} + I_{L\,max}}$$

Spannungsschwankungen ΔU_2 bei Schwankungen
der Eingangsspannung ΔU_1 des Laststromes ΔI_L

$$\Delta U_2 = \frac{r_Z}{r_Z + R_V} \cdot \Delta U_1 \qquad \Delta U_2 = \Delta U_Z \approx r_Z \cdot \Delta I_L$$

Reihenstabilisierung mit Z-Diode und Transistor

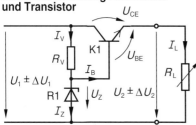

Ausgangsspannung

$$U_2 = U_Z - U_{BE}$$

Maximale Eingangsspannung

$$U_{1\,max} = R_V \cdot (I_{Z\,max} + I_{B\,max}) + U_Z$$

Vorwiderstand

$$R_V = \frac{U_1 - U_Z}{I_Z + I_B}$$

Minimaler Lastwiderstand

$$R_{L\,min} = \frac{U_2}{I_{C\,max}}$$

$I_{C\,max}$ zulässiger Kollektorstrom des Transistors

Integrierte Spannungsregler

Spannungsregler werden als integrierte Schaltungen (Monolithic Voltage Regulator) angeboten. Dabei sind alle Bauteile der Regelschaltung wie Z-Diode, Längstransistor, Überlastschutz, Laststrombegrenzung und Temperaturbegrenzung in einem IC vereinigt. Erhältlich sind Festspannungsregler und einstellbare Spannungsregler.

Festspannungsregler

arbeiten als Konstantspannungsquelle und liefern eine feste Gleichspannung, z.B. 5 V, 6 V, 8 V, 10 V, 12 V, 15 V, 18 V oder 24 V.

Sehr verbreitet sind die Serien 78 XX für positive und 79 XX für negative Spannungen.

Die beiden Kondensatoren C1 (470...2200 µF) und C2 (1...10 µF) müssen zugeschaltet werden; sie sollen Schwingneigungen des Kreises unterdrücken.

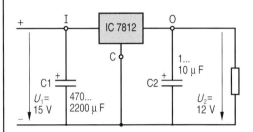

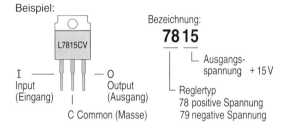

Beispiel:

L7815CV

I — Input (Eingang)
O — Output (Ausgang)
C Common (Masse)

Bezeichnung:

78 15

└ Ausgangsspannung + 15 V

└ Reglertyp
78 positive Spannung
79 negative Spannung

Einstellbare Spannungsregler

arbeiten mit einer internen Referenzspannung von z.B. 1,25 V. Durch die Beschaltung mit einem einstellbaren Spannungsteiler lassen sich damit Spannungen im Bereich von z.B. 1,2 V bis 37 V realisieren. Gebräuchliche Spannungsregler sind die Regler LM 317 für positive und LM 337 für negative Spannungen.

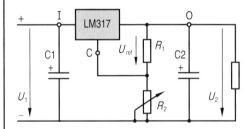

Die Ausgangsspannung U_2 kann mit R_2 eingestellt werden:

$$U_2 \approx U_{ref} \cdot (1 + \frac{R_2}{R_1})$$

Dabei ist U_{ref} die vom IC vorgegebene Referenzspannung, z.B. $U_{ref} = 1,25$ V. Damit $U_2 \approx 1,2$ V bis 37 V.

Die Eingangsspannung muss bei Spannungsreglern mindestens 2 bis 3 V größer als die Ausgangsspannung sein.

Lineare Netzgeräte und Schaltnetzteile

Beim **linearen Netzgerät** wird die Eingangswechselspannung auf den geforderten Wert transformiert, gleichgerichtet und bei Bedarf stabilisiert. Zur Stabilisierung dienen Z-Dioden, Z-Dioden mit Transistoren oder Festspannungsregler.
Die Verluste dieser Netzgeräte sind hoch, die Wirkungsgrade liegen bei 20 bis 50 %.

Lineares Netzgerät, Prinzip:

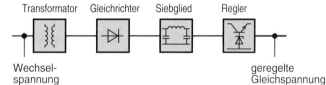

Transformator   Gleichrichter   Siebglied   Regler

Wechselspannung

geregelte Gleichspannung

Beim **Schaltnetzteil** wird die Spannung zuerst gleichgerichtet. Die Gleichspannung wird dann mit einem Gleichspannungswandler (DC/DC-Wandler) auf den erforderlichen Wert umgeformt.
Als DC/DC-Wandler eignen sich Sperrwandler (bis 10 W), Eintakt-Durchflusswandler (bis 100 W), Halbbrückenwandler (bis 300 W) und Vollbrückenwandler (bis über 3000 W).
Der Wirkungsgrad von Schaltnetzteilen liegt im Bereich 60 bis 80 %.

Schaltnetzteil, Prinzip:

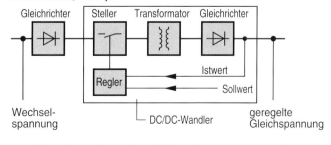

Gleichrichter   Steller   Transformator   Gleichrichter

Regler

Istwert
Sollwert

Wechselspannung

DC/DC-Wandler

geregelte Gleichspannung

4

4.7 Anwendung von Transistoren

Transistor als Schalter (Schaltverstärker)

Schalterprinzip

Mit einem Transistor können kleinere Leistungen kontaktlos geschaltet werden. Dabei sind für längere Zeit nur die Schaltzustände Ein und Aus erlaubt.
Um die Spannung U_{CE} im Ein-Zustand möglichst klein zu halten ($U_{CE\,Sat}=0{,}2\,V$), muss der Transistor übersteuert werden.

Die Basis wird über einen hochohmigen Ableitwiderstand (z.B. $100\,k\Omega$) mit Nullpotenzial verbunden.

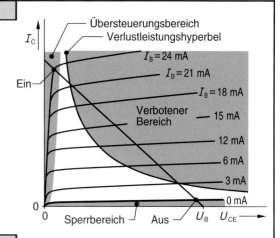

Schaltzeiten, dynamisches Verhalten

Das Ein-und Ausschalten des Transistors erfordert jeweils eine gewisse Zeit, weil der Ladungstransport Zeit benötigt. Der Laststrom folgt dem Steuerimpuls mit Verzögerung (verwaschene Schaltflanken).

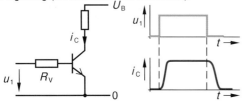

Durch einen Beschleunigungskondensator C_B und einen Ableitwiderstand R_A können die Lade- und Entladevorgänge und damit die Schaltvorgänge beschleunigt werden. Die Schaltflanken sind steiler.

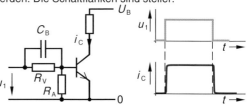

Ohmsche, induktive und kapazitive Lasten

Das Ein- und Ausschalten von ohmschen Lasten ist problemlos. Der Arbeitspunkt wandert beim Schalten auf der Widerstandsgeraden.

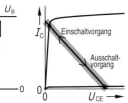

Beim Ausschalten von Induktivitäten entstehen Spannungsspitzen, die den Transistor gefährden. Sie werden durch Freilaufdioden abgebaut.

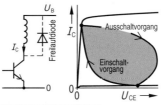

Beim Einschalten von Kapazitäten entstehen Stromspitzen, die eventuell den Transistor gefährden. Das Ausschalten ist problemlos.

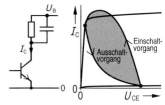

Schalttransistoren

NPN-Schalttransistor
Geringe Stromverstärkung
Kleine Schaltgeschwindigkeit
Lastströme bis 30 A

Darlington-Transistor
Große Stromverstärkung
Lastströme bis 30 A

MOS-FET
Große Schaltgeschwindigkeit
Keine Steuerleistung
Lastströme bis 25 A

Parallel schalten möglich

IGBT
Kombination aus bipolarem Transistor und FET
Lastströme bis 1 kA

136

Transistor als Verstärker (Signalverstärker)

Verstärkerprinzip

Transistoren sind steuerbare Widerstände. Dabei steuert ein kleiner Basisstrom einen großen Kollektorstrom. Die Gleichstromverstärkung B beträgt 50 bis 300.

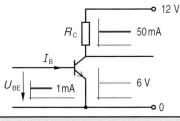

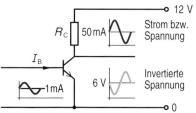

Strom bzw. Spannung

Invertierte Spannung

Kennwerte

Stromverstärkung
$$V_i = 50...300$$

Spannungsverstärkung
$$V_u = 50...300$$

Leistungsverstärkung
$$V_p = V_u \cdot V_i$$
$$V_p = 2\,500...90\,000$$

Emitterschaltung, Arbeitspunkt

Die wichtigste Verstärkerschaltung ist die Emitterschaltung. Das Eingangssignal wird dabei über C_1 eingekoppelt. Das verstärkte Signal wird über C_2 ausgekoppelt und kann zu einer weiteren Verstärkerstufe geführt werden.

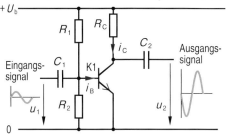

Der Arbeitspunkt wird über einen Basisvorwiderstand R1 oder über einen Spannungsteiler R1-R2 eingestellt.

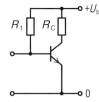

Stromgegenkopplung

Arbeitspunktstabilisierung

Bei einer Temperaturerhöhung des Transistors steigt der Emitterstrom I_E, wodurch sich der Arbeitspunkt verschiebt. Der Arbeitspunkt kann durch einen Widerstand R_E im Emitterzweig stabilisiert werden.
Ein zu R_E parallel geschalteter Kondensator C_E bewirkt, dass die Stromgegenkopplung nur auf die Gleichspannung, nicht aber auf das Wechselstromsignal wirkt.

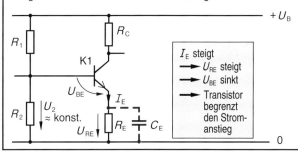

I_E steigt
→ U_{RE} steigt
→ U_{BE} sinkt
→ Transistor begrenzt den Stromanstieg

Spannungsverstärkung

Der Widerstand R_E reduziert die Spannungsverstärkung auf den Wert R_C/R_E. Die Spannungsverstärkung ist damit genau berechenbar und nicht mehr von den zufälligen Exemplarstreuungen des Transistors abhängig.

Spannungsverstärkung mit Emitterwiderstand

$$V_u \approx \frac{R_C}{R_E}$$

(V_u ohne Emitterwiderstand ca. 50...300)

137

4.8 Umwandeln elektrischer Energie

Gleich- und Wechselrichten

Beim Gleichrichten wird Wechsel- bzw. Drehstrom in Gleichstrom umgewandelt. Die Gleichrichtung kann mit ungesteuerten (siehe S. 132) oder mit gesteuerten Gleichrichtern erfolgen.
Beim Wechselrichten wird Gleichstrom in Wechsel- bzw. Drehstrom mit beliebiger Spannung und Frequenz umgewandelt.

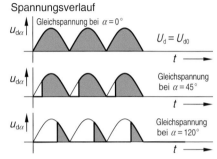

Gleichrichten

Wechselrichten

Gesteuerte Gleichrichter

Spannungsverlauf

Gesteuerte Gleichrichterschaltungen enthalten gesteuerte Bauelemente, z.B. IGBT oder Thyristoren. Mithilfe einer Zündschaltung kann der Zündwinkel α von $0°$ bis $180°$ eingestellt werden.
Je nach Zündwinkel ist der Wert der Gleichspannung und damit der Gleichstromleistung zwischen null und dem Maximalwert einstellbar. Die Gleichspannung ist dabei von der Art der Last (ohmsch oder induktiv) abhängig.
Der Zusammenhang zwischen Spannung, Zündwinkel und Lastart ist in der Steuerkennlinie dargestellt.

Beispiel: B2HZ
(Zweigpaar halbgesteuerte Zweipuls-Brückenschaltung)

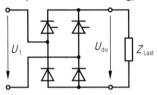

Ist die Gleichspanng der ungesteuerten Brückenschaltung U_{d0}, so gilt bei rein ohmscher Last beim Steuerwinkel α

$$U_{d\alpha} = U_{d0} \cdot \left(\frac{1 + \cos\alpha}{2} \right)$$

Schaltung B2: $U_{d0} = 0,9 \cdot U_1$
Schaltung B6: $U_{d0} = 1,35 \cdot U_1$

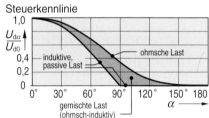

Steuerkennlinie

Wechselrichter

Vollgesteuerte Gleichrichterbrücken (z.B. B2) können als Wechselrichter betrieben werden, wenn die passive Last (Motor) durch eine aktive Last (Generator) ersetzt wird.
Die Stromrichterbrücke arbeitet für Zündwinkel bis $90°$ im Gleichrichterbetrieb, für Zündwinkel über $90°$ im Wechselrichterbetrieb.

Beispiel:
Gleichstrommaschine als aktive Last

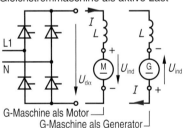

G-Maschine als Motor
G-Maschine als Generator

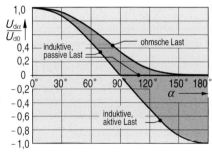

Wechselspannung mit beliebiger Frequenz kann auch durch abwechselndes Einschalten von positiven und negativen Gleichspannungsimpulsen erzeugt werden. Werden die Impulse zusätzlich getaktet (Pulsweitenmodulation, PWM), so lässt sich eine angenäherte Sinusform erreichen. Durch in induktive Verbraucher wird die Kurvenform geglättet (Glättungsdrossel).

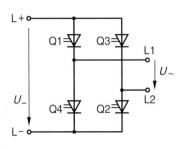

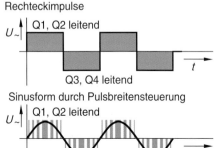

Rechteckimpulse

Sinusform durch Pulsbreitensteuerung

Umrichten

Beim Gleichstromumrichten wird Gleichstrom einer bestimmten Spannung und Polarität in einen anderen Gleichstrom mit anderer Spannung und/oder Polarität umgewandelt.

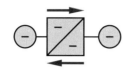

Beim Wechselstromumrichten wird Wechselstrom einer bestimmten Spannung und Frequenz in eine andere Wechselspannung mit anderer Spannung und/oder Frequenz umgewandelt.

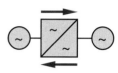

Gleichstromumrichter

Gleichstromumrichter mit Zwischenkreis arbeiten in zwei Stufen:
1. Die Gleichspannung wird über einen Wechselrichter in eine Wechselspannung umgewandelt.
2. Die Wechselspannung wird in einem gesteuerten Gleichrichter in Gleichspannung umgewandelt.

Zur galvanischen Trennung kann der Zwischenkreis einen Trenntransformator enthalten.

Gleichstromumrichter ohne Zwischenkreis wandeln die gegebene Gleichspannung direkt in die gewünschte Gleichspannung. Sie heißen auch **Gleichstromsteller**, Chopper oder Pulswandler.

Die Umwandlung erfolgt durch periodisches Ein- und Ausschalten (choppen) des Stromkreises mit elektronischen Ventilen (z.B. Transistor, MOS-FET, IGBT). Man unterscheidet Durchflusswandler und Sperrwandler.

Beim **Durchflusswandler** fließt Strom durch die Last, wenn der Transistor leitet. Mit ihm kann die Gleichspannung nur nach unten gewandelt werden (Abwärtswandler, Tiefsetzsteller).

Beim **Sperrwandler** fließt Strom durch die Last, wenn der Transistor sperrt. Mit ihm kann je nach Dimensionierung auch eine höhere Spannung erzeugt werden (Aufwärtswandler, Hochsetzsteller).

Gleichstromumrichter mit Zwischenkreis

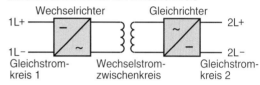

Gleichstromumrichter ohne Zwischenkreis

Durchflusswandler, Prinzip

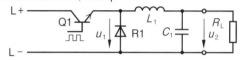

Sperrwandler, Prinzip

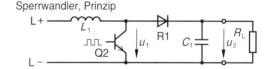

Wechselstromumrichter

Wechselstromumrichter mit Zwischenkreis arbeiten in zwei Stufen:
1. Die Wechselspannung wird über einen Gleichrichter in Gleichspannung umgewandelt. Mit einer Spule oder einem Kondensator wird die Mischgröße geglättet.
2. Die Wechselspannung wird mit einem Wechselrichter in eine Wechselspannung mit anderer Spannungshöhe und Frequenz umgewandelt.

Wechselstromumrichter mit Zwischenkreis werden insbesondere für Frequenzumrichter (FU) zum Antrieb von Drehstromasynchronmotoren eingesetzt.

Wechselstromumrichter ohne Zwischenkreis wandeln die gegebene Wechselspannung direkt in eine andere (kleinere) Wechselspannung mit gleicher Frequenz. Sie heißen auch **Wechselstromsteller**.

Die Reduzierung der Spannung erfolgt durch „Anschneiden" der Sinuslinie. Das Prinzip dieser Steuerung heißt deshalb auch Phasenanschnittsteuerung.

Schaltungen die beide Halbperioden ausnützen, heißen Wechselwegschaltungen (W1C).

Wechselstromsteller werden z.B. zur Leistungssteuerung von Glühlampen und Heizungen eingesetzt (Dimmerschaltungen).

Umrichter mit Zwischenkreis

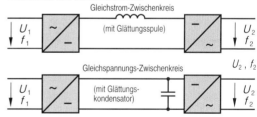

Umrichter ohne Zwischenkreis

Wechselwegschaltung W1C mit TRIAC · mit Thyristoren

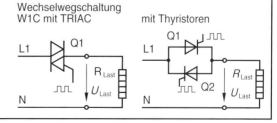

4.9 Elektronische Leistungssteuerung

Wechselstromsteller

Die Leistung eines Verbrauchers kann durch periodisches Ein- und Ausschalten in einem weiten Bereich gesteuert werden. Schalter, die im Betrieb periodisch ein- und ausgeschaltet werden, heißen Steller.

Im Wechselstromkreis kann die Leistung durch „Phasenanschnitt" gesteuert werden. Dabei liegt der Verbraucher je nach Anschnittwinkel länger oder kürzer an Spannung. Die Leistung kann dadurch im Prinzip zwischen 0 % ($\alpha = 180°$) und 100 % ($\alpha = 0°$) der Vollleistung eingestellt werden.

Phasenanschnittsteuerungen, die beide Halbwellen nutzen, heißen Wechselwegschaltungen (W1C bei Wechselstrom, W3C bei Drehstrom).

Phasenanschnittsteuerung, Prinzip

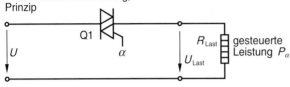

gesteuerte Leistung P_α

Phasenanschnittsteuerung, Spannungsverlauf

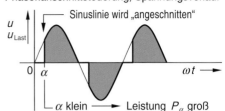

Sinuslinie wird „angeschnitten"

α klein ⟶ Leistung P_α groß

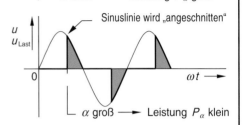

Sinuslinie wird „angeschnitten"

α groß ⟶ Leistung P_α klein

Phasenanschnittsteuerung

Beispiel: Phasenanschnittsteuerung zur Leistungssteuerung von Glühlampen (Dimmer)

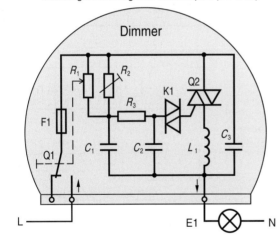

Leistungs-Steuerkennlinie bei reiner Wirklast

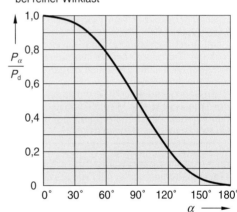

Berechnung

$$\frac{P_\alpha}{P_d} = 1 - \frac{\alpha}{180°} + \frac{1}{2\pi} \cdot \sin 2\alpha$$

Vielperiodensteuerung

Die Vielperiodensteuerung (Vollwellensteuerung, Schwingungspaketsteuerung) ist eine gesteuerte Wechselwegsteuerung W1C, bei der ein Verbraucher abwechselnd für eine Anzahl von Perioden ein- bzw. ausgeschaltet wird. Der Schaltvorgang erfolgt immer beim Nulldurchgang der Netzspannung.

Die Vielperiodensteuerung eignet sich für Verbraucher mit einer gewissen Trägheit, z.B. für Heizgeräte aller Art. Phasenanschnittsteuerung und Vielperiodensteuerung beeinflussen das Netz negativ. Die zulässige Leistung wird deshalb durch die TAB (Technische Anschlussbedingungen) begrenzt.

Spannungsverlauf bei großer Leistung

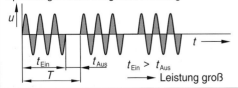

$t_{Ein} > t_{Aus}$ ⟶ Leistung groß

Spannungsverlauf bei kleiner Leistung

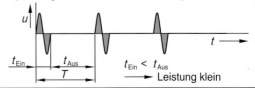

$t_{Ein} < t_{Aus}$ ⟶ Leistung klein

Gleichstromsteller

Die Gleichstromleistung kann durch periodisches Ein- und Ausschalten beeinflusst werden. Entscheidend ist der arithmetische Mittelwert der Spannung.

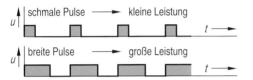

Gleichstromsteller, Beispiel

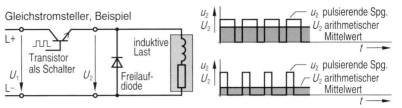

Der arithmetische Mittelwert kann auf zwei Arten verändert werden:

Bei der **Pulsweitenmodulation** (PWM) bleibt die Pulsfolge konstant, die Pulsweite kann verändert werden.

Bei der **Pulsfolgemodulation** (PFM) bleibt die Pulsweite konstant, die Pulsfolge kann verändert werden.

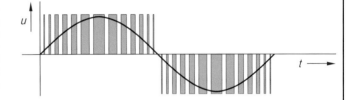

Frequenzumrichter

Eine Gleichspannung kann durch Pulsweitenmodulation so gepulst werden, dass sich als Mittelwert ein sinusförmiger Verlauf ergibt. Derartige sinusbewertete, dreiphasige Pulswechselrichter werden als Frequenzumrichter (FU) zur Speisung von Drehstromasynchronmotoren eingesetzt.

Mit Frequenzumrichtern können Drehstrommotoren in einem weiten Drehfrequenzbereich gesteuert werden.

Drehfrequenz

$$n = \frac{f}{p}$$

n Drehfrequenz
f Frequenz
p Polpaarzahl

Zu beachten ist, dass für ein konstantes Drehmoment die Spannung proportional mit der Frequenz gesteigert werden muss. Da dies aber nur bis zur Zwischenkreisspannung möglich ist, bleibt die Spannung oberhalb des Typenpunktes (Knickpunkt) konstant und das Drehmoment sinkt.

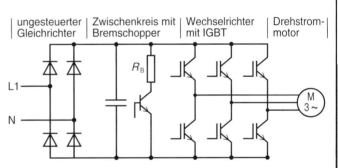

| ungesteuerter Gleichrichter | Zwischenkreis mit Bremschopper | Wechselrichter mit IGBT | Drehstrommotor |

Kennlinie $U = f(f)$

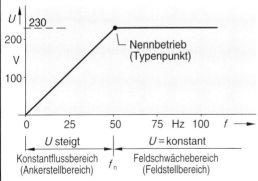

Kennlinie $M = f(n)$ eines 4-poligen Motors

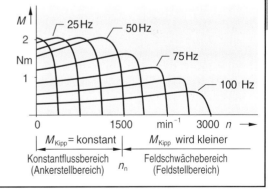

4.10 Operationsverstärker, Grundlagen

Operationsverstärker

Grundlagen

Operationsverstärker (Rechenverstärker) sind hochintegrierte, vielstufige Gleichspannungsverstärker. Sie werden auch als OP, OpAmp (Operational Amplifier), OV oder OPV bezeichnet. Sie werden in integrierter Technik als IC (Integrated Circuit) gefertigt und mit DIL-Gehäuse (DIL Dual-in-line) oder TO-Gehäuse (TO Transistor-Outlines) geliefert.

OP haben einen großen Anwendungsbereich in der Analog- und Digitaltechnik. Die gewünschten Eigenschaften werden dabei durch die Beschaltung des OP erreicht.

Schaltzeichen nach DIN 40900

In der Praxis übliches Schaltzeichen

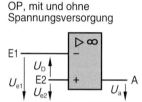

OP mit DIL-Gehäuse

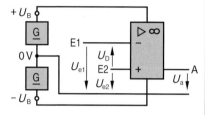

Betriebsspannung und Anschlüsse

Operationsverstärker benötigen für den Betrieb eine Betriebsspannung von $\pm 5\,V$ bis $\pm 18\,V$. Die Spannung ist gegenüber dem Bezugspol (Masse) symmetrisch.

Wegen der Übersichtlichkeit wird die Spannungsversorgung in Schaltpläne meist nicht eingezeichnet.

OP, mit und ohne Spannungsversorgung

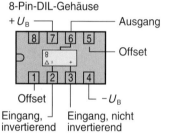

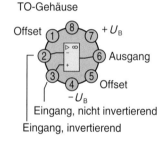

Für viele Operationsverstärker gilt die folgende Pin-Belegung:
- Spannungsversorgung Pin 7 (+) und Pin 4 (−)
- Invertierender Eingang Pin 2
- Nicht invertierender Eingang Pin 3
- Ausgang Pin 6
- Offsetkompensation Pin 1 und Pin 5.

8-Pin-DIL-Gehäuse

$+U_B$ — Ausgang
— Offset
Offset
— $-U_B$
Eingang, invertierend — Eingang, nicht invertierend

TO-Gehäuse

Offset — $+U_B$
— Ausgang
— Offset
$-U_B$
Eingang, nicht invertierend
Eingang, invertierend

Betriebseigenschaften

Die Eigenschaften realer OP weichen geringfügig von den Idealwerten ab, z.B. sind Eingangswiderstand und Leerlaufverstärkung nicht unendlich groß und die Verstärkung ist frequenzabhängig.

Eigenschaften	Idealer OP	Realer OP
Spannungsverstärkung	unendlich	> 10 000
Eingangswiderstand	unendlich	> 100 kΩ
Ausgangswiderstand	null	< 150 Ω
Eingangs-Offsetspannung	null	0,1 mV...5 mV
Eingangs-Offsetstrom	null	1 nA... 100 nA
Frequenzgang	null...unendlich	0...100 MHz

Nullspannungsabgleich

Beim idealen Operationsverstärker ist die Ausgangsspannung $U_a = 0$, wenn die Eingangsspannung zwischen dem invertierenden und dem nicht invertierenden Eingang (Differenzspannung) gleich null ist. Wegen fertigungsbedingter Toleranzen in der Eingangsstufe ist dies beim realen OP nicht immer der Fall. Aus diesem Grund ist bei manchen OP ein Nullspannungsabgleich mithilfe eines Trimmers erforderlich.

Dazu werden E1 und E2 kurzgeschlossen ($U_D = 0$). Dann wird der Trimmer verstellt, bis die Ausgangsspannung $U_a = 0$ ist.

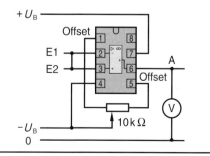

142

Beschaltung von Operationsverstärkern

Übertragungskennlinie

Die Ausgangsspannung U_a des OP ist von der Spannungsdifferenz U_D zwischen den beiden Eingängen (invertierend, nicht invertierend) abhängig. Der Aussteuerbereich beträgt maximal einige hundert Mikrovolt. Innerhalb des Aussteuerbereichs ist die Übertragungskennlinie linear, bei Übersteuerung ist die Ausgangsspannung etwa gleich der Betriebsspannung.

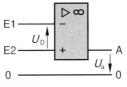

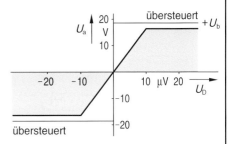

U_D Differenzspannung zwischen invertierendem und nicht invertierendem Eingang

Invertierender und nicht invertierender Verstärker

OP haben zwei Eingänge: einen invertierenden und einen nicht invertierenden. Liegt das Eingangssignal am
• invertierenden Eingang, so ist das Ausgangssignal um 180° phasenverschoben (gegenphasig)
• nicht invertierenden Eingang, so ist das Ausgangssignal nicht phasenverschoben (gleichphasig).

invertierend

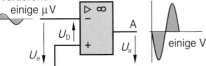

nicht invertierend

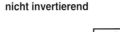

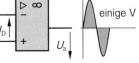

Gegenkopplung und Mitkopplung

Die sehr hohe Spannungsverstärkung des OP muss für praktische Schaltungen auf einen sinnvollen Wert herabgesetzt werden. Dies erfolgt durch **Gegenkopplung**. Dazu wird das Ausgangssignal über einen Widerstand oder andere Bauelemente auf den invertierenden Eingang (also gegenphasig) zurückgeführt.
Für bestimmte Schaltanwendungen soll das Ausgangssignal möglichst schnell übersteuert werden. Dies erfolgt durch **Mitkopplung**. Dazu wird das Ausgangssignal bzw. ein Teil davon auf den nicht invertierenden Eingang (also gleichphasig) zurückgeführt.
Gegenkopplung und Mitkopplung sind verschiedene Möglichkeiten der Rückkopplung.

Gegenkopplung, Prinzip

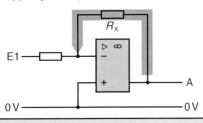

Mitkopplung, Prinzip

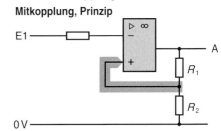

Invertierender Verstärker, Berechnung

Die Spannungsverstärkung des invertierenden Verstärkers wird mit Maschen- und Knotenregel bestimmt.
Dabei sind zwei Eigenschaften der Schaltung zu beachten:
1. Die Differenzeingangsspannung ist $U_D \approx 0$,
2. der Eingangsstrom in den OP ist $I_1 \approx 0$.

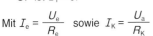

virtueller Massepunkt

I_K

U_a (weil $U_D \approx 0$)

$I_K = -I_e$ (weil $I_1 \approx 0$)

R_e I_e

$I_1 \approx 0$

U_e (weil $U_D \approx 0$)

$U_D \approx 0$

A

$U_a = V_U \cdot U_e$

0 V

Verstärkung

$$V_U = -\frac{R_K}{R_e}$$

Mit $I_e = \dfrac{U_e}{R_e}$ sowie $I_K = \dfrac{U_a}{R_K}$ und $I_K = -I_e$ folgt die Verstärkung: $V_U = -\dfrac{R_K}{R_e}$

4.11 Operationsverstärker, analoge Schaltungen

Analoge Grundschaltungen mit OP

Verstärker

Invertierer

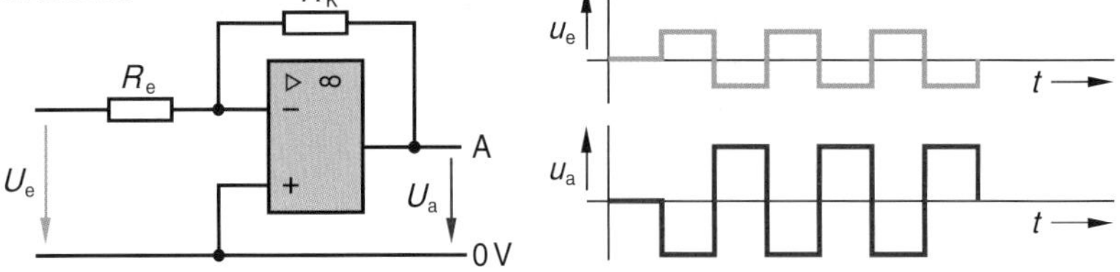

Spannungsverstärkung

$$V = \frac{U_a}{U_e} = -\frac{R_K}{R_e}$$

Nichtinvertierer

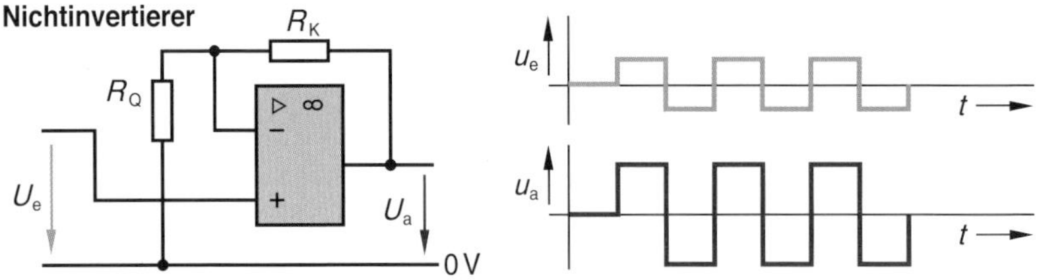

Spannungsverstärkung

$$V = \frac{U_a}{U_e} = 1 + \frac{R_K}{R_Q}$$

Addierverstärker (Summierverstärker)

Addierverstärker verstärken die Summe von zwei oder mehreren Spannungen. Einsatz: Regelungstechnik.

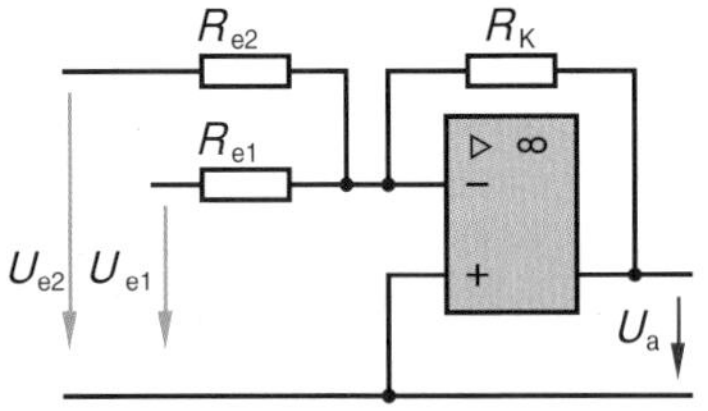

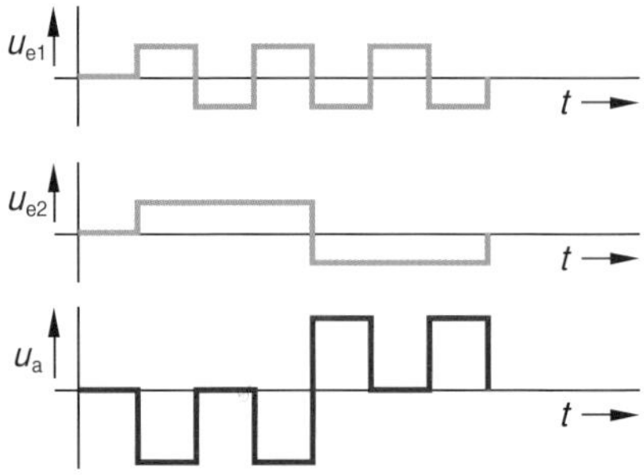

Einzelverstärkungen

$$V_1 = \frac{U_a}{U_{e1}} = -\frac{R_K}{R_{e1}}$$

$$V_2 = \frac{U_a}{U_{e2}} = -\frac{R_K}{R_{e2}}$$

Ausgangsspannung

$$U_a = V_1 \cdot U_{e1} + V_2 \cdot U_{e2} + \dots$$

Subtrahierverstärker (Differenzverstärker)

Subtrahierverstärker verstärken die Differenz von zwei Spannungen. Einsatz: Mess- und Regelungstechnik.

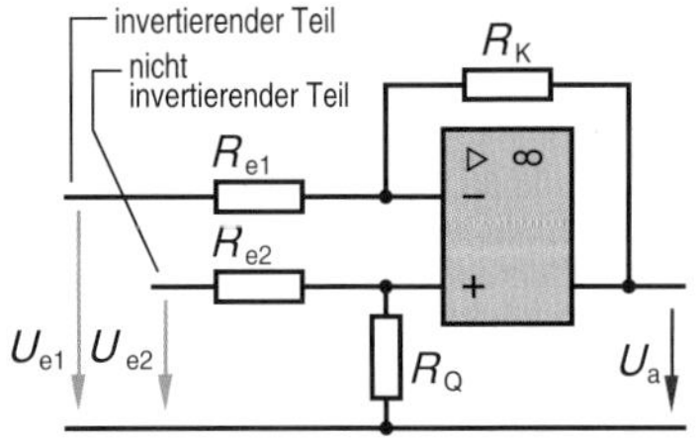

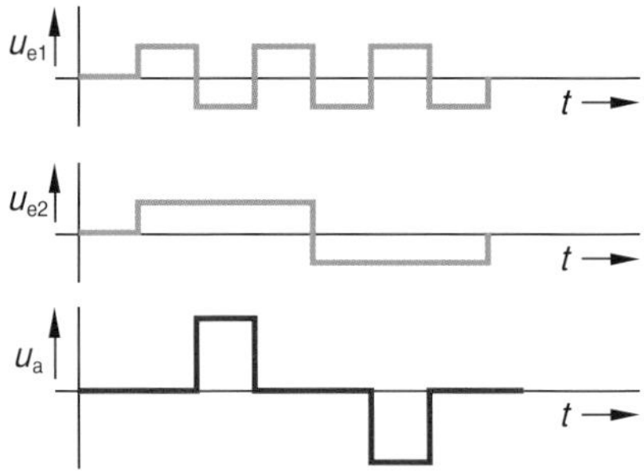

invertierender Teil

$$V_1 = \frac{U_a}{U_{e1}} = -\frac{R_K}{R_{e1}}$$

nicht invertierender Teil

$$V_2 = \frac{U_a}{U_{e1}} = \frac{1 + \dfrac{R_K}{R_{e1}}}{1 + \dfrac{R_{e2}}{R_Q}}$$

Ausgangsspannung

$$U_a = V_1 \cdot U_{e1} + V_2 \cdot U_{e2}$$

Hinweis: V_1 ist negativ!

Impedanzwandler

Der Impedanzwandler (Widerstandswandler) ist ein Sonderfall des nicht invertierenden Verstärkers mit $R_K = 0$ und $R_Q =$ unendlich. Der Verstärkungsfaktor ist damit 1, d.h. Ein- und Ausgangsspannung sind gleich.
Der Verstärker hat einen sehr hohen Eingangs- und einen sehr kleinen Ausgangswiderstand, hochohmige Signalquellen werden somit nicht belastet.

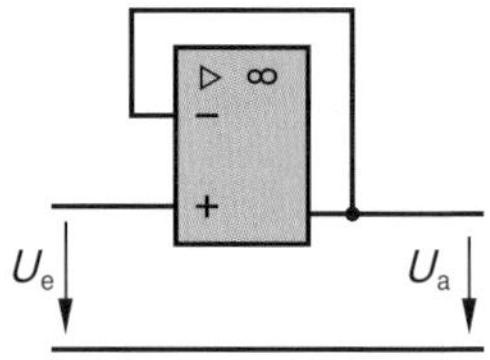

Ausgangsspannung

$$U_a = U_e$$

Schaltungen zur Impulsverformung

Integrierer

Liegt im Rückkopplungskreis des Verstärkers ein Kondensator, so erscheint das Ausgangssignal als integriertes Eingangssignal. Die Schaltung wird z.B. zur Erzeugung von Sägezahnspannungen eingesetzt.

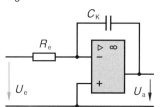

nicht sinusförmiges Signal

$$\Delta u_a = -\frac{u_e}{R_e \cdot C_K} \cdot \Delta t$$

sinusförmiges Signal

$$U_a = -\frac{1}{\omega \cdot R_e \cdot C_K} \cdot U_e$$

Beispiele:
Eingangssignal Ausgangssignal

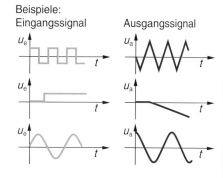

Differenzierer

Liegt im Eingangskreis des Verstärkers ein Kondensator, so erscheint das Ausgangssignal als differenziertes Eingangssignal. Die Schaltung wird z.B. zur Erzeugung von Nadelimpulsen eingesetzt.

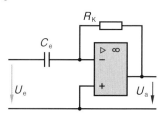

nicht sinusförmiges Signal

$$u_a = -R_K \cdot C_e \cdot \frac{\Delta u_e}{\Delta t}$$

sinusförmiges Signal

$$U_a = -\omega \cdot C_e \cdot R_K \cdot U_e$$

Beispiele:
Eingangssignal Ausgangssignal

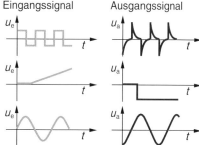

Konstantquellen

Konstantspannungsquelle

Bei Konstantspannungsquellen ist die Spannung am Lastwiderstand in gewissen Grenzen konstant, unabhängig von Schwankungen bei der Last und der Versorgungsspannung.

Invertierende Konstantspannungsquelle

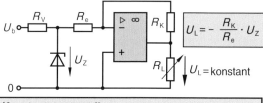

$$U_L = -\frac{R_K}{R_e} \cdot U_Z$$

Nicht invertierende Konstantspannungsquelle

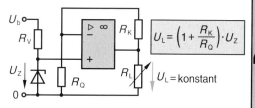

$$U_L = \left(1 + \frac{R_K}{R_Q}\right) \cdot U_Z$$

Konstantstromquelle

Bei Konstantstromquellen ist der Strom im Lastwiderstand in gewissen Grenzen konstant, unabhängig von Schwankungen bei der Last und der Versorgungsspannung.

Konstantstromquelle für kleine Ströme

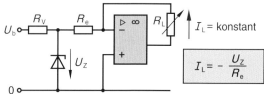

$$I_L = -\frac{U_Z}{R_e}$$

Konstantstromquelle für größere Ströme

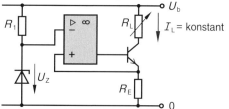

4

4.12 Operationsverstärker, digitale Schaltungen

Komperator und Schwellwertschalter

Operationsverstärker können nicht nur zum analogen Verstärken kleiner Spannungssignale eingesetzt werden, sondern auch als Schalter. In diesem Fall wird der OP übersteuert und nimmt ungefähr die Ausgangsspannung $+U_b$ oder $-U_b$ (positive oder negative Betriebsspannung) an. Wichtige Anwendungsbereiche sind vor allem Komparatoren (Spannungsvergleicher) und Schwellwertschalter. Sie wandeln ein analoges in ein digitales Signal um und bilden somit das Verbindungsglied zwischen Analog- und Digitaltechnik.

Komparator

Ein als Komparator beschalteter OP ermöglicht den Vergleich einer unbekannten Spannung mit einer Referenzspannung (Vergleichsspannung). Ist die unbekannte Spannung größer als die Referenzspannung, so ist die Ausgangsspannung negativ, im andern Fall ist sie positiv.

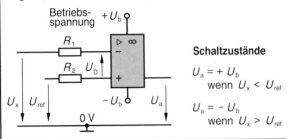

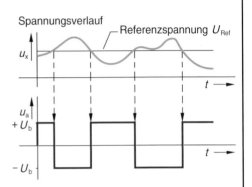

Schaltzustände

$U_a = +U_b$
wenn $U_x < U_{ref}$

$U_a = -U_b$
wenn $U_x > U_{ref}$

Schwellwertschalter

Der Schwellwertschalter ist ein Komparator, bei dem die Referenzspannung aus der Betriebsspannung gewonnen wird. Seine Aufgabe ist, ein unbestimmtes Analogsignal in ein eindeutiges digitales Signal um zu formen. Der wichtigste Schwellwertschalter ist der nach seinem Erfinder Otto Schmitt benannte Schmitt-Trigger.

Invertierender Schmitt-Trigger
Bei diesem Schalter wird die Ausgangsspannung negativ, wenn die Eingangsspannung den Schwellwert in positiver Richtung überschreitet.

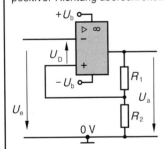

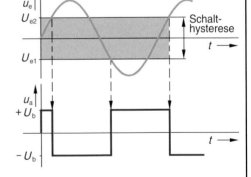

Schaltschwellen

Umschalten auf $U_a = +U_b$

$$U_{e1} = -\frac{R_2}{R_1 + R_2} \cdot U_b$$

Umschalten auf $U_a = -U_b$

$$U_{e2} = +\frac{R_2}{R_1 + R_2} \cdot U_b$$

Nicht invertierender Schmitt-Trigger
Bei diesem Schalter wird die Ausgangsspannung positiv, wenn die Eingangsspannung den Schwellwert in positiver Richtung überschreitet.

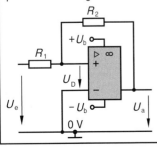

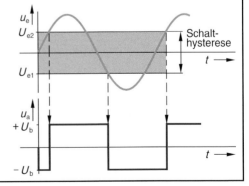

Schaltschwellen

Umschalten auf $U_a = +U_b$

$$U_{e2} = +\frac{R_1}{R_2} \cdot U_b$$

Umschalten auf $U_a = -U_b$

$$U_{e1} = -\frac{R_1}{R_2} \cdot U_b$$

Erweiterter Schmitt-Trigger

Mit einem zusätzlichen Spannungsteiler können die Schaltschwellen beliebig eingestellt werden. Beispiel:

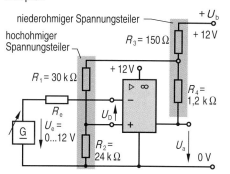

niederohmiger Spannungsteiler

hochohmiger Spannungsteiler

$R_3 = 150\,\Omega$

$+U_b$
$+12\,V$

$+12\,V$

$R_1 = 30\,k\Omega$

$R_4 = 1{,}2\,k\Omega$

R_e

U_D

$\underline{G}$

$U_e = 0...12\,V$

$R_2 = 24\,k\Omega$

U_a

$0\,V$

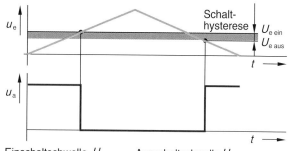

Schalthysterese

$U_{e\,ein}$
$U_{e\,aus}$

u_e

t

u_a

t

Einschaltschwelle $U_{e\,ein}$

$$U_{e\,ein} = \frac{R_2}{R_1 + R_2} \cdot U_b$$

hier: $U_{e\,ein} = 5{,}33\,V$

Ausschaltschwelle $U_{e\,aus}$

$$U_{e\,aus} = \frac{R_2}{R_1 + R_2} \cdot \frac{R_4}{R_3 + R_4} \cdot U_b$$

hier: $U_{e\,aus} = 4{,}74\,V$

Kippschaltungen

Astabile Kippschaltung (Multivibrator)

Am Ausgang wird ein Rechtecksignal erzeugt, bei symmetrischer Betriebsspannung sind Ein- und Ausschaltzeit gleich.
Der Beginn des Signals lässt sich mit einem Impuls an E zeitlich festlegen (synchronisieren).

Periodendauer

$$T \approx 2 \cdot R_K \cdot C_1 \cdot \ln\left(1 + \frac{2\,R_2}{R_1}\right)$$

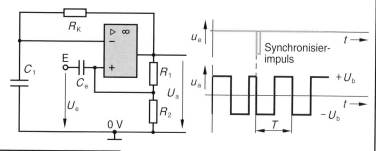

R_K

C_1

E

C_e

U_e

R_1

U_a

R_2

$0\,V$

u_e
t

Synchronisierimpuls

u_a
$+U_b$
t
$-U_b$

T

Monostabile Kippschaltung (Monoflop)

Im stabilen Zustand ist die Ausgangsspannung positiv. Ein negativer Impuls an E erzeugt für eine gewisse Zeitdauer T eine negative Ausgangsspannung. Danach kippt die Schaltung in den stabilen Zustand zurück.

Impulsdauer

$$T \approx R_K \cdot C_1 \cdot \ln\left(1 + \frac{2\,R_2}{R_1}\right)$$

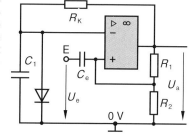

R_K

C_1

E

C_e

U_e

R_1

U_a

R_2

$0\,V$

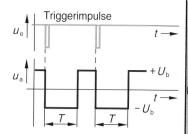

Triggerimpulse

u_e
t

u_a
$+U_b$
t
$-U_b$

T T

Bistabile Kippschaltung (Flipflop)

Die Schaltung hat zwei stabile Zustände. Liegen beide Eingänge auf Nullpotenzial, so ist die Ausgangsspannung negativ.
Ein positiver Impuls an Eingang 1 erzeugt eine positive Ausgangsspannung (Setzimpuls),
ein positiver Impuls an Eingang 2 erzeugt wieder eine negative Ausgangsspannung (Rücksetzimpuls).

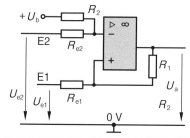

$+U_b$

R_2

E2 R_{e2}

E1

U_{e2} U_{e1} R_{e1}

R_1

U_a

R_2

$0\,V$

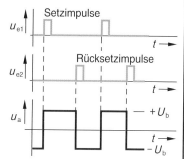

Setzimpulse

u_{e1}
t

Rücksetzimpulse

u_{e2}
t

u_a
$+U_b$
t
$-U_b$

4

4.13 Regelungstechnik I

Grundlagen

Steuern und Regeln

Technische Prozesse haben die Aufgabe, aus bestimmten Ausgangsstoffen die gewünschten Endprodukte zu erschaffen. Dabei müssen Material-, Energie- und Datenflüsse technisch und wirtschaftlich sinnvoll beeinflusst bzw. geleitet werden. Diese Prozessleitung erfolgt je nach Aufgabenstellung durch Steuern oder Regeln.

Steuern
Beim Steuern wird die Ausgangsgröße (Steuerstrecke) durch eine oder mehrere Eingangsgrößen beeinflusst. Die Ausgangsgröße wird dabei aber nicht überwacht. Dieses Prinzip heißt „offener Wirkungsablauf" (open loop control). Die an der Steuerung beteiligten Elemente bilden eine **Steuerkette**.

Regeln
Beim Regeln wird die Ausgangsgröße (Regelstrecke) ständig erfasst und mit dem gewünschten Sollwert verglichen. Dabei erolgt eine ständige Anpassung an die Führungsgröße. Dieses Prinzip heißt „geschlossener Wirkungsablauf" (closed loop control). Die an der Regelung beteiligten Elemente bilden einen **Regelkreis**.

Steuerkette, Prinzip

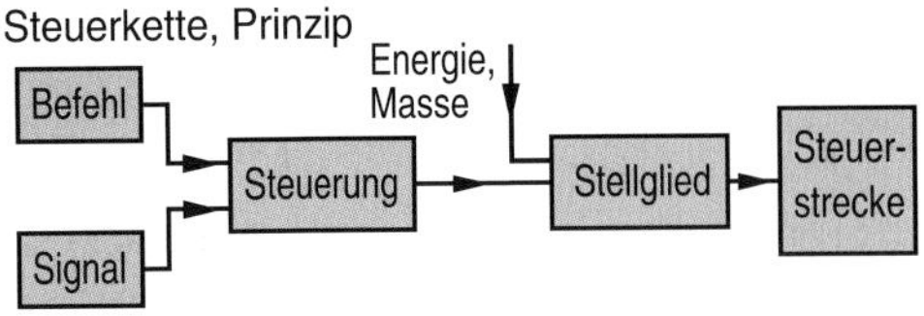

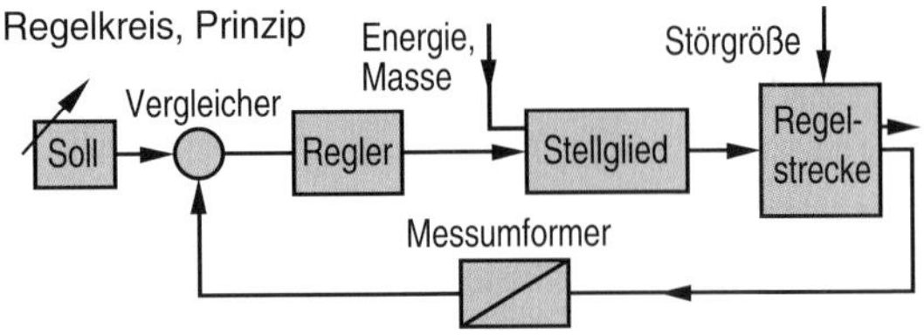

Beispiel: Beleuchtungssteuerung

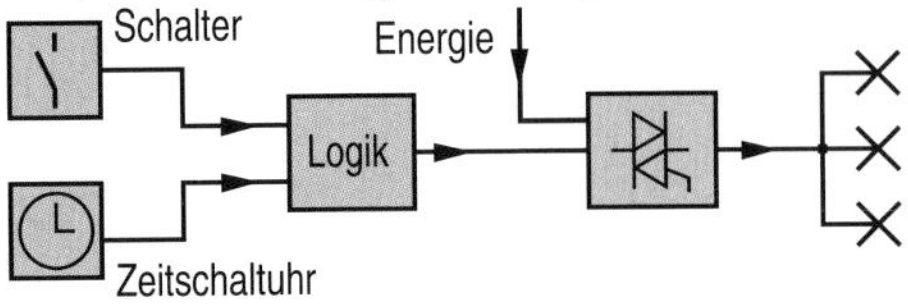

Regelkreis, Prinzip

Beispiel: Beleuchtungsregelung

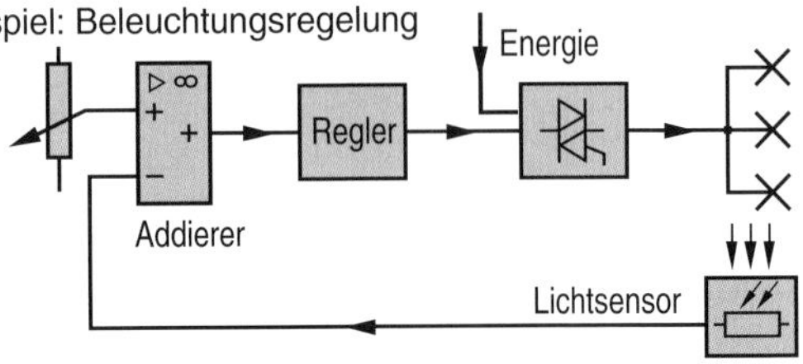

Regelkreis, Wirkungsablauf

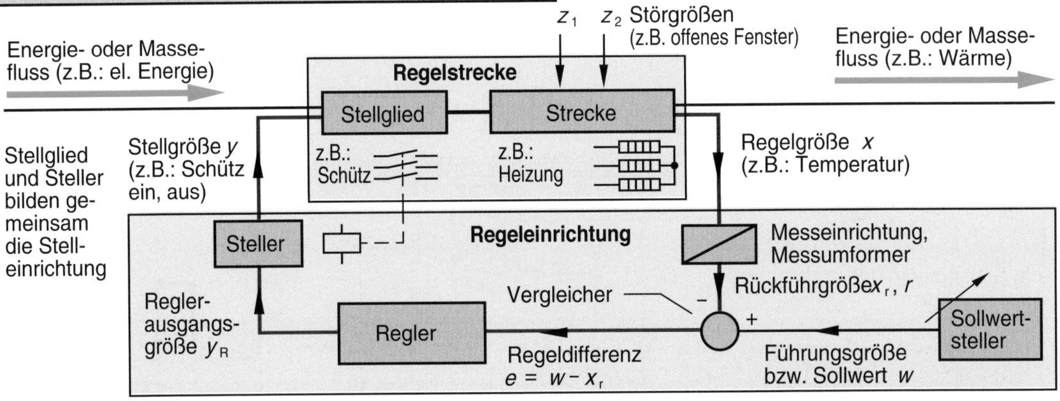

Regelungstechnische Größen	Beispiele
Die **Regelgröße** x ist die Größe, die von der Regeleinrichtung überwacht und beeinfusst wird	Drehfrequenz (Drehzahl) eines Motors, Spannung eines Generators, Temperatur eines Raumes
Die **Führungsgröße** w ist die Größe, die von der Regelgröße erreicht bzw. gehalten werden soll	Solldrehfrequenz einer Werkzeugmaschine, Nennspannung, gewünschte Raumtemperatur
Die **Störgrößen** z sind die Größen, die die Regelgröße ungewollt beeinflussen und vom Sollwert abweichen lassen	Laständerungen am Motor bzw. am Generator, Zugluft durch geöffnete Fenster
Die **Regeldifferenz** e ist die Differenz zwischen Sollwert (Führungsgröße) und Istwert (Rückführgröße)	Differenz zwischen den Drehfrequenzen, den Spannungen und Temperaturen
Die **Stellgröße** y ist das von Regler und Steller gebildete Signal zur Beeinflussung der Regelstrecke	Motorspannung (Größe, Frequenz), Erregerstrom des Generators, Mischerstellung an der Heizung

Regelstrecken

Sprungantwort

Unter einer „Regelstrecke" versteht man die Anlage oder technische Einrichtung, deren physikalische Ausgangsgröße erfasst und geregelt werden soll, z.B. Antriebsmotor, Raumbeleuchtung, Raumheizung, Flüssigkeitsbehälter.

Das Verhalten einer Regelstrecke kann gut durch die so genannte Sprungantwort beschrieben werden.
Unter Sprungantwort versteht man dabei das Verhalten der Regelgröße x bei einer sprungartigen Änderung der Stellgröße y.
Das Beispiel zeigt die Sprungantwort einer Elektroheizung.

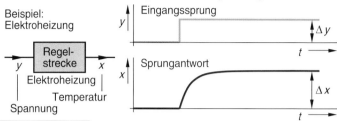

Beispiel: Elektroheizung

Statisches Verhalten von Regelstrecken

Regelstrecken mit Ausgleich

sind Strecken, bei denen ein neuer stabiler Endzustand eintritt. Beispiel: Wird bei einem Heizofen der Strom von 10 A auf 15 A (Stellgröße y) erhöht, so steigt die Temperatur von 80 °C auf 100 °C (Regelgröße x).
Das Verhältnis $\Delta x/\Delta y$ heißt Übertragungsbeiwert K_S. Besonders wichtig sind Proportional-Regelstrecken (P-Regelstrecken). Bei ihnen ist der Übertragungsbeiwert $K_S = K_{PS}$ für alle Änderungen Δx immer konstant.

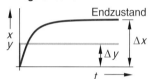

P-Regelstrecke

Proportionaler Übertragungsbeiwert, Proportionalbeiwert

$$K_{PS} = \frac{\Delta x}{\Delta y}$$

Regelstrecken ohne Ausgleich

sind Strecken, bei denen kein neuer stabiler Endzustand einstellt, wenn sich die Stellgröße ändert.
Beispiel: In ein Fass läuft so viel Wasser hinein, wie gleichzeitig abläuft. Bei Erhöhung des Zuflusses läuft das Fass über („es erreicht die Systemgrenzen"). Derartige Strecken haben „integrales" Verhalten. Es wird durch den Integralbeiwert K_{IS} gekennzeichnet.

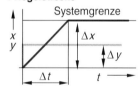

I-Regelstrecke

Integralbeiwert

$$K_{IS} = \frac{\Delta x}{\Delta t \cdot \Delta y}$$

Dynamisches Verhalten von Regelstrecken

Unter dem dynamischem Verhalten einer Regelstrecke versteht man den zeitlichen Verlauf der Regelgröße x bei Änderung der Stellgröße y.

Die PT$_0$-Regelstrecke
ist eine proportionale Regelstrecke ohne zeitliche Verzögerung. Die Regelgröße folgt proportional und unverzögert einer sprunghaften Änderung der Stellgröße.

Die PT$_1$-Regelstrecke
ist eine proportionale Regelstrecke mit **einer** zeitlichen Verzögerung. Die Regelgröße folgt dem Eingangssprung nach einer e-Funktion. Die Zeit, nach der 63 % des Endwertes erreicht ist, heißt Zeitkonstante T. Sie kann grafisch aus der Sprungantwort ermittelt werden.

Die PT$_2$-Regelstrecke
ist eine proportionale Regelstrecke mit **zwei** Verzögerungen. Die Sprungantwort steigt am Anfang langsam an (Verzugszeit T_u), steigt dann etwa linear und flacht dann langsam ab (Ausgleichszeit T_g).

Die PT$_T$-Regelstrecke
ist eine proportionale Regelstrecke mit einer Totzeit T_T. Regelstrecken mit Totzeit reagieren zunächst gar nicht auf eine Änderung der Stellgröße und dann schlagartig (Beispiel: Förderband). Regelstrecken hoher Ordnung (PT$_n$-Strecken) ähneln Strecken mit Totzeit.

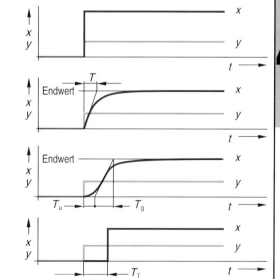

4.14 Regelungstechnik II

Einfache Regler

Der Regler erfasst die Regeldifferenz e zwischen Regelgröße x und Führungsgröße w. Beim Auftreten einer Regeldifferenz ändert er die Stellgröße y und wirkt damit der Regeldifferenz entgegen.
Unstetige Regler ändern die Stellgröße sprungartig, stetige Regler arbeiten kontinuierlich.

Stetige Regler	P-Regler, I-Regler, PI-Regler PD-Regler, PID-Regler
Unstetige Regler	Zweipunkt-Regler Dreipunkt-Regler

Unstetige Regler

Zweipunktregler
haben als mögliche Stellgröße y nur zwei Werte: EIN ($y = y_h$) und AUS ($y = 0$). Einsatzgebiete des Zweipunktreglers sind vor allem Heizungen aller Art (Bügeleisen, Raumheizung, Backöfen, Kochplatten).
Beispiel: Bei einer elektrisch beheizten Kochplatte wird der Heizstrom als Stellgröße ein- und ausgeschaltet. Die Temperatur der der Kochplatte schwankt dabei um einen Mittelwert (Schwankungsbreite Δx bzw. $\Delta \vartheta$).
Der Strom wird beim unteren Ansprechwert (x_u bzw. x_u) ein- und beim oberen Ansprechwert (x_o bzw. x_o) wieder ausgeschaltet. Die Differenz zwischen oberem und unterem Ansprechwert ist die Schaltdifferenz bzw. Schalthysterese.

Dreipunktregler
haben als mögliche Stellgröße y drei Werte.
Sie werden z.B. für Heizgeräte (Aus, Stufe 1, Stufe 2), für Klimageräte (Aus, Heizen, Kühlen) und für Motoren (Aus, Rechtslauf, Linkslauf) eingesetzt.

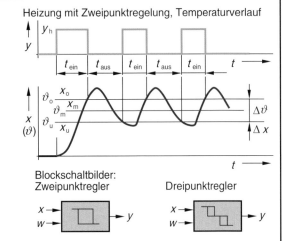

Heizung mit Zweipunktregelung, Temperaturverlauf

Blockschaltbilder:
Zweipunktregler   Dreipunktregler

Einfache stetige Regler

Der P-Regler (Proportionalregler)
verändert sein Ausgangssignal y_R verhältnisgleich zum Eingangssignal e (Regeldifferenz).
Vorteilhaft beim P-Regler ist, dass er unverzögert in den Regelprozess eingreift. Nachteilig ist, dass er bei vielen Regelstrecken eine bleibende Sollwertabweichung (bleibende Regeldifferenz e) erzeugt.
Bei zu hoch eingestellter Verstärkung neigt der Regelkreis zum Schwingen.

Sprungverhalten

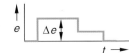

$\Delta y_R = K_{PR} \cdot \Delta e$

K_{PR} Proportionalbeiwert

Blocksymbol

$K_{PR} =$

Der I-Regler (Integralregler)
verändert sein Ausgangssignal y_R verzögert und zeitabhängig. Wird das Eingangssignal e sprungartig verändert, steigt das Ausgangssignal linear mit der Zeit an. Der I-Regler „integriert" sein Ausgangssignal über der Zeit; er ist ein Regler ohne Ausgleich, d.h. es stellt sich kein stabiler Endzustand ein.
I-Regler sind langsam, arbeiten aber bis die Regeldifferenz null geworden ist. Die benötigte Zeit zum Durchlaufen des ganzen Stellbereich heißt Integrierzeit T_I.

Sprungverhalten

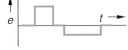

$\Delta y_R = K_{IR} \cdot e \cdot \Delta t$

K_{IR} Integrierbeiwert

Blocksymbol

$K_{IR} =$

Der D-Regler (Differenzialregler)
liefert ein Ausgangssignal y_R, das proportional zur Änderungsgeschwindigkeit des Eingangssignals e ist. Der Regler liefert kein Ausgangssignal, wenn das Eingangssignal konstant ist.
Die Sprungantwort des D-Reglers ist ein Nadelimpuls. Eine sinnvolle Regelung ist damit nicht realisierbar. In Kombination mit anderen Reglern (PI-, PD-, PID-) können aber gute Regeleigenschaften erreicht werden.
Der Differenzierbeiwert K_{DR} wird auch Differenzierzeit T_{DR} genannt.

Sprungverhalten

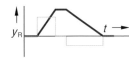

$\Delta y_R = K_{DR} \cdot \dfrac{\Delta e}{\Delta t}$

K_{DR} Differenzierbeiwert

Blocksymbol

$K_{DR} = \quad T_{DR} =$

Kombinationsregler

Die drei grundlegenden Verhaltensweisen von einzelnen Reglern sind das Proportional-, das Integral- und das Differenzialverhalten. Um den Regler möglichst gut an die Regelstrecke anzupassen ist es oft sinnvoll, die drei Verhaltensweisen miteinander zu kombinieren. Man erhält dann je nach Kombination PI-, PD- und PID-Regler.

PI-Regler

Der PI-Regler ist ein Kombinationsregler aus P- und I-Regler. Er vereint die Vorteile beider Regler:
1. schneller Regeleingriff (P-Regler)
2. keine bleibende Sollwertabweichung (I-Regler).
Der PI-Regler hat zwei Kenngrößen:
1. Der Proportionalbeiwert K_{PR} ist für den Proportionalanteil zuständig. Je höher er eingestellt ist, desto stärker greift der Regler in den Prozess ein.
2. Die Nachstellzeit T_n verändert das Verhältnis zwischen P- und I-Anteil. Je größer T_n, desto geringer wirkt sich der I-Anteil aus.

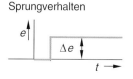

Blocksymbol $K_{PR} =$ $T_n =$ $\quad K_{PR}$ Proportionalbeiwert

T_n Nachstellzeit

Sprungverhalten

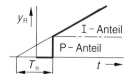

I – Anteil

P – Anteil

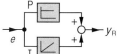

Proportionalanteil $\Delta y_P = K_{PR} \cdot \Delta e$
Integralanteil $\Delta y_I = K_{IR} \cdot e \cdot \Delta t$

mit $T_n = \dfrac{K_{PR}}{K_{IR}}$

$$\Delta y = K_{PR} \cdot \left(\Delta e + \frac{1}{T_n} \cdot e \cdot \Delta t\right)$$

PD-Regler

Der PD-Regler ist ein Kombinationsregler aus P- und D-Regler. Er vereint die Vorteile beider Regler:
1. schneller Regeleingriff (P-Regler)
2. kein oder nur geringes Überschwingen (D-Regler).
Der PD-Regler hat zwei Kenngrößen:
1. Der Proportionalbeiwert K_{PR} ist für den Proportionalanteil zuständig. Je höher er eingestellt ist, desto stärker greift der Regler in den Prozess ein.
2. Die Vorhaltezeit T_v ist die Zeit, um die der PD-Regler schneller ist als der reine P-Regler (bezogen auf ein stetig ansteigendes Eingangssignal).

Blocksymbol $K_{PR} =$ $T_v =$ $\quad K_{PR}$ Proportionalbeiwert

T_v Vorhaltezeit

Sprungverhalten

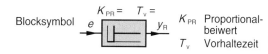

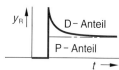

D – Anteil

P – Anteil

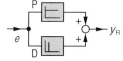

Proportionalanteil $\Delta y_P = K_{PR} \cdot \Delta e$
Differenzialanteil $\Delta y_D = K_{DR} \cdot \dfrac{\Delta e}{\Delta t}$

mit $T_v = \dfrac{K_{DR}}{K_{PR}}$

$$\Delta y = K_{PR} \cdot \left(\Delta e + T_v \cdot \frac{\Delta e}{\Delta t}\right)$$

PID-Regler

Der PID-Regler ist ein Kombinationsregler aus P-, I- und D-Regler. Er vereint die Vorteile aller Komponenten.
1. schneller Regeleingriff (P-Regler)
2. keine bleibende Sollwertabweichung (I-Regler)
3. kein oder nur geringes Überschwingen (D-Regler).
Die Sprungantwort ist eine Mischung der drei Anteile. Beim Eingangssprung werden P- und D-Anteil sofort voll wirksam; dabei bewirkt der D-Anteil ein kräftiges Ausgangssignal, geht aber sofort zurück auf null. Der I-Anteil wirkt langsam und stetig. Je länger das Eingangssignal ansteht, desto stärker ist die integrierende Wirkung.

Blocksymbol $K_{PR} =$ $T_n =$ $T_v =$ $\quad K_{PR}$ Proportionalbeiwert

T_n Nachstellzeit

T_v Vorhaltezeit

Sprungverhalten

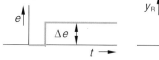

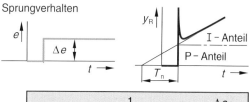

I – Anteil

P – Anteil

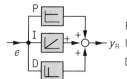

Proportionalanteil $\Delta y_P = K_{PR} \cdot \Delta e$
Integralanteil $\Delta y_I = K_{IR} \cdot e \cdot \Delta t$
Differenzialanteil $\Delta y_D = K_{DR} \cdot \dfrac{\Delta e}{\Delta t}$

$$\Delta y = K_{PR} \cdot \left(\Delta e + \frac{1}{T_n} \cdot e \cdot \Delta t + T_v \cdot \frac{\Delta e}{\Delta t}\right)$$

4

4.15 Schaltalgebra I

Logische Verknüpfungen

Logische Verknüpfungen der Signalzustände 0 und 1 bilden die Grundlage für alle Digitalschaltungen. Sie werden meist durch elektronische Schaltungen realisiert, können aber auch als Schütz- oder Relaisschaltungen ausgeführt sein.

Verknüpfungen werden durch Schaltzeichen dargestellt. Die Wirkungsweise (Funktion) der Verknüpfung wird durch die Funktionsgleichung beschrieben.
Sehr anschaulich kann die Funktion auch in einer Funktionstabelle (Wertetabelle) oder in einem Zeitablaufdiagramm dargestellt werden.

Schaltzeichen

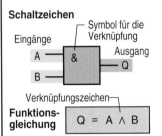

Funktionsgleichung

$$Q = A \wedge B$$

Funktionstabelle

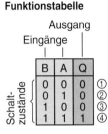

Zeitablaufdiagramm

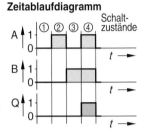

Schaltungsbeispiel

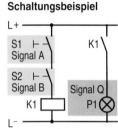

Elementare logische Verknüpfungen

UND-Verknüpfung (AND, Konjunktion)

Schaltzeichen

Der Ausgang Q hat das Signal 1, wenn Eingang A **und** B das Signal 1 haben.

Funktionsgleichung

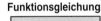

$$Q = A \wedge B$$

lies: Q = A und B

Funktionstabelle

B	A	Q
0	0	0
0	1	0
1	0	0
1	1	1

Zeitablaufdiagramm

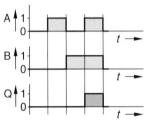

Schaltungsbeispiel

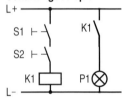

Schütz K1 zieht an (P1 leuchtet), wenn Taster S1 und Taster S2 betätigt sind.

ODER-Verknüpfung (OR, Disjunktion)

Schaltzeichen

Der Ausgang Q hat das Signal 1, wenn Eingang A **oder** B das Signal 1 hat.

Funktionsgleichung

$$Q = A \vee B$$

lies: Q = A oder B

Funktionstabelle

B	A	Q
0	0	0
0	1	1
1	0	1
1	1	1

Zeitablaufdiagramm

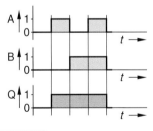

Schaltungsbeispiel

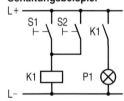

Schütz K1 zieht an (P1 leuchtet), wenn Taster S1 oder Taster S2 betätigt ist.

NICHT-Verknüpfung (NOT, Negation)

Schaltzeichen

Der Ausgang Q hat das Signal 1, wenn Eingang A das Signal 0 hat.

Funktionsgleichung

$$Q = \overline{A}$$

lies: Q = A nicht

Funktionstabelle

A	Q
0	1
1	0

Zeitablaufdiagramm

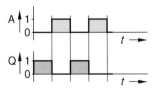

Schaltungsbeispiel

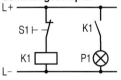

K1 zieht an (P1 leuchtet), wenn S1 nicht betätigt ist.

Zusammengesetzte logische Verknüpfungen

NAND-Verknüpfung

Schaltzeichen

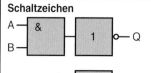

Funktionsgleichung

$$Q = \overline{A \wedge B}$$

Funktionstabelle

B	A	Q
0	0	1
0	1	1
1	0	1
1	1	0

Zeitablaufdiagramm

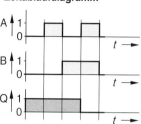

Schaltungsbeispiel

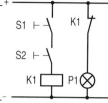

Der Ausgang Q hat das Signal 1, wenn mindestens ein Eingang ein 0-Signal hat.

K1 zieht nicht an (d.h. P1 leuchtet), wenn S1 und S2 nicht gleichzeitig betätigt sind.

NOR-Verknüpfung

Schaltzeichen

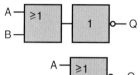

Funktionsgleichung

$$Q = \overline{A \vee B}$$

Funktionstabelle

B	A	Q
0	0	1
0	1	0
1	0	0
1	1	0

Zeitablaufdiagramm

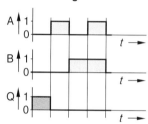

Schaltungsbeispiel

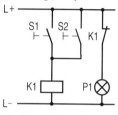

Der Ausgang Q hat das Signal 1, wenn alle Eingänge jeweils ein 0-Signal haben.

K1 zieht nicht an (d.h. P1 leuchtet), wenn weder S1 noch S2 betätigt sind.

Spezielle zusammengesetzte Funktionen

Exklusiv-ODER-Verknüpfung (Antivalenz, XOR)

Schaltzeichen

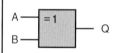

Funktionsgleichung

$$Q = (A \wedge \overline{B}) \vee (\overline{A} \wedge B)$$

Funktionstabelle

B	A	Q
0	0	0
0	1	1
1	0	1
1	1	0

Zeitablaufdiagramm

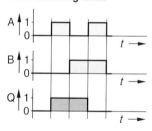

Schaltungsbeispiel

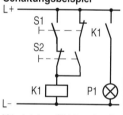

Der Ausgang Q hat nur dann das Signal 1, wenn alle Eingänge jeweils ein unterschiedliches Signal haben.

K1 zieht an (P1 leuchtet), wenn S1 und S2 nicht im gleichen Zustand sind.

Äquivalenz-Verknüpfung (XNOR)

Schaltzeichen

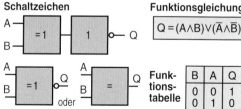
oder

Funktionsgleichung

$$Q = (A \wedge B) \vee (\overline{A} \wedge \overline{B})$$

Funktionstabelle

B	A	Q
0	0	1
0	1	0
1	0	0
1	1	1

Zeitablaufdiagramm

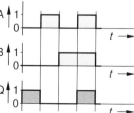

Schaltungsbeispiel

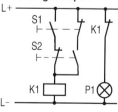

Ausgang Q hat nur dann das Signal 1, wenn alle Eingänge das gleiche Signal haben.

K1 zieht nicht an (d.h. P1 leuchtet), wenn S1 und S2 im gleichen Zustand sind.

4

4.16 Schaltalgebra II

Spezielle zusammengesetzte Funktionen

INHIBIT-Verknüpfung

Schaltzeichen

Funktionsgleichung

$$Q = \overline{A} \land B$$

Zeitablaufdiagramm

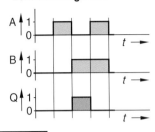

Schaltungsbeispiel

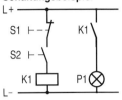

Der Ausgang Q hat das Signal 1, wenn A das Signal 0 und B das Signal 1 hat.

Funktionstabelle

B	A	Q
0	0	0
0	1	0
1	0	1
1	1	0

K1 zieht an (P1 leuchtet), wenn S1 nicht betätigt und S2 betätigt ist.

Implikation-Verknüpfung

Schaltzeichen

Funktionsgleichung

$$Q = \overline{A} \lor B$$

Zeitablaufdiagramm

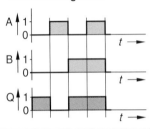

Schaltungsbeispiel

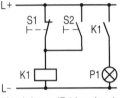

Der Ausgang Q hat das Signal 1, wenn A das Signal 0 oder B das Signal 1 hat.

Funktionstabelle

B	A	Q
0	0	1
0	1	0
1	0	1
1	1	1

K1 zieht an (P1 leuchtet), wenn S1 nicht betätigt ist oder S2 betätigt ist.

Rechengesetze der Schaltalgebra

Verknüpfungszeichen	NICHT $\overline{}$	UND $\land$	ODER $\lor$	Reihenfolge der Rechenoperationen	1. NICHT	2. UND	3. ODER

UND-Verknüpfung (Konjunktion)

$Q = A \land 0 = 0$
$Q = A \land 1 = A$
$Q = A \land A = A$
$Q = A \land \overline{A} = 0$

ODER-Verknüpfung (Disjunktion)

$Q = A \lor 0 = A$
$Q = A \lor 1 = 1$
$Q = A \lor A = A$
$Q = A \lor \overline{A} = 1$

NICHT-Verknüpfung (Negation)

$Q = \overline{A} \qquad Q = \overline{\overline{A}} = A$
$Q = \overline{\overline{\overline{A}}} = \overline{A}$
$Q = \overline{\overline{A}} = A$

Vertauschungsgesetze (Kommutativgesetze)

$A \land B = B \land A$
$A \lor B = B \lor A$

Verbindungsgesetze (Assoziativgesetze)

$A \land B \land C = A \land (B \land C) = B \land (C \land A) = C \land (A \land B)$
$A \lor B \lor C = A \lor (B \lor C) = B \lor (C \lor A) = C \lor (A \lor B)$

Verteilungsgesetze (Kommutativgesetze)

$(A \land B) \lor (A \land C) = A \land (B \lor C)$
$(A \lor B) \land (A \lor C) = A \lor (B \land C)$

De Morgan'sche Gesetze

$\overline{A \land B} = \overline{A} \lor \overline{B} \qquad A \land B = \overline{\overline{A} \lor \overline{B}}$
$\overline{A \lor B} = \overline{A} \land \overline{B} \qquad A \lor B = \overline{\overline{A} \land \overline{B}}$

Vereinfachung von Ausdrücken der Schaltalgebra

$A \lor (A \land B) = A \land (1 \lor B) = A \land 1 = A$
$A \land (A \lor B) = (A \land A) \lor (A \land B) = A \lor (A \land B) = A$
$A \lor (\overline{A} \land B) = (A \lor \overline{A}) \land (A \lor B) = 1 \land (A \lor B) = A \lor B$
$A \land (\overline{A} \lor B) = (A \land \overline{A}) \lor (A \land B) = 0 \lor (A \land B) = A \land B$
$(A \land B) \lor (A \land \overline{B}) = A \land (B \lor \overline{B}) = A \land 1 = A$
$(A \lor B) \land (A \lor \overline{B}) = A \land (B \lor \overline{B}) = A \land 1 = A$

5 Sachwortregister

Sachwortregister

A

Ableitungsregeln 36
Ablenkung im elektrischen Feld 89
Addierverstärker 144
Addition 17
Additionsverfahren 25
Aggregatzustände 63
Ampere 12, 72
Ampère, André-Marie 72
Amplitudengang 104
Amplitudenspektrum 38
Anlaufmoment 113
Anlaufzeit 113
Anomalie des Wassers 63
Antennenanlagen 121
Antrieb mit DASM 113
Äquivalenz-Verknüpfung 153
Arbeit 52, 54, 82
Arbeitspunkt 137
Arbeitspunktstabilisierung 137
astabile Kippschaltung 147
atmosphärischer Druck 65
Auflagekräfte 53
Auftriebskraft 65
Augenblickswert 101
Auslösekennlinien 119

B

Beanspruchungsarten 69
Belastung 69
Beleuchtung 120
Beleuchtungsstärke 120
Beschleunigung 56, 58
Betriebsklassen von Sicherungen 118
Bewegungslehre 56, 58
Biegebelastung 70
Biegemoment 70
Biegung 69
binomische Formeln 18
bistabile Kippschaltung 147
Blindleistung 106
Blindwiderstand 102
Bohr, Niels 72
Braun, K. F. 124
Brennstoffzellen 85
Brüche 19
Brückenschaltung 75
Brummspannung 132

C

Candela 12
carnotscher Wirkungsgrad 84
Coulomb, Charles Augustin 72

D

Dampfturbinen 84
Dämpfung 104, 121
Darlington-Transistor 136

DASM 113
Dauerkurzschlussstrom 111
Dehnung 68
Determinantenverfahren 25
Dezimalsystem 42
DIAC 129
Dichte 51
Dielektrikum 86
Differenzialrechnung 36
Differenzierer 145
Differenzverstärker 144
Dimmer 140
Dioden 127
Division 17
Dolivo-Dobrowolsky, Michail 101
Drehen 57
Drehmoment 53, 54
Drehmomentenkennlinie 113
Drehmomentwandlung 60
Drehstrom 101, 108
Drehstromasynchronmotor 113
Drehstrommotor, Leistung 108
Drehstromtransformator 112
Dreieck-Stern-Umwandlung 79
Dreieckschaltung 108
Dreipunktregler 150
Druck 65, 69
Druckübersetzung 66
Dualsystem 42
Dualzahlen, Addition 42
Duoschaltung 107
Durchflusswandler 139
Durchflutungsgesetz 94

E

e-Funktion 30
E-Reihen 126
Effektivwert 101
Eigenfrequenz 105
Einheiten 14
Einheitensystem 12
Einsetzungsverfahren 25
Einstein, Albert 124
Eisen im Magnetfeld 93
Elastizitätsmodul 68
elektrische Ladung 72
Elektrizitätszähler 82
Elektronenstrom 72
Elektronik 124
elektronische Bauteile 126, 129
Elektrotechnik 124
Energie 52
Energieerhaltungssatz 52, 54
Energiespeicher 99
Energiespeicherung 85
Entladevorgang 31, 90
Erdanziehungskraft 52
Ersatzquellen 76
Ersatzschaltbild von Transformatoren 110, 111

Ersatzspannungsquelle   76
Ersatzstromquelle   76
Erweitern von Brüchen   19
Euklid   34
Exklusiv-ODER   153
Exponentialfunktion   30

F

Faraday, Michael   87
Farbcodierung   126
Farben   120
Federarbeit   55
Federkonstante   55
Federkraft   55
Federrate   55
Feldeffekttransistor   128
Feldenergie   89
Feldkonstante   92
Feldplatten   81
Festigkeit   68
FET   128
Flächenberechnung   50
flächenbezogene Masse   51
Flächenmoment   70
Flaschenzug   61
Fliehkraft   59
Flipflop   147
Fotovoltaik   85
Fotowiderstände   81
Fourieranalyse   38
Fourierreihen   38
Fräsen   57
freier Fall   58
Freilaufdiode   98
Frequenz   101
Frequenzbereiche und Kanäle   121
Frequenzgang   104
Frequenzumrichter   113, 141
Führungsgröße   148
Funktionen   23
Funktionsgraph   23
Funktionsklassen von Sicherungen   118

G

Galilei, Galileo   58
Ganzbereichsschutz   118
ganze Zahlen   16
gaußsche Zahlenebene   40
Gegenkopplung   143
Generatorprinzip   96
geometrische Sätze   34
Gerade   24
Geradengleichung   24
Getriebe   60
Gewichtskraft   52
Gewindetrieb   57
Glättung   134
Gleichrichter   132, 138
Gleichrichtersätze   133
Gleichrichterschaltungen für Drehstrom   133
Gleichrichterschaltungen für Wechselstrom   132
Gleichsetzungsverfahren   25
Gleichstromsteller   139, 141
Gleichungssysteme   25
Gleitreibung   64
Graph   23

griechische Buchstaben   13
Grundrechnungsarten   17
GTO   129

H

Haftreibung   64
Haftreibwinkel   58
Halbleitertechnik   125
Hangabtriebskraft   58
hartmagnetische Stoffe   95
Hebelgesetz   53
Henry   97
Henry, Joseph   97
Hertz, Heinrich   101
Hexadezimalsystem   43
Hochlaufzeit   113
Hochpass   105
Höhensatz   34
hookesches Gesetz   55, 68
Hydraulik   66
hydrostatischer Druck   65
Hyperbelfunktionen   29
Hystereseschleife   95

I

I-Regler   151
IC   131
idealer Transformator   110
IG-FET   128
IGBT   128, 136
imaginäre Zahlen   16
Impedanzwandler   144
Implikation-Verknüpfung   154
Impulsverformung   91, 145
Index   13
Induktion   97
Induktion der Bewegung   96
Induktion der Ruhe   96
Induktionsgesetz   96
induktive Spannungserzeugung   84
induktiver Blindwiderstand   102
Induktivität   97
Influenz   86
INHIBIT-Verknüpfung   154
Innenwiderstand von Spannungsquellen   83
Integralrechnung   36
Integrierer   145
integrierte Schaltkreise   131
irrationale Zahlen   16

J

J-FET   128
Jahreswirkungsgrad   55

K

Kabel, Betriebseigenschaften   116
Kanäle und Frequenzbereiche   121
Kapazität   88
kapazitiver Blindwiderstand   102
Kathetensatz   34
Keil   61
Kelvin   12
Kilby, Jack   125
Kilogramm   12

5

Kinematik   56
Kinetik   58
kinetische Energie   52
Kippmoment   113
Kippschaltungen   147
Kirchhoff, Gustav Robert   74
kirchhoffsche Regeln   74
Klammern   18
kloßsche Gleichung   113
Knickung   69
Knotenregel   74
Knotenspannungsverfahren   78
Kolbengeschwindigkeit   66
Kolbenkräfte   66
Komparator   146
Kompensation   107, 109
komplexe
       Rechnung   40
       Leistung   106
       Schaltungen   103
       Widerstände   102
       Zahlen   16
       Zahlenebene   40
Komponentenströme   117
Kondensator   90
Kondensatoren, Farbcodierung   126
Kondensatoren, Fertigungswerte   126
konjugiert komplexe Zahlen   40
Konstanten   14
Konstantspannungsquelle   145
Konstantstromquelle   145
Koordinatensystem   23
Körperberechnung   50
Kosinusfunktion   33
Kosinussatz   35
Kraft   52
Kraft-Wärme-Kopplung   85
Kräfte im
       elektrischen Feld   89
       Magnetfeld   100
Kraftmoment   53
Kreisfrequenz   101
Kreisstromverfahren   78
künstlicher Sternpunkt   109
Kürzen von Brüchen   19
Kurzschlussströme   111

L

Ladevorgang   31, 90
längenbezogene Masse   51
Lastverteilung bei Transformatoren   112
LDR   81
Leibnitz, G. H.   124
Leistung   54, 82
Leistungsanpassung   83
Leistungsfaktor   106, 107
Leistungshyperbel   82
Leistungsmessung   82
Leiterwiderstand   73
Leitungen für Gleichstrom   115
Leitungen für Wechsel- und Drehstrom   115
Leitungsberechnung   114, 116
Leitungsschutzorgane   118
Leitungsschutzschalter   118
Leuchtdichte   120
Licht   120
Lichtausbeute   120

Lichtgrößen   13
Lichtstärke   120
lichttechnische Größen   120
Logarithmen   22
logarithmische Skale   22
Logarithmusfunktion   30
logische Verknüpfungen   152, 154
Lorentz, H. A.   124
LS-Schalter   118
Luftverbrauch in Pneumatikanlagen   67

M

magnetisch gekoppelte Spulen   99
magnetische
       Durchflutung   92
       Feldstärke   92
       Flussdichte   92
       Grundgrößen   92
       Kräfte   100
magnetischer
       Fluss   92
       Kreis   94
       Widerstand   94
magnetisches Feld   92
magnetisches Feld, Auf- und Abbau   98
Magnetisierungskennlinie   93, 95
Maschenregel   74
Maschenstromverfahren   78
Masseberechnung   50
Massenträgheitsmoment   59
mathematische Zeichen   15
Mayer, Robert   54
MDR   81
mechanische Größen   12
Messung im Drehstromnetz   109
Meter   12
Mindestquerschnitte von Leitungen   114
Miniaturisierung   125
Mischspannung   132
Mitkopplung   143
Mol   12
Monoflop   147
monostabile Kippschaltung   147
mooresches Gesetz   125
MOS-FET   136
Multiplikation   17
Multivibrator   147

N

NAND-Verknüpfung   153
natürliche Zahlen   16
Newton, Isaac   58
NH-Sicherungen   118
NICHT-Verknüpfung   152
NOR-Verknüpfung   153
Normalkraft   58
Normreihen von Widerständen   126
NTC   81

O

ODER-Verknüpfung   152
Offset   142
Ohm   73
Ohm, Georg Simon   73
Oktalsystem   43

Operationsverstärker   131, 142, 144
Operatoren   102
optoelektronische Bauteile   130
Optokoppler   130

P

P-Regler   151
Parabeln   26
Parabeln höherer Ordnung   28
Parallelkompensation   107
Parallelschaltung   75
Parallelstabilisierung   134
Pässe   104
Pegel   121
Periodendauer   101
Permeabilitätszahl   93
Perpetuum mobile   54
Phasenanschnittsteuerung   140
physikalische Konstanten   14
PID-Regler   151
PN-Übergang   125
Pneumatik   66
Polarkoordinaten   23
Potenzen   20
Potenzfunktionen   28
Potenzial   73
potenzielle Energie   52
prospektiver Kurzschlussstrom   119
PT-Regelstrecken   149
PTC   81
Pulsfolgemodulation   141
Pulsweitenmodulation   138, 141
Pythagoras, Satz des   34

Q

quadratische Funktionen   26
quadratische Gleichung   26

R

Radialfeld   88
rationale Zahlen   16
realer Transformator   110
rechtwinklige Koordinaten   23
reelle Zahlen   16
Regelkreis   148
Regeln   148
Regelstrecke   149
Regelungstechnik, Grundbegriffe   148
Regler   150
Reibung   64
Reibungsmoment   64
Reibungszahl   58
Reihenkompensation   107
Reihenschaltung   75
Reihenstabilisierung   134
Resonanzfrequenz   105
Riementrieb   61
Ringleitungen   117
Ringspule   97
Röhren   124
Rollen   61
Rollreibung   64
Röntgen, W. H.   124
Rotation   57, 59
Rückkopplung   143

S

Sattelmoment   113
Schalenkern   97
Schaltalgebra   152, 154
Schaltgruppen   112
Schalthysterese   146, 149
Schaltnetzteile   135
Schalttransistoren   136
Schaltung von
        Induktivitäten   99
        Kapazitäten   87
        Widerständen   75
Schaltvorgänge
        bei Spulen   98
        beim Kondensator   90
Schaltzeiten   136
Schaubild   23
Scheinleistung   106
Scheitelwert   101
Scherung   69
schiefe Ebene   58, 61
Schmelzsicherungen   118
Schmitt-Trigger   146
Schottky, Walter   125
Schub   69
Schwellwertschalter   146
Schwingkreise   105
Schwingungspaketsteuerung   140
Sekunde   12
Shockley, William   125
SI-Basisgröße   12
SI-Einheiten   14
SI-Einheitensystem   12
Siebschaltungen   104
Siebung   134
Siemens, Werner von   84
Sinusfunktion   33
Sinussatz   35
Solarzellen   85
Solenoid   97
Spannung   73
Spannungs-Dehnungs-Diagramm   68
Spannungsfall   111
        auf Leitungen   115
Spannungs-
        regler   135
        teiler   75
        verdoppler   133
        vervielfacher   133
Sperren   104
Sperrwandler   139
Sprungantwort   149
Spule   92
Stabilisierung   134
Stabilisierung des Arbeitspunktes   137
Stellgröße   148
Stern-Dreieck-Anlauf   113
Stern-Dreieck-Umwandlung   79
Sternpunkt, künstlicher   109
Sternschaltung   108
stetige Regler   150
Steuern   148
Störgröße   148
Stoßkurzschlussstrom   111
Strahlensätze   35
Strom   72

5

Strom-
- begrenzung 119
- belastbarkeit 114
- dichte 72
- gegenkopplung 137
- richtung, technische 72
- versorgungsschaltungen 134

Subtrahierverstärker 144
Subtraktion 17
Summierverstärker 144
Supraleitung 80
Symbole 14

T

Taschenrechner 14, 46, 48
Teilbereichsschutz 118
Temperatur 62
Temperaturbeiwert 80
Temperatureinflüsse auf Metalle 62
Tesla, Nicola 84
Thales von Milet 34
Thermistoren 81
thomsonsche Schwingungsformel 105
Thyristor 129
Tiefpass 105
Tiefpunkt von Ringleitungen 117
Timer 131
Toroid 97
Torsion 69
Trägheitsmoment 59
Transformator 110, 111
Transformatorbauleistung 132
Transformatorenhauptgleichung 110, 111
Transformatorprinzip 96
Transformatorverluste 111
Transistor 125, 127
- als Schalter 136
- als Verstärker 137
Translation 56, 58
transzendente Zahlen 16
TRIAC 129
Triggerdiode 129
TTL-Schaltkreisfamilie 131

U

Überlagerungsverfahren 79
Übertragungsbeiwert 149
Übertragungskennlinien von OP 143
Umformen von Gleichungen 44
Umladevorgänge 91
Ummagnetisierungskennlinie 95
Umrichter 139
Umwandeln von Zahlen 42
Umwandlung von Einheiten 14
UND-Verknüpfung 152
unstetige Regler 150
unverzweigte Leitungen 115
Ursprungsgerade 24

V

Varistoren 81
VDR 81
veränderliche Widerstände 80
Verdrehung 69
Verkettung 108

Verlegeart 114
Verluste 55, 83
Verschiebungsfluss 86
Versor 40
Verstärker mit OP 143
Verstärkung 104, 121
Verzögerung 56
verzweigte Leitungen 116
Vielperiodensteuerung 140
virtueller Massepunkt 143
Vollwellensteuerung 140
Volt 73
Volta, Alessandro 73
Volumenströme 66
Vorsätze 15
Vorzeichenregel 17

W

Wachstumsgesetze 122
Wärme 62
Wärme-
- energie 63
- größen 13
- leitung 63
- speicherung 63

Wasserturbinen 84
Watt, James 54
Wechselrichter 138
Wechselstrom 101
Wechselstromsteller 139, 140
weichmagnetische Stoffe 95
Widerstand 73
Widerstände, Farbcodierung 126
Widerstände, Fertigungswerte 126
Widerstandsbelag 115
Winde 61
Windkonverter 84
Winkel 32
Winkelbeschleunigung 59
Winkelfunktionen 32
Winkelmessung 32
Wirkleistung 106
Wirkungsgrad 55, 83
Wirkungsgrad, carnotscher, thermodynamischer 84
Wirkwiderstand 102
Wurzelfunktionen 29, 31
Wurzeln 21

Z

Z-Diode 127, 134
Zahlenbereiche 16
Zahlensysteme 42
Zählerkonstante 82
Zählpfeile, Zählpfeilsysteme 74
Zahnradtrieb 60
Zahnstangentrieb 57
Zeitkonstante 90
Zentrifugalkraft 59
Zentripetalkraft 59
Zins und Zinseszins 30
Zug 69
Zündbausteine 131
Zustandsänderung bei Gasen 65
Zweipunktregler 150
Zwischenkreis 139
Zylinderspule 97